JN320767

DEOS

変化しつづけるシステムのための
ディペンダビリティ工学

Dependability
Engineering for
Open
Systems

所 眞理雄 編

近代科学社

◆ 読者の皆さまへ ◆

　小社の出版物をご愛読くださいまして，まことに有り難うございます．

　おかげさまで，(株)近代科学社は1959年の創立以来，2009年をもって50周年を迎えることができました．これも，ひとえに皆さまの温かいご支援の賜物と存じ，衷心より御礼申し上げます．

　この機に小社では，全出版物に対してUD（ユニバーサル・デザイン）を基本コンセプトに掲げ，そのユーザビリティ性の追究を徹底してまいる所存でおります．

　本書を通じまして何かお気づきの事柄がございましたら，ぜひ以下の「お問合せ先」までご一報くださいますようお願いいたします．

　お問合せ先：reader@kindaikagaku.co.jp

　なお，本書の制作には，以下が各プロセスに関与いたしました：

- 企画：小山　透
- 編集：冨髙琢磨
- 組版：DTP 藤原印刷
- 印刷：藤原印刷
- 製本：藤原印刷
- 資材管理：藤原印刷
- カバー・表紙デザイン：川崎デザイン
- 広報宣伝・営業：山口幸治，冨髙琢磨

- 本書の複製権・翻訳権・譲渡権は株式会社近代科学社が保有します．
- [JCOPY] 〈(社)出版者著作権管理機構 委託出版物〉
  本書の無断複写は著作権法上での例外を除き禁じられています．
  複写される場合は，そのつど事前に(社)出版者著作権管理機構
  （電話 03-3513-6969，FAX 03-3513-6979，e-mail: info@jcopy.or.jp）の
  許諾を得てください．

まえがき

　20世紀後半におけるコンピュータ技術やインターネット技術，携帯電話・スマートフォンなどの移動体通信技術の発展は，時間軸および空間軸において我々の能力を飛躍的に拡大した．我々の日々の暮らしはこれらの技術によって構成される多様なシステムが提供する種々のサービスによって支えられるようになった．その後，システムの機能が増え，サービス範囲が拡大し，センサーやアクチュエータを介してより自然な形で存在するようになった．その結果，我々の生活は質の面からもそれまでとは異なる次元のものとなりつつある．これらのシステムは実世界と融合したシステムとして我々に密着する形で存在し，日常的な生活を支える統合的なインフラストラクチャを構成するようになったと言っても過言ではない．

　たとえば，朝起きてテレビのスイッチを入れ，朝食をとり，家を出て電車に乗り会社に向かうことを考えてみよう．テレビの番組はコンピュータにより制御されて送出されている．テレビに送られる電気も電力会社のコンピュータにより制御されて配電されている．家を出て最寄りの駅に行くまでの間に通る交差点の交通信号は，相互に連動するようにコンピュータによって制御されている．駅の自動改札機で使うSuicaやPASMOなどの非接触ICカードもコンピュータにより制御され，乗車地と降車地を知って料金を請求している．電車の運行もコンピュータの制御に依存している．

　そして，このようなシステムは，日々使われている中で，その目的や環境が変化し，変化に対応するために変更や修正が行われながら，平然と稼働し続けているのである．非接触ICカードの例を取れば，当初はJR東日本における定期券のサービスとしてスタートした．それが，JR西日本や私鉄へと利用範囲が広がり，また，一般の乗車券としての利用，Kioskでの買い物，タクシーでの利用が可能となっている．この間，システムは何度となく変更されているのである．そして，そのようなことを意識せずに我々は毎日を過ごしている．

　しかしながら，ひとたびこれらのシステムに不具合が発生し，サービスが停止するようなことが起こると，我々の生活がそれらのシステムに支えられていることを意識する．そして我々は，そのような不具合が二度と生じないようにするにはどうしたらよいのかを考えさせられることになる．

　これまでにもシステムの不具合を工学的に取り扱うための学問分野がある．それらは信頼性工学やディペンダビリティ工学と呼ばれてきた．しかしながら，そこで開発されてきた手法は「いったん仕様が決まったら変化しない」システムを対象としたものであった．実際，旧来のシステムにつ

いて言えば，そのような仮定を当てはめることができたであろう．しかしながら，現在，まさに求められているのは「変化しつづける」システムを対象とした技術・手法である．

　本書は，変化しつつ長期的に運用される巨大で複雑な複合システムに対し，いかにしてその不具合を減らし，重大事故を防ぎ，運用を継続していくかについて体系的に議論した初めての技術書である．機能や構造，その境界が変化するシステムは通常「オープンシステム」と呼ばれる．このため，我々はこのための技術体系を「オープンシステムのためのディペンダビリティ工学」，英文で"Dependability Engineering for Open Systems"，その略称を DEOS（デオス）と呼ぶこととした．

　本書は以下，第 1 章「はじめに」でオープンシステムのためのディペンダビリティ工学，すなわち DEOS が必要となってきた背景について述べる．第 2 章は「オープンシステムディペンダビリティ」と題し，ディペンダビリティに対する考え方の変遷を概観し，今日のシステムの特徴と典型的な障害要因について述べたのちに，オープンシステムディペンダビリティについて定義し，その実現の方針について議論する．

　第 3 章「DEOS 技術体系」では，オープンシステムディペンダビリティの具体的な実現方法である DEOS 技術を体系的に述べる．DEOS 技術体系はその中心である DEOS プロセス，合意形成のための手法であり記法である D-Case，DEOS プロセスを実現する DEOS アーキテクチャから構成される．DEOS アーキテクチャは OS に相当する DEOS 実行環境（D-RE），システムのディペンダブルな運用を支援する D-Script，ならびに，D-Case や D-Script の履歴を格納する D-ADD から構成される．

　第 4 章「合意形成と説明責任の遂行（D-Case）」では，合意形成と説明責任についてそれらの目的と手法について述べたあと，D-Case について詳細に述べる．また，外部システムとの接続のための記法・手法についても述べる．最後に，D-Case を記述するための基本的なパターンについて述べる．第 5 章は「D-Case ツール」と題し，まず D-Case 記述のための D-Case Editor と D-Case を用いた運用支援ツール D-Case Weaver について述べ，次にこれらを用いた経験についてまとめる．第 6 章「D-Case 整合性検査ツールと形式アシュランスケース」では，D-Case 記述における整合性を支援するための形式的手法とツールについて述べる．

　第 7 章は「DEOS 実行環境（D-RE）」と題し，DEOS プロセスの適用を実行時に担保するための実行環境について述べる．D-RE は DEOS アーキテクチャの基本構成要素の 1 つであり，いわゆるオペレーティングシステムに相当する．D-RE の機能と構成要素について述べたあと，Web システムならびにロボットへの応用事例を述べる．また，D-RE に組み込まれたセキュリティ機構についても述べる．

　第 8 章は「D-Case 合意に基づくシステム運用の支援（D-Script）」と題し，D-Case とシステムの運用を関連づける D-Script について詳説する．D-Script はビジネス継続シナリオに対して D-Case で合意されたシステム運用のためのスクリプトである．

　第 9 章は，「合意記述データベース（D-ADD）」と題し，D-Case 履歴その他を格納し，説明責任の遂行を支援するデータベースについて，その機能と構成について述べる．また，ビジネスにおけ

る実際の利用や，D-ADD を用いた今後のソフトウェア開発プロセスの革新についても議論する．

第 10 章「オープンシステムディペンダビリティの標準化」では，標準化の重要性について述べたあと，標準化の方針ならびに現在の進捗について述べる．第 11 章「おわりに」では，これまでの活動をふりかえり，今後の展望を示す．

最後に付録として，「DEOS プロジェクトについて」，「DEOS 協会」，「近年の障害事例」，「開放系障害要因表」，「世界の関連標準，関連活動団体」，「DEOS 用語集」を含む．

本書は，科学技術振興機構（JST）の戦略的基礎研究事業（CREST）として文部科学省が平成 18 年度のテーマとして設定した研究領域の 1 つである「実用化を目指した組込みシステムのためのディペンダブルオペレーティングシステム」（以下，DEOS プロジェクト）の研究成果を基にしています．研究の資金を与えてくださり，また当初の目標を大きく超えた新しい目標へのチャレンジを支援してくださった文部科学省ならびに科学技術振興機構に心より感謝します．特に，研究開発の方向性や方法について多大なアドバイスをいただいた JST 北澤宏一理事長（現 東京都市大学学長），同 研究開発戦略センター 生駒俊之センター長（現 キヤノン副社長），プロジェクト開始より継続的にご支援いただいた同 石正茂戦略研究推進部長に心より感謝します．

また，本プロジェクトの研究副総括を努めていただき，技術的にも精神的にも支えていただいた早稲田大学 村岡洋一名誉教授，領域アドバイザーとして研究開発の節目々々において適切なアドバイスをいただきました三菱商事 岩野和生顧問，北陸先端科学技術大学院大学 落水浩一郎副学長，大阪学院大学 菊野亨教授，日本電気 妹尾義樹技術主幹，情報セキュリティ大学院大学 田中英彦学長，情報処理振興機構 松田晃一顧問，九州大学理事・副学長 安浦寛人教授に心より感謝いたします．

加えて，本プロジェクトに対して成果を利用する立場から議論に加わっていただき，懇切なアドバイスをいただいた日本 IBM 株式会社ソフトウェア開発研究所 浅井信宏氏，横河電機株式会社 IA プラットフォーム事業本部 大野毅氏，NTT データ先端技術株式会社ソリューション事業部 神谷慎吾氏，パナソニック株式会社 R&D 本部 中川雅通氏，株式会社ソニーコンピュータサイエンス研究所非常勤研究員 森田直氏，富士ゼロックス株式会社コントローラ開発本部 山浦一郎氏に心より感謝します．また，領域運営アドバイザーとして大所高所からのアドバイスをいただきましたパナソニック株式会社システムエンジニアリングセンター 梶本一夫所長，北海道大学 田中譲教授，学校法人専門学校 HAL 東京 鶴保征城校長，富士ゼロックス株式会社 戸井哲也執行役員に心より感謝します．

そして，一体となって DEOS の研究開発を推進してくれた東京大学 石川裕教授，慶應義塾大学 徳田英幸教授，筑波大学 佐藤三久教授，早稲田大学 中島達夫教授，理化学研究所計算科学研究機構利用高度化研究チーム 前田俊行チームリーダ，産業技術総合研究所デジタルヒューマン工学研究センター 加賀美聡副センター長，神奈川大学 木下佳樹教授，横浜国立大学 倉光君郎准教授，慶應義塾大学 河野健二准教授，および研究メンバーの皆様に心より感謝します．また，原稿の取りまとめを担当してくれた DEOS 研究開発センター 屋代眞センター長，同 松原茂研究員，同 髙村博

紀研究員，そして図面の清書を担当してくれた慶應義塾大学 横手靖彦特任教授に心より感謝します．

最後に，本書の出版をお引き受けくださり，また，本書の構成，内容，体裁について多大なコメントとアドバイスを頂いた㈱近代科学社 小山透社長ならびに冨髙琢磨氏に心より感謝します．

本書が変化しつつ長期的に運用される巨大で複雑な複合システムのディペンダビリティの向上に貢献し，安全，安心，快適な社会の構築に資することができれば望外の幸せです．

2014 年 2 月
編者しるす

所　眞理雄

目　次

まえがき ·· i

第1章　はじめに ·· 1

第2章　オープンシステムディペンダビリティ ···················· 4
2.1　考え方の変遷 ·· 4
2.2　今日のシステムの特徴と障害要因 ···························· 8
2.3　オープンシステムディペンダビリティの概念と定義 ·········· 12
2.4　オープンシステムディペンダビリティの実現に向けて ········ 15

第3章　DEOS技術体系 ·· 18
3.1　DEOSプロセス ·· 20
3.1.1　ステークホルダ ·· 21
3.1.2　通常運用 ·· 21
3.1.3　変化対応サイクル ······································ 22
3.1.4　障害対応サイクル ······································ 23
3.2　D-CaseとD-Script ·· 24
3.2.1　D-Case ··· 24
3.2.2　D-Script ··· 27
3.3　DEOSアーキテクチャ ······································ 27
3.3.1　合意形成ツール群 ······································ 28
3.3.2　DEOS開発支援ツール群（D-DST） ······················ 29
3.3.3　合意記述データベース（D-ADD） ······················· 29
3.3.4　DEOS実行環境（D-RE） ······························· 30

3.4 D-Case による DEOS プロセス実行の確信 ……………………………… 30
   3.4.1 DEOS 基本構造の記述 ………………………………………………… 31
   3.4.2 D-Case に基づいたシステム運用の制御 …………………………… 34

第 4 章 合意形成と説明責任の遂行（D-Case）………………… 35

4.1 合意形成と説明責任 ………………………………………………………… 35
4.2 Assurance Case から D-Case へ ………………………………………… 36
   4.2.1 Assurance Case …………………………………………………………… 36
   4.2.2 D-Case の定義と導入の経緯 ………………………………………… 39
4.3 D-Case 構文と記述法 ……………………………………………………… 42
   4.3.1 D-Case 構文 ……………………………………………………………… 42
   4.3.2 D-Case 記述法 …………………………………………………………… 47
4.4 D-Case の果たす役割 ……………………………………………………… 57
4.5 d* フレームワーク ………………………………………………………… 59
4.6 D-Case パターン …………………………………………………………… 64

第 5 章 D-Case ツール ……………………………………………… 71

5.1 D-Case Editor ………………………………………………………………… 71
5.2 D-Case Weaver と D-Case ステンシル ………………………………… 78
   5.2.1 D-Case Weaver …………………………………………………………… 78
   5.2.2 D-Case ステンシル ……………………………………………………… 85
5.3 D-Case 手法とツールの課題と現在 ……………………………………… 86

第 6 章 D-Case 整合性検査ツールと形式アシュランスケース … 90

6.1 形式アシュランスケースの利点 ………………………………………… 92
6.2 形式アシュランスケース …………………………………………………… 93
6.3 形式 D-Case とシステムのオープン性 ………………………………… 104
6.4 D-Case 整合性検証ツール（D-Case in Agda）………………………… 108
6.5 Agda による形式アシュランスケース記述例 ………………………… 110

第 7 章 DEOS 実行環境（D-RE）………………………………… 114

7.1 設計思想と基本構造 ……………………………………………………… 114
   7.1.1 D-RE 機能 ……………………………………………………………… 114
   7.1.2 D-RE 構成要素 ………………………………………………………… 119
   7.1.3 D-RE の対象システムへの適用 ……………………………………… 125

- 7.2 Web システム応用事例 ……………………………………………… 128
  - 7.2.1 ソフトウェア・モジュール構成 ……………………………… 128
  - 7.2.2 システムのソフトウェア構造 ………………………………… 129
  - 7.2.3 DEOS プログラムの開発から実行までの流れ ……………… 130
  - 7.2.4 D-Case の監視系と分析系ノードの実行の仕組み ………… 130
  - 7.2.5 D-Case の監視系ノードの作成 ……………………………… 132
  - 7.2.6 D-Case の分析系ノードの作成 ……………………………… 133
  - 7.2.7 Action 系のコマンド例 ………………………………………… 135
- 7.3 ロボット応用事例 ………………………………………………………… 135
  - 7.3.1 D-RE 機能を提供する実時間 OS（ART-Linux）…………… 135
  - 7.3.2 ロボットへの DEOS プロセスの応用事例 ………………… 138
  - 7.3.3 サービスロボットのための D-Case …………………………… 139
  - 7.3.4 まとめ …………………………………………………………… 144
- 7.4 セキュリティ …………………………………………………………… 146
  - 7.4.1 DEOS におけるセキュリティ ………………………………… 146
  - 7.4.2 脆弱性とフォルト ……………………………………………… 148
  - 7.4.3 不正コードの検知機構 ………………………………………… 149
  - 7.4.4 不正コードからの回復機構 …………………………………… 150
  - 7.4.5 動的アップデートによる処置 ………………………………… 151
  - 7.4.6 まとめ …………………………………………………………… 152

第 8 章　D-Case 合意に基づくシステム運用の支援（D-Script）……154

- 8.1 プログラムとスクリプト ……………………………………………… 154
  - 8.1.1 スクリプトに対するステークホルダ合意の意義 …………… 154
  - 8.1.2 DEOS プロセスの中の D-Script 役割 ……………………… 156
  - 8.1.3 D-Script Engine ………………………………………………… 157
  - 8.1.4 D-Script のセキュリティ ……………………………………… 158
- 8.2 D-Script : 論理的な言語設計 …………………………………………… 159
  - 8.2.1 D-Script パターン ……………………………………………… 159
  - 8.2.2 兆候とシンボル化 ……………………………………………… 160
  - 8.2.3 フォルトとエラー vs. 兆候 …………………………………… 160
  - 8.2.4 D-Case ボキャブラリ層 ……………………………………… 161
- 8.3 D-Case と D-Script の記述 …………………………………………… 162
  - 8.3.1 モニタノードとアクションノード …………………………… 162
  - 8.3.2 D-Script タグ …………………………………………………… 163

- 8.3.3 SignOfFailure：兆候と合意に関する議論 ……………………………… 164
- 8.3.4 SignOfFailureCase：出現した兆候に対するアクション ……………… 164
- 8.3.5 定期的なアクション：検出しにくいエラーの場合 …………………… 165
- 8.3.6 複数のコンピュータからなるシステムの記述 ………………………… 166
- 8.3.7 D-Case の Assuredness との関係 ……………………………………… 166

8.4 AssureNote：D-Case/D-Script の合意運用の統合ツール ……………………… 167
- 8.4.1 D-Case オーサリング機能 ………………………………………………… 168
- 8.4.2 D-Script アクション関数の定義 ………………………………………… 168
- 8.4.3 D-Shell：ディペンダブルなスクリプト処理系 ………………………… 169
- 8.4.4 既存のスクリプト処理系の活用 ………………………………………… 169
- 8.4.5 D-Case モニタノードと運用支援 ………………………………………… 170

8.5 ケーススタディ：ASPEN オンライン教育システム ………………………… 171
- 8.5.1 ASPEN：システムとサービス概要 ……………………………………… 171
- 8.5.2 DEOS プロセスと D-Case の成長 ……………………………………… 172
- 8.5.3 ディペンダビリティ要求と説明責任 …………………………………… 173
- 8.5.4 運用スクリプトの用意と説明責任 ……………………………………… 174
- 8.5.5 障害発生と障害対応 ……………………………………………………… 176
- 8.5.6 変化対応 …………………………………………………………………… 178
- 8.5.7 ASPEN 実証実験のまとめ ………………………………………………… 178

8.6 現状のまとめ ………………………………………………………………………… 179

第 9 章　合意記述データベース（D-ADD） …………………………………… 181

9.1 DEOS プロセスと D-ADD ………………………………………………………… 181

9.2 D-ADD が支援する DEOS プロセス ……………………………………………… 184
- 9.2.1 D-ADD 支援による説明責任遂行 ………………………………………… 184
- 9.2.2 D-ADD 支援による合意形成：営業放送システムを具体例に ………… 185

9.3 実装概要 ……………………………………………………………………………… 194

9.4 実ビジネスにおける D-ADD の利用 ……………………………………………… 196
- 9.4.1 DEOS の対象ビジネスドメインについての考察 ……………………… 197
- 9.4.2 エンタープライズリポジトリとしての D-ADD ………………………… 199

9.5 ソフトウェア開発プロセス革新へのアプローチ ………………………………… 200

9.6 まとめ ………………………………………………………………………………… 201

第 10 章　オープンシステムディペンダビリティの標準化 ………………… 203

10.1 標準化は OSD の基本技術である ………………………………………………… 203

- 10.2 OSD の破れと標準化——なすべき最小限の措置 ... 204
  - 10.2.1 リスク対策の「相場感」とプロセス標準化 ... 204
  - 10.2.2 意思疎通とアシュランスケース標準化 ... 205
  - 10.2.3 意思疎通の質とメタアシュランスケース標準化 ... 206
- 10.3 オープンシステムの不定性と標準化 ... 207
- 10.4 DEOS 標準化の方針 ... 209
  - 10.4.1 要件標準 ... 210
  - 10.4.2 ツール標準 ... 213
  - 10.4.3 The Open Group, Dependability through Assuredness™ Framework(O-DA) ... 214
  - 10.4.4 標準化団体の選択基準 ... 215
- 10.5 標準策定の波及効果 ... 215
  - 10.5.1 システムアシュランス関連標準の波及効果 ... 215
  - 10.5.2 オープンシステムディペンダビリティ関連標準の波及効果 ... 216
- 10.6 まとめ ... 217

第 11 章　おわりに ... 219

- 11.1 まとめ ... 219
- 11.2 展望 ... 221

付　録 ... 223

- A.1 DEOS プロジェクトについて ... 223
  - A.1.1 DEOS プロジェクトの目的と経緯 ... 223
  - A.1.2 DEOS プロジェクト研究開発体制 ... 223
  - A.1.3 DEOS プロジェクトロードマップ ... 225
  - A.1.4 DEOS プロジェクト主要メンバー ... 226
  - A.1.5 DEOS プロジェクト報告書・書籍・HP・ソフトウェア ... 227
- A.2 DEOS 協会 ... 229
- A.3 近年の障害事例 ... 230
- A.4 開放系障害要因表 ... 232
- A.5 世界の関連標準，関連活動団体 ... 233
- A.6 DEOS 用語集 ... 235

執筆者一覧 ... 239

索　引 ... 243

各章および節の執筆者一覧

章	節	執筆者
1章		所 眞理雄
2章	2.1節	所 眞理雄, 髙村 博紀
	2.2節	所 眞理雄, 松原 茂, 髙村 博紀
	2.3節	所 眞理雄
	2.4節	所 眞理雄
3章	3.1節	所 眞理雄
	3.2節	所 眞理雄
	3.3節	所 眞理雄
	3.4節	所 眞理雄, 松原 茂
4章	4.1節	山本 修一郎
	4.2節	松野 裕
	4.3節	松野 裕
	4.4節	松野 裕
	4.5節	山本 修一郎
	4.6節	山本 修一郎
5章	5.1節	伊東 敦
	5.2節	田中 秀幸
	5.3節	松野 裕
6章	全節	武山 誠
7章	7.1節	横手 靖彦, 小野 清志, 宮平 知博
	7.2節	小野 清志, 宮平 知博
	7.3節	加賀美 聡
	7.4節	河野 健二, 山田 浩史
8章	全節	倉光 君郎
9章	全節	横手 靖彦, 永山 辰巳, 柳澤 幸子
10章	全節	木下 佳樹, 武山 誠
11章	全節	所 眞理雄
付録	A.1節	屋代 眞, 松原 茂
	A.2節	屋代 眞
	A.3節	髙村 博紀
	A.4-6節	松原 茂

第1章
はじめに

　天気予報，消防，警察などの行政サービス，携帯電話，情報通信，放送，電力などのインフラシステム，列車や航空機の座席予約・運行管理・自動改札システム，物流システム，銀行・金融システムなどの業務用システム，企業経営システムなど，ありとあらゆる場面で我々は情報システムの計り知れない恩恵を受けている．これらの情報システムは常に稼働し（オンライン），即座（リアルタイム）にサービスを提供してくれる．近年では，それらの情報システム同士が直接，間接に接続されて巨大な情報システム群を形成し，我々の生活の基本的なインフラストラクチャを構成するに至っている．日々の生活における情報システムへの依存度が大きくなればなるほど，情報システムの信頼性や強靱性，安全性が重要になってきている．本書では以下，信頼性や強靱性，安全性など，システムが提供するサービスを利用者が安心して継続的に利用するために，システムが備えるべき能力を総合してディペンダビリティ（Dependability）と呼ぶことにする．

　これまで，情報システムの開発では，事前に綿密に要求を分析し，仕様を詳細に記述し，十分な設計・実装・テスト・検証を行ったあとにユーザによる利用を開始する，という方法がとられてきた．この方法は，システムの利用期間中に満たすべき要求が十分見極められ，そのためシステムに対する仕様が開発時に確定するような製品やサービスの開発には有効であった．一方，今日求められるシステムはサービスの内容が多岐にわたり，そのため規模が拡大し，しかも実世界において長期にわたり継続的にサービスを提供しなければならない．このため，システムの利用期間中にサービスの目的や利用者の要求が変化することがある．加えて，技術の進展や法規制・国際標準の変更などにも対応しなければならない．システムの開発開始時に将来に起こるであろうことのすべてを含んだシステムの仕様を記述することは不可能であるから，サービス提供者はこのような要求の変化に対応しつつシステムの運用を継続してゆかねばならない．すなわち，要求の変化に対応できるようにシステムを構成し，システムの変更が必要になったときにシステムを変更し，継続的にサービスを提供してゆかねばならない．

　このような状況において，システムに対するディペンダビリティ要求は，それらシステムが我々の日々の生活に必要不可欠であるほど厳しいものとなる．ことに，それらシステムが相互接続され，我々の生活基盤を提供するインフラストラクチャを構成する場合には，いったん障害が発生すると障害の他のシステムへの伝搬の可能性が生ずるため，なおさらである．一方で，開発期間の短

縮や開発経費の削減のため，自社内の既存ソフトウェアの再利用，他社ソフトウェア製品の利用などが行われ，仕様が不明確な，あるいは異なった基準で作られたソフトウェア部品を使用せざるをえない状況もある．また，ネットワーク上のサービスの利用やクラウド上でのシステムの実行など，管理責任が異なるドメインをまたがった実行を行う場合も増加することが考えられる．このような場合にも顧客や社会からのディペンダビリティ要求に応えてゆかねばならない．さらには，ウイルスによるシステム破壊，不正アクセスによる情報漏洩などの脅威に対しても適切に対応し，利用者が安心してサービスを利用できるようにする必要がある[1]．

　そのために，世界各国で研究開発が精力的にすすめられ，ディペンダビリティ要求に応えるため標準規格やガイドラインが制定されつつある．そして，いくつかのシステムがそれらに準拠した形で開発されつつあるが，それらの規格やガイドラインの普及はこれからである．また，それら規格やガイドライン自身も上述の特徴をもつ今日のシステムのディペンダビリティ要求に応えるために十分と言えるレベルに到達していない．そしてその間にも，残念なことに世界のあちらこちらで重要な情報システムに障害が発生している（付録A.3参照）．

　システム障害の原因を見ると，システム構築の際にすべての構成要素の機能や使用条件を理解することが不可能であったために発生したもの，システムの負荷や使われ方が当初の想定範囲を超えたことによるもの，各種の要求変化に応えるためにシステムを変更した際に生じた一貫性の破綻を発見できなかったもの，初期開発から長期間を経た後の不適切なシステムの運用などが顕著である．情報システムの障害は個々の利用者に重大な不利益を与えるだけでなく，サービス提供者にとっては本来得られる収益を無にし，時には莫大な補償金の支払いを要求され，企業のブランド価値の毀損につながり，事業の継続が困難になる可能性も出てくる．そのため，ディペンダビリティの達成やさらなる向上はサービス提供者にとって最重要課題の1つである．

　一方で，果たして巨大・複雑で，実世界において長期にわたって使用され，そのために常に変化に対応し続けなければならないシステムを，絶対に不具合を起こさないシステムとして作れるのか，といった根本的な疑問が生ずる．近年の，そしてこれからのシステムは，開発においても，運用においても，もはやシステムの機能や構造，境界が定義可能な固定的なシステムとして取り扱うことは困難であり，当初より時間の経過とともにそれらが変化しつづけるシステムとして取り扱うことが妥当であろう[2]．その時，システムのディペンダビリティ達成には，システムに対し，目的や環境の変化に適切に対応でき，システム障害が発生する前に障害要因を取り除くことができ，万が一障害が発生した場合にも被害を最小にすることができ，サービス提供者や担当者の説明責任の全うを支援する事ができる，という能力を持たせることが効果的であろうと言う考えに我々は至った．すなわち，変化しつづけるシステムに対する説明責任の全うを基本としたディペンダビリティ達成のための漸近的なアプローチである．本書では開発時に完全無欠なシステムの構築を目指すこれまでのディペンダビリティの考え方と区別するために，我々の提案する漸近的なアプローチをオープンシステムディペンダビリティと呼ぶこととした[3]．

　このような新しい考えに基づいて，本書は巨大・複雑で，実世界において長期にわたって使用され，そのために常に変化に対応し続けなければならないシステムのディペンダビリティ達成のため

の基本概念，技術体系，具体的な技術について，以下の各章で詳述する．また，開発したソフトウェア，応用例，標準化の進捗状況などについても述べる．

参考文献

[1] 安浦 寛人，「社会システムを支えるディペンダブルコンピューティング」，電子情報通信学会誌，Vol.90, No.5, May 2007, pp. 399-405.
[2] M. Tokoro, ed., "Open Systems Science – from Understanding Principles to Solving Problems", IOS Press, 2010.
[3] M. Tokoro, ed., "Open Systems Dependability – Dependability Engineering for Ever-Changing Systems", CRC Press, 2012.

第2章
オープンシステムディペンダビリティ

2.1 考え方の変遷

　ディペンダビリティについて歴史的に振り返ってみよう．1960年代になると，東西冷戦のさなか有人月面着陸を目指し（アポロ計画），コンピュータの実時間かつミッションクリティカルな利用に対応するためにフォルトトレラント計算機（Fault Tolerant Computer）が提唱され，活発な議論がなされるようになった[9,12]．その後，ハードウェアならびにソフトウェア規模の増大やオンラインサービスの普及に伴い，故障しにくい性質（信頼性 Reliability），高い稼働率を維持する性質（可用性 Availability），障害が発生した場合に迅速に復旧できる性質（保守性 Serviceability あるいは Maintainability）といった3つの性質を一体化した RAS（ラス）という概念が出され，システムのエラー検出と回復に重点を置いて発展していった[4,8]．1970年代後半にはコンピュータのビジネス利用が拡大し，これに伴ってデータが矛盾を起こさずに一貫性を保つ性質（保全性 Integrity），機密性が高く不正にアクセスされにくい性質（セキュリティ Security）を加え，RASを拡張した RASIS（レイシス）という概念でシステムを評価するようになってきた．2000年代に入ると，ネットワークで結合された複雑なシステムを想定し，自律神経系を模したシステム構成によりできる限り自律的にディペンダビリティを確保しようとする自律型コンピューティング（Autonomic Computing）の考え方が提案された[5,6,7,10]（図2-1）．
　情報システムのディペンダビリティの実現に欠かすことができないソフトウェア開発手法についても変遷が見られる．構造化プログラミング（Dijkstra[13]）やオブジェクト指向プログラミング（SIMULA[14]，Smalltalk[19]）のようなプログラミング手法から始まったソフトウェア開発手法は，その後，ソフトウェア開発プロジェクトのマネジメント手法へと発展し，さらにはソフトウェアの開発プロセス（CMM[15,16]，CMMI[17]）へと視点が移った．また，複雑な大規模システムの開発手法に関するプロジェクト（System of Systems，Ultra-Large-Scale Systems[18]）もスタートしている．開発形態も変遷しており，70年代以来長くウォーターフォール型が主流であったが，2000年に入って，アジャイル開発やDevOpsなど新たな型が生まれた（図2-2）．また，COBIT[20]や

ITIL[21]のような，企業・自治体といった組織における IT ガバナンスや IT サービスマネジメントのベストプラクティス集も発行されている．

信頼性や安全性に対する考え方の変化は国際標準においても表れている．信頼性に関する国際標準としては，IEC 60300 シリーズがディペンダビリティマネジメントの規格として知られている．信頼性に関する規格を策定している IEC TC56 はもともと電子部品の信頼性に関するテクニカルコミッティであったことから，IEC 60300 シリーズの核となる IEC 60300-1（2003 年版）の規格はソフトウェアを含む形で十分議論されていない．そのため現在の改訂作業ではディペンダビリティマネジメントの対象を製品・システム・サービス・プロセスに拡大して展開している．国際安全規格 ISO 13849-1（EN954-1）や電気安全規格 IEC 60204-1 は単純な部品や機器などに関するもので，ソフトウェアを含むシステムに対応していなかった．ソフトウェアを含むシステムの安全規格の必要性から 2000 年に機能安全規格 IEC 61508 が制定された（図 2-3）．IEC 61508 では機器の障害を「不規則なハードウェア故障」と「系統的障害」に分ける．前者は部品の劣化による故

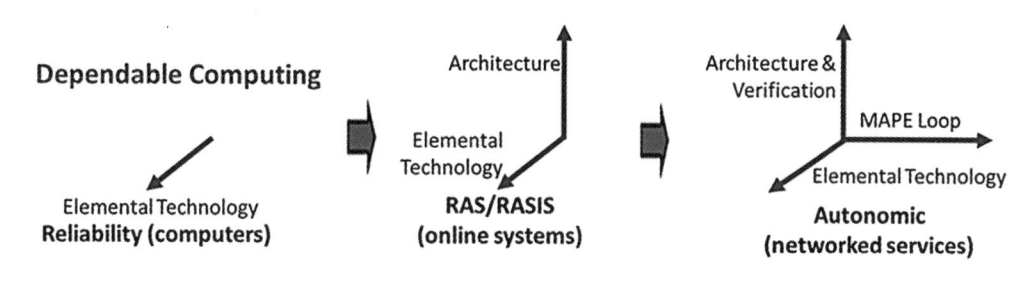

図 2-1　ディペンダブルコンピューティング

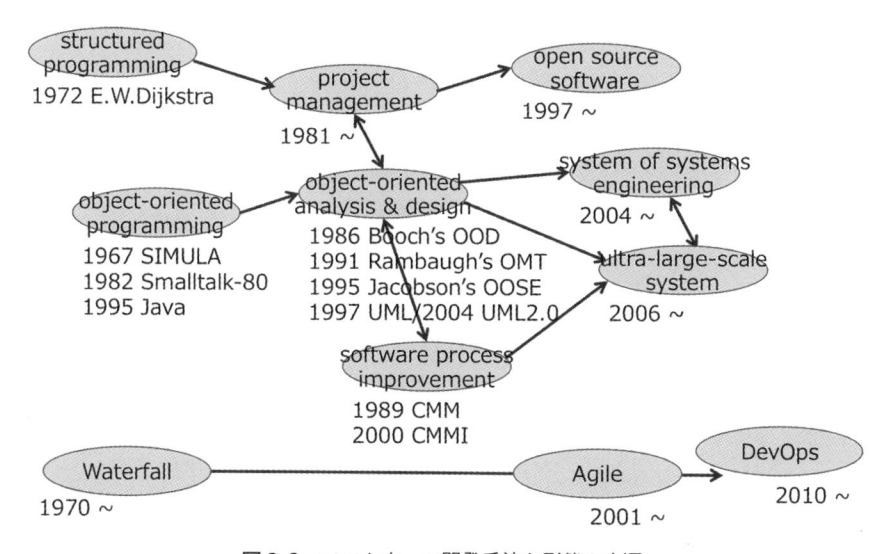

図 2-2　ソフトウェア開発手法と形態の変遷

Functional Safety

Elemental Technology
Safety (parts & devices)

⇒

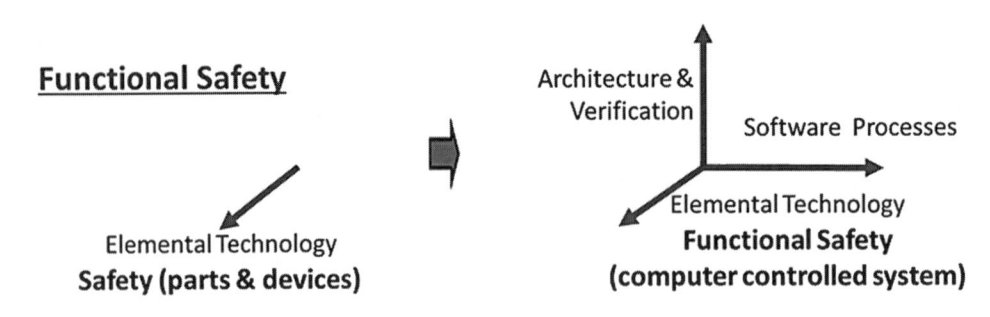

Architecture & Verification
Software Processes
Elemental Technology
Functional Safety
(computer controlled system)

図 2-3　機能安全

障から故障確率を算出し，後者はシステムの設計・開発・製造，保守・運用に起因する障害を安全ライフサイクルに基づいた手順と文書化およびV字モデルなどによるソフトウェア検証により許容目標値以下にする．また，このようにして設計・開発・製造されたシステムに対し，運転モードを低需要運転モードと高需要/連続運転モードに分け，それぞれのモードごとに目標故障限度を定め，安全完全性レベル Safety Integrity Level（SIL）として管理する．SIL1 から SIL4 までの4段階で要求レベルが規定されている（SIL4 が最も高い安全完全性を要求する）．IEC 61508 をもとに，機械類関連の IEC 62061，プロセス関連 IEC 61511，原子力関連 IEC 61513，鉄道関連 IEC 62278，などが規定され，自動車関連では ISO 26262 が 2012 年に制定された．ISO 26262 で提出が義務づけられているセーフティケースの基礎となるアシュアランスケースについての国際規格 ISO/IEC 15026 シリーズは，システムアシュアランスの観点からその重要さが注目されている（図 2-4）．

　また，多くの考え方をまとめてディペンダビリティに関する定義を統一化しようとする試みも続けられ，1980 年に IFIP WG10.4 on "Dependable Computing and Fault Tolerance" と IEEE TC on Fault Tolerant Computing は合同で「ディペンダビリティの基本概念と用語法」に関する検討が開始された．その検討の経緯と結果をまとめた論文が 2004 年に出版された[1,2]．

　そこではディペンダビリティとセキュリティは相互に関連するが異なった概念として定義されている（図 2-5）．ディペンダビリティは可用性，信頼性，安全性，保全性，保守性からなり，一方のセキュリティは可用性，機密性（Confidentiality），保全性からなるとしている．

　我々は本書において，

　　ディペンダビリティとはシステムが利用者が期待するサービスを継続的に提供する能力である．

と定義する．可用性，信頼性など，上に述べられた性質はすべてディペンダビリティの要素である．また，強靭性（Robustness）や復元性（Resiliency）などもディペンダビリティの要素であると言ってよい．一方で，ディペンダビリティに対する要求はシステムの応用分野ごとに異なり，時にはシステムごとに異なるため，各要素の重要度はそれぞれに対して異なるであろう．本書においてはディペンダビリティを関連した要素からなる総合的な概念としてとらえることとする．

2.1 考え方の変遷

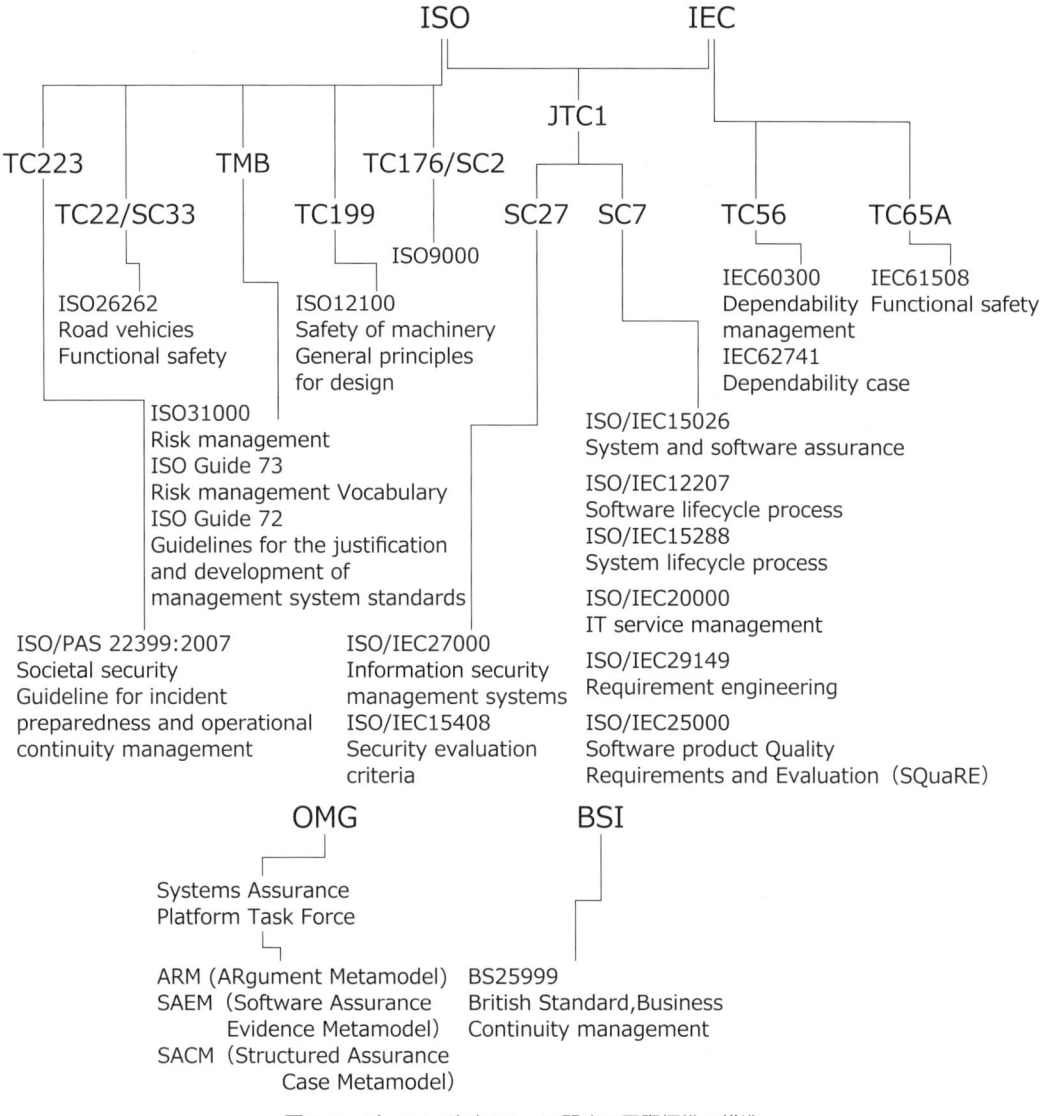

```
                          ISO              IEC
                    ┌──────┼──────┐    ┌────┴────┐
                    │      │      │   JTC1       │
   TC223   TC22/SC33 TMB  TC176/SC2  │            │
                    TC199      SC27 SC7  TC56   TC65A
```

- TC223
  - ISO/PAS 22399:2007
    Societal security
    Guideline for incident
    preparedness and operational
    continuity management
- TC22/SC33
  - ISO26262
    Road vehicles
    Functional safety
- TMB
  - ISO31000
    Risk management
    ISO Guide 73
    Risk management Vocabulary
    ISO Guide 72
    Guidelines for the justification
    and development of
    management system standards
- TC176/SC2
  - ISO9000
- TC199
  - ISO12100
    Safety of machinery
    General principles
    for design
- SC27
  - ISO/IEC27000
    Information security
    management systems
    ISO/IEC15408
    Security evaluation
    criteria
- SC7
  - ISO/IEC15026
    System and software assurance
  - ISO/IEC12207
    Software lifecycle process
  - ISO/IEC15288
    System lifecycle process
  - ISO/IEC20000
    IT service management
  - ISO/IEC29149
    Requirement engineering
  - ISO/IEC25000
    Software product Quality
    Requirements and Evaluation（SQuaRE）
- TC56
  - IEC60300
    Dependability management
    IEC62741
    Dependability case
- TC65A
  - IEC61508
    Functional safety

- OMG
  - Systems Assurance
    Platform Task Force
    - ARM（ARgument Metamodel）
      SAEM（Software Assurance
        Evidence Metamodel）
      SACM（Structured Assurance
        Case Metamodel）
- BSI
  - BS25999
    British Standard, Business
    Continuity management

図 2-4　ディペンダビリティに関する国際標準の構造

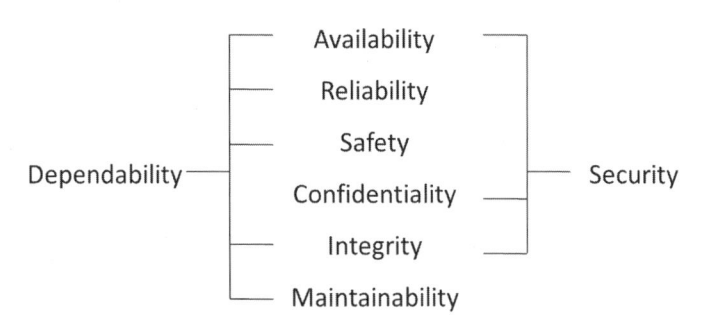

```
                 ┌─ Availability
                 ├─ Reliability
Dependability ───┤─ Safety
                 ├─ Confidentiality ─── Security
                 ├─ Integrity
                 └─ Maintainability
```

図 2-5　ディペンダビリティとセキュリティ　IFIP WG10.4 による定義

ディペンダビリティの研究やそれに基づいた技術の開発にもかかわらず，近年においても大規模ソフトウェアシステムの障害が発生している．それらのいくつかの例を付録（A.3 近年の障害事例）に挙げた．障害原因を分析すると，システム構築の際にすべての構成要素を理解しないまま開発を進めたことによるもの，利用者数やトランザクション数，さらにはデータ量や処理範囲が当初の設計値を越えたことによるもの，利用者の要求変化に応えるために機能を追加・変更した際に発生したシステムの動作の不整合によるもの，などが顕著である．加えて，オペレータによる不用意なミスが連鎖的にシステム全体のダウンを引き起こした例もある．

ディペンダビリティに関する考え方は時代の要求にこたえるようにこれまでも大きく変化してきている．しかしながら，これまでの考え方は，いま我々が対象とするようなシステム，すなわち，変化しつづける目的や環境の中でシステムを適切に対応させ，継続的にユーザが求めるサービスを提供することを可能とする大規模システムを対象としたとき，必ずしも十分ではない．このようなシステムでは開発と運用が明確に分けられず一体的に取り扱う必要があり，作られ方の観点でも，使われ方の観点でも，もはやシステムの機能や構造，システムの境界が定義可能な固定的なシステムとして取り扱う事は困難であり，当初より時間の経過とともにそれらが変化するシステムとして取り扱うことが妥当であると思われるからである．以下に現代のシステムの特徴と障害要因を整理したあと，現代のシステムのための新しいディペンダビリティの考え方を提案する．

2.2 今日のシステムの特徴と障害要因

今日の大規模ソフトウェアシステムの開発においては，開発期間を短縮し，開発コストを下げるため，既存のソフトウェアを再利用し，あるいは他社から供給されるソフトウェア部品をブラックボックスとして使うケースが増えてきている（図2-6）．

また，システム運用中にサービスの向上や変更のための仕様変更が行われることも多い．仕様変更に対する開発は多様な方法で行われる．システムの変更は近年ではシステムのサービスを中断することなく行う事が求められる．変更の適用は通常保守要員がマニュアルで行うが，ネットワークを介して修正がダウンロードされることも珍しくない．変更が頻繁に行われることにより，開発からサービス終了に至るすべての時点に対して，設計者・開発者や運用者がシステムの隅々まで完全に理解することが極めて難しくなってきている（図2-7）．

多くのソフトウェアシステムは，ネットワークを介して他のシステムと接続された形でサービスを提供している．利用者は直接的には1つのサービスドメインが提供するサービスを利用するが，間接的に他のサービスドメインが提供するサービスを利用していることになる．そしてそれらのサービスドメインは異なる所有者によって所有され，運用されていることが多い．その場合，サービスの項目や内容，処理性能，インタフェース仕様などが十分に告知されないまま変更される可能性があり，未知のサービスが適用されたり，時にはサービスが終了される場合もある．ネットワー

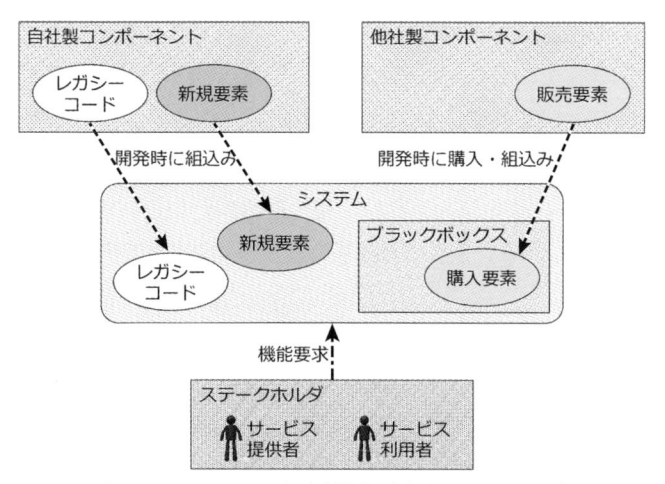

図 2-6　システム要素の多様化（設計開発フェーズ）

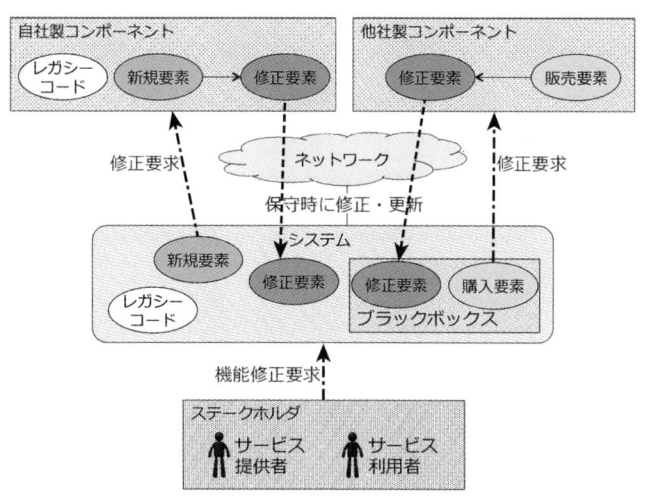

図 2-7　システム要素の多様化（保守運用フェーズ）

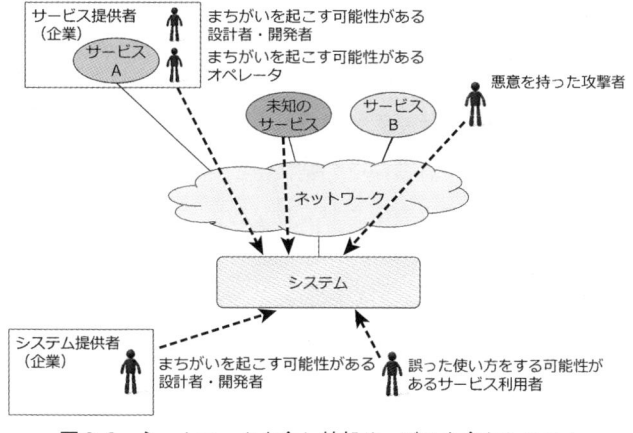

図 2-8　ネットワークを介し外部サービスを含むシステム

ク自体のサービス項目や内容，処理性能，インタフェース仕様も変更されたり，一時的にサービスが停止することもある．このように，利用者から見たとき，あるいはシステム開発者から見たときに，システムあるいはサービスドメインの境界も不明確となる．これに加えて，あるいは悪意を持った攻撃者が意図的に攻撃してくる恐れもある．このように，ネットワーク化に伴う予測不能性が増えている（図2-8）．これらをシステムの開発，運用の面からとらえ，システムに対する障害要因を分類すると，システムの不完全さによるものと，システムを取り巻く環境の不確実さによるものであることが分かる．

1）システムの不完全さ

上に述べたような環境において，完全なシステムを作ると言うことはいろいろな意味で極めて困難である．たとえば，要求自体に曖昧性があること．これは自然言語による発注者と受注者間の理解の齟齬を生じる可能性があることによる．また，要求を仕様に落とす場合，要求に対する仕様の完全性を保証することが困難であり，また，仕様に対する実装の完全性を保証することも困難である．特に，長期にわたって使用されるシステムにおいては，次に述べるシステム環境の変化に対応するために，システムは変更を繰り返されるが，システムの不完全さはいつまでも除去されない（図2-9）．

より具体的な障害要因の例としては以下を挙げることができる：

- システムが多くのソフトウェアの組合せから作られており，仕様の不一致が生じやすく，さらに巨大化，複雑化に伴い網羅的な仕様記述やテストが不可能
- 要求・仕様・設計・実装・テストなどの各開発フェーズにおける理解の違い，文書の誤りなどによる仕様ミスや漏れ，設計ミスや漏れ，実装ミスや漏れ，テストミスや漏れ
- ブラックボックスソフトウェアやレガシーコードにおける動作と仕様の不一致
- 管理，運用，保守における変更や修正の失敗
- ライセンスの期限切れ

2）システムを取り巻く環境の不確実さ

システムの稼働環境はつねに変化している．システムの設計開発はシステムの稼働環境を前提条件として行われる．このとき，稼働期間のすべてにわたるシステムの稼働環境を想定した設計開発が行われるべきであるが，実際には，開発当初に将来の稼働環境をすべてを予見しておくことは不可能である．そのため，システムはシステムを取り巻く環境の不確実さ（予見不可能性）に対応すべく，稼働後もシステムの変更がなされる．その結果，システム環境がライフサイクルを通して変化し，これに対応する際にシステムに不完全さが入り込み，システム障害の原因となる．このような障害要因の例として以下が挙げられる：

- 事業者の事業目的の変化によるシステムへの要求の変化
- 利用者の要求の変化，システムへの期待値の変化，
- 出荷数・使用者数の増加，稼働経済性の変化による使われ方の変容
- 技術の進歩

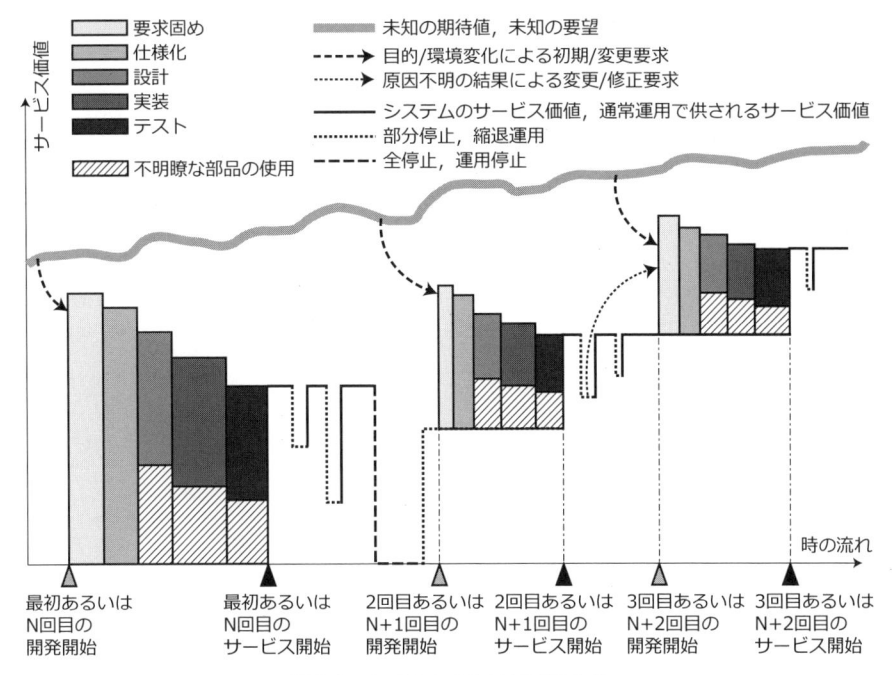

図 2-9　システムの作りの不完全さ

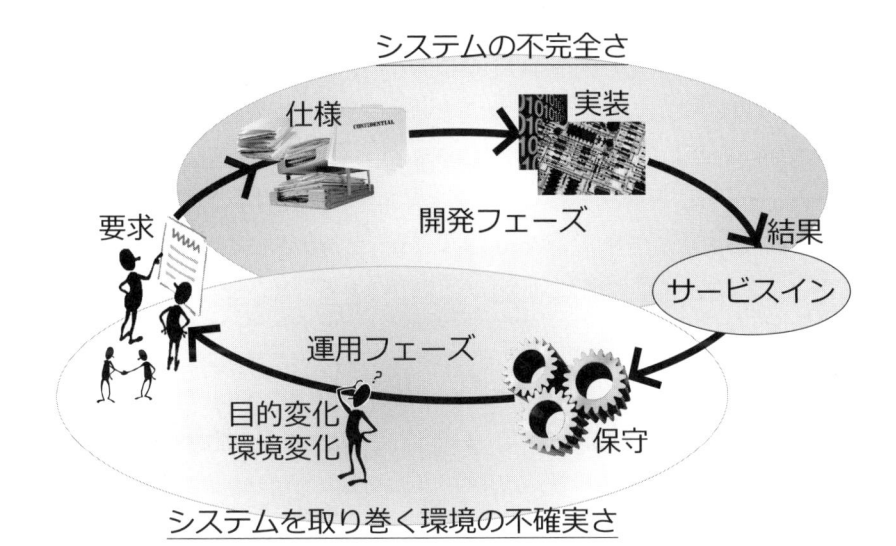

図 2-10　不完全さと不確実さ

- 標準・規格の変更，新たな規制や規制の変更
- オペレータの操作能力や習熟度の変化
- ネットワークを介した環境による想定外の接続
- 外部からの意図的な攻撃

すなわち，今日の大規模ソフトウェアシステムはシステムの不完全さとシステムを取り巻く環境の不確実さに常に対応しつつ，運用を継続してゆかねばならない（図 2-10）．

今日の大規模ソフトウェアシステムの状況から，これまでにもディペンダビリティを定義するためにいろいろな表現が試みられてきた．たとえば，「故障や障害がまったく起こらない状態が望ましいが，異常が発生した時には直ちに状況が把握でき，先の状況が予測可能であり，社会的なパニックやカタストロフィックな破綻を引き起こさないことが保障できる状態を，適正なコストで維持し続けること」[3]や「さまざまなアクシデントがあったとしても，システムが提供するサービスを，利用者が許容できるレベルで維持すること」[11]がある．

われわれはすべての障害を完全に回避することが困難であるとしても，致命的な障害の発生をできる限り減らし，万が一障害が発生した場合には被害を最小にし，同様な障害の再発を防止し，説明責任を果たし，事業を継続可能とするための方法や技術を開発することはできると考えている．我々はこのことを目標とし，以下にディペンダビリティを再定義し，そのための方法ならびに技術を開発する．

2.3 オープンシステムディペンダビリティの概念と定義

我々が対象とするシステムは，巨大・複雑で，人間を含む実世界において長期にわたって使用され，そのために常に変化に対応し続けなければならないシステムである．そのため，これまでに述べてきたように，仕様や実装の不完全性と利用者の要求や使用環境の変化に起因する不確実性を完全に排除できない．そのような性質を持つシステムはオープンシステム（開放型システム，Open Systems）であるということができる．オープンシステムを説明するために，その対極をなすクローズドシステム（閉鎖型システム，Closed Systems）と対比させてそれぞれの性質を列挙する．

クローズドシステムの一般的な性質は以下のとおりである（図2-11）．
- システムの境界が定義できる
- システムの機能が一定である

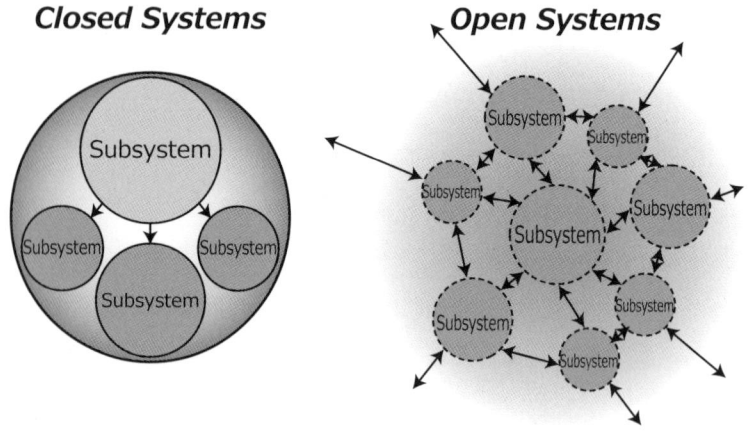

図2-11　クローズドシステムとオープンシステム

- システムの構造（構成要素）が固定的で，構成要素間の関係が一定である

以上の性質から，以下が言える．
  ▶ 外部観測者視点が取れる
  ▶ 要素還元主義が成り立つ

一方，オープンシステムの一般的な性質は以下のとおりである（図2-11）．
- システムの境界が定義できない
- システムの機能が時間とともに変化する
- システムの構造（構成要素）ならびに構成要素間の関係が時間とともに変化する

これらの性質から以下が導かれる．
  ▶ 観測者自身がシステムに含まれるため，内部観測者視点しか取りえない
  ▶ 要素還元主義が成り立たない

　実世界はすべてのものが同時に分散して存在し，相互に影響を与えながら変化している．したがって，実世界にあるすべてのシステムは全て相互に関係し合うオープンシステムである．しかしながら，実世界から一部を取り出して，そのほかのシステムとの相互関係をいったんないものとして取り出した部分を考えると，その基本原理の理解が容易になることがある．実世界から一部を取り出して議論することが可能であるという仮説をクローズドシステム仮説（Closed Systems Hypothesis）という．すなわち，クローズドシステム仮説が成り立つような部分を取り出し，あるいは，成り立つように部分を取り出すことができれば，その部分に対する基本原理の理解が容易になる．17世紀にデカルトらによって発明され，それ以後の科学の発展に大いに貢献した要素還元主義（reductionism）の方法論は，実世界から1つの部分や1つの性質を取り出し，分解を最小単位まで繰り返し，そののち合成することにより問題を理解する[22]．この方法論は，物理学において，数学的な記述による精緻化手法と相まって顕著な進歩をもたらした．一方で，自然科学においても医学や生物学，農学のように対象が実世界の中で「生きている」分野や，経済学をはじめとする社会科学の分野おいては，実世界から一部を切り出すことが物理学ほど容易でなく，（あるいは切り出すことに抵抗があり），そのためこの方法論だけを基本とすべきかどうか議論がある．同様に，工学の分野では，解析・合成ののちに実世界に実装し，目的に対する効果があるだけでなく，他に害がない（副作用が許容できる）ことによって初めてその成果が認められる．このため，部分を切り出した時に一時的に捨象された他の部分との関係を常に念頭に置く必要がある．

　ソフトウェアシステムは工学の分野に属する．これまでの発展の過程が，相互に影響を受ける範囲が規定できるような単純な，オフライン的なシステムからの出発であり，そしてそのようなシステムに対しては数学的あるいは構成論な手法が有効に機能した．そののちソフトウェアの規模が拡大し，オンライン的な使用が増え，ソフトウェアプロセスの手法が「人」をシステムの構成要素の1つと認識するようになった．また，System of Systems や Ultra-Large Systems の開発手法において，非明言的にではあるがオープンシステム的な考え方を取り入れざるをえなくなってきていると思われる．同様にディペンダビリティに関する国際標準化においても近年ようやくそのような傾向がみられるようになった．

さて，話を我々が対象とするシステムに戻そう．我々が対象とするシステムは，巨大・複雑で，実世界において長期にわたって使用され，そのためにサービス目的の変化や，ユーザの要求の変化，技術の発展，法規制や標準の変化に常に対応し続けなければならないシステムである．このため，システムの機能や構造が所期の想定を超えて変化する．その境界も機能や構造の変化に伴って変化する．また，外部システムのサービスを受けたり，外部のクラウド上でシステムの一部を稼働させたりする場合は，システムが複数の管理責任範囲をこえて稼働することになり，文字通りシステムの境界を一意に定義することができなくなる．すなわち，我々が対象とするシステムはまさにオープンシステムの一般的な性質を備えていることになる．このため，多くの場合要素還元主義が成り立たない．また，システムの所有者，設計者，開発者，運用者，利用者など，システムの開発や運用にかかわるすべての人がシステムに影響を与えるという意味で，我々は内部観測者であるということになる．そうであれば，対象システムを積極的にオープンシステムととらえ，オープンシステムに対するディペンダビリティの概念を確立しようというのが我々の立場である．

対象システムを時点々々でクローズドシステム，すなわち時間的な変化がない定義可能なシステムとしてとらえ，その継続としてディペンダビリティを考えていくことも一見可能のように思われる．これまでのディペンダブルシステムの開発は，主にこの視点で行われてきた．この場合には，それぞれの時点でシステムの境界を定義し，システムの機能を確定し，仕様を策定し，これに基づいてシステムの設計を行い，検証，テストを行い，これを繰り返すことになる．しかしながら，通常はサービスを継続するなかでいくつかの変更と対応が同時並行的に進むため，実際にはシステムを固定期間と変更期間に区別することが極めて困難である．特に，対象システムが分散システムとして構成されている場合，システムに対する一意的な把握が不可能（lack of system's unique view[23, 24]）であることから，システムを固定期間と変更期間に区別して実際のシステムを取り扱うことは極めて困難である．

それであれば，我々の視点を「変化するシステム」に移し，システムの継続的変化に対するサービスや事業の継続性維持と障害発生時の説明責任遂行を主眼としたディペンダビリティの概念を確立すべきであろう．すなわち，我々は対象システムをオープンシステムとしてとらえ，時間の流れの中でいかにディペンダビリティを高めていくか，という漸近的なアプローチを取ることが大切であると考える．そのような考えから，今日の，そしてこれからのシステムが備えるべきディペンダビリティを「オープンシステムディペンダビリティ（OSD：Open Systems Dependability）」として次のように定義する．

> オープンシステムディペンダビリティとは，実環境の中で長期的に運用されるシステムが，その目的や環境の変化に対応し，システムに関する説明責任遂行を継続的に支援しつつ，利用者が期待するサービスを継続的に提供し続ける能力である．

オープンシステムディペンダビリティの前提と定義を構造的に示すと以下のようになる．

1. （前提）実環境の中で長期的に運用されるシステムにおいて，システムは将来に障害となりうる要因を完全に排除することができない．
2. （定義）システムが以下の能力を備えるとき，オープンシステムディペンダビリティを備えているという．
    i. システムの目的や環境の変化に（継続的に）対応するための能力を有し，
    ii. 説明責任の遂行を継続的に支援するための能力を有し，かつ
    iii. 利用者が期待するサービスを継続的に提供する能力を備える．

（定義終わり）

　前提は我々が認めざるをえない事実である．定義における，システムの目的や環境の変化に継続的に対応するための能力は，第一義にはサービス・製品提供者に提供される能力であり，その結果としてステークホルダの一部またはすべてが利益を得る．説明責任の遂行を継続的に支援するための能力も第一義にはサービス・製品提供者に提供される能力であり，また，サービス・製品提供に関連するステークホルダに提供される能力である．説明責任を果す対象は第一義には利用者であり，次いでステークホルダであり，最終的には社会である．サービスを提供する対象は第一義には利用者であるが，その結果サービス・製品提供者をはじめとするステークホルダ全員が利益を得る．

　このような能力を持つシステムであっても障害が絶対に起こらないと言い切ることはできない．このことはオープンシステムの特徴であり，前提に示されているとおりである．したがって，システムはそのための機能を備え，できる限り障害要因を排除し，障害が発生してしまったときにはその被害を最小にし，説明責任を果し，同様な障害の再発を防止し，これを繰り返すことによってオープンシステムディペンダビリティを向上させてゆくことになる．次節においてそのための基本方針を述べることにする．

2.4 オープンシステムディペンダビリティの実現に向けて

　オープンシステムディペンダビリティの性質を備えるシステムを具体的に実現することを考える．具体的な実現のためには，システムは以下の機能を持つことが求められるであろう．

　まず，システムの目的や環境に対応するためには，システムをそのような要求に応じて変更してゆかねばならない．システムの変更に当たっては，システムに対する要求とその実現方法に対してステークホルダの合意が必要である．そして，合意の結果をシステムに反映させるための設計・開発が行われなければならない（変化対応機能）．

　次に，利用者が期待するサービスをできる限り継続的に提供する能力について述べる．システムは将来に障害となりうる要因を完全に排除することができない，とした前提条件から，このために

はシステムは具体的には以下の機能を有することが求められる．まず，障害要因を障害発生前にできる限り取り除くための機能（未然防止機能）が求められる．そして，障害が発生した場合には，迅速かつ適切に対応し，影響を最小とするための機能（迅速対応機能）が求められる．また同様な障害の再発を防止するためには，障害原因を究明し（原因究明機能），同様な障害が起こらないようにシステムを変更しなければならない（再発防止機能）．

説明責任は主にシステムに障害が発生したときに必要となる．説明責任の遂行を継続的に支援するためには，まず，原因を正確に究明する機能（原因究明機能）を持たなければならない．これを実際に行うためには，システムに対する要求とその実現に関するステークホルダ間の合意事項を構造的に記述し，その履歴を保持する機能（合意履歴保持機能）が必要になるであろう．また，システムの運用状態を監視して記録を行う機能（監視と記録機能）も必要となる．

これらの機能を「継続的に」実行させるには，これらの機能を反復的なプロセスとして対象システム内に実現する必要がある．

これまでのディペンダビリティの研究においては，システムを時点々々でとらえ，主に偶発的フォルトや意図的フォルトに焦点を当て，システムの安心安全を高めるための技術が開発されて来た．これに対して我々は，(1)対象を時間的に変化するシステムとしてとらえ，システムに変化に対応する能力を持たせ，(2)不完全さと不確実さに起因する開放系障害に焦点を当て，システムを継続的に運用するための機能と説明責任の遂行を支援するため機能を持たせ，(3)これらを統合した反復的なプロセスをシステム自体に備えさせることにより，システムのディペンダビリティを漸近的に向上させようというものである．この考え方はこれまでのディペンダビリティに対するアプローチとは明確な一線を画すものである．次章で，この基本方針に沿って構成された DEOS 技術体系の詳細について述べる．

参考文献

［1］http://www.dependability.org/wg10.4/
［2］A. Avizienis, J.-C. Laprie, B. Randell, C. E. Landwehr, "Basic Concepts and Taxonomy of Dependable and Secure Computing", IEEE Trans. On Dependable and Secure Computing, Vol.1, No. 1, Jan.-March 2004, pp. 11-33.
［3］加納 敏行，菊池 芳秀，「ディペンダブル IT・ネットワークとは」，NEC 技法，Vol.59, No.3, 2006, pp. 6-10.
［4］M. Y. Hsiao, W. C. Carter, J. W. Thomas, and W. R. Stringfellow, "Reliability, Availability, and Serviceability of IBM Computer Systems: A Quarter Century of Progress", IBM J. Res. Develop., Vol. 25, No. 5, 1981, pp. 453-465.
［5］A. G. Ganek and T. A. Corbi, "The dawning of the autonomic computing era", IBM Systems Journal, Vol 42, No. 1, 2003, pp. 5-18.
［6］"An architectural blueprint for autonomic computing, 4th edition", IBM Autonomic Computing White Paper, June 2006.
［7］http://www-03.ibm.com/autonomic/
［8］H. B. Diab, A. Y. Zomaya, "Dependable Computing Systems", Wiley-Interscience, 2005.
［9］G. M. Koob, C. G. Lau, "Foundations of Dependable Computing", Kluwer Academic Publishers, 1994.
［10］M. C. Huebscher, J. A. McCann, "A survey of Autonomic Computing", ACM Computing Surveys, Vol. 40, No.3, Article 7, August 2008, pp. 1-28.

[11] 松田 晃一，巻頭言，IPA SEC journal No.16，第 5 巻第 1 号（通巻 16 号）2009, page 1.
[12] A. Avizienis, "Design of fault-tolerant computers", In Proc. 1967 Fall Joint Computer Conf., AFIPS Conf. Proc. Vol.31, 1967, pp. 733-743.
[13] O. J. Dahl, E. W. Dijkstra, C. A. R. Hoare, "Structured Programming", Academic Press, London, 1972.
[14] G. M. Birtwistl, "SIMULA Begin", Philadelphia, Auerbach, 1973.
[15] W. Humphrey, Watts, "Characterizing the software process: a maturity framework". IEEE Software 5(2), March 1988, pp. 73-79. doi:10.1109/52.2014. http://www.sei.cmu.edu/reports/87tr011.pdf.
[16] W. Humphrey, "Managing the Software Process", Addison Wesley, 1989..
[17] http://www.sei.cmu.edu/cmmi/
[18] "Ultra-Large-Scale Systems: The Software Challenge of the Future", http://www.sei.cmu.edu/library/assets/ULS_Book20062.pdf
[19] Smalltalk: http://www.smalltalk.org/main/
[20] http://www.isaca.org/COBIT/
[21] http://www.itil-officialsite.com/
[22] デカルト著（谷川多佳子訳），『方法序説』岩波文庫，1997
[23] A. S. Tanenbaum, M. Van Steen, "Distributed Systems: Principles and Paradigms", Second Edition. Prentice Hall, 2006.
[24] P. A. Bernstein, V. Hadzilacos, N. Goodman: "Concurrency Control and Recovery in Database Systems". Addison-Wesley,1987.

though

第3章
DEOS 技術体系

　前章では，ディペンダビリティの考え方の変遷を述べたあと，新たなディペンダビリティの概念としてオープンシステムディペンダビリティを定義し，その実現のための基本的な方法について述べた．オープンシステムディペンダビリティの実現は，システムが，システムの目的や環境の変化に対応するための機能と，システムを継続的に運用するための機能，そしてシステムの説明責任の遂行を継続的に支援するための機能を有し，これらを反復的なプロセスとしてシステム自体に備えさせることによりなされる．これによってシステムのディペンダビリティを漸近的に向上させることができる．本章ではオープンシステムディペンダビリティを実現するための具体的な技術体系をDEOS（Dependability Engineering for Open Systems）技術体系として構築する．

　オープンシステムディペンダビリティの実現においては，まず，システムの目的や環境の変化に対応する機能があることが求められる．この「変化対応機能」はシステム開発ならびに運用開始後のシステム変更に関する機能であり，これはいわゆる「システム開発」に関連した機能となる．次いで，利用者が期待するサービスをできる限り継続的に提供するためには，障害の「未然防止機能」を有すること，「迅速対応機能」を有することとした．障害の「未然防止機能」と「迅速対応機能」はいわゆる「システム運用」に関する機能である．「未然防止機能」や「迅速対応機能」が働いたあとに，あるいはこれらと並行して「原因究明」がなされ，その結果に基づいて，「再発防止」のためにシステムの変更を起動する．これはシステム運用からシステム開発を起動する機能となる．

　説明責任の遂行を継続的に支援するためには，障害の原因究明が正確かつ遅滞なく行われなければならない．これを実際に行うには，システムに対する要求とその実現に関するステークホルダ間の合意事項を構造的に記述し，その履歴を保持する機能（「合意履歴保持機能」）と，システムの運用状態を監視して記録を行う機能（「監視と記録機能」）を有する必要がある．説明責任の遂行とは，そもそもシステムの開発と運用が適切に行われていること，あるいは，ある（またはいくつかの）原因によりシステムの開発と運用が適切に行われなかったことを説明することであり，システムの開発と運用に関連する．実際，ステークホルダの合意は，「システム開発」に関するものと「システム運用」に関するものがあり，「合意履歴保持機能」はシステム開発とシステム運用に関わる．「監視と記録機能」はシステム運用時に発生する機能であるが，何をいつ，どのように監視し，

記録するかは事前のステークホルダ合意による．したがって，これもシステム開発とシステム運用に関わる．

　以上の考察から，システムが要求の変化に対応し，説明責任の遂行を継続的に支援しつつ，利用者が期待する便益を継続的に提供するためには，DEOS のためのプロセスは「開発プロセス」と「運用プロセス」を統合した反復的なプロセスでなければならない．また，原因究明の結果，「再発防止」のためシステムの変更を起動するための機能もこの統合した反復的プロセスに含まれていなければならない．このようなプロセスを我々は DEOS プロセスとして定義する．

　まず，ディペンダビリティの観点から，「変化対応サイクル」，「障害対応サイクル」，「通常運用状態」を定義する．これまでの「開発プロセス」は「変化対応サイクル」に対応し，これまでの「運用プロセス」は「通常運用状態」に「障害対応サイクル」を加えたものに対応する．これらの「変化対応サイクル」と「障害対応サイクル」は「通常運用状態」からスタートする2重サイクルを構成する．後述するように，「変化対応サイクル」は合意形成プロセス，設計開発プロセス，説明責任遂行プロセスを含み，「障害対応サイクル」は障害対応プロセスならびに説明責任遂行プロセスを含む．さらに，「障害対応」から「合意形成」にいたる「再発防止」のための経路も必要である．このため，DEOS プロセスは「プロセスのプロセス（Process of Processes）」である．

　さて，説明責任を遂行するためには障害原因の究明が正確に行われなければならない．そのためにはまず第1に，システムへの要求とその実現に関するステークホルダ間の合意の構造的記述があり，その履歴を保持する機能があることとあるが，具体的にどのようにステークホルダ間の合意を記述し，その履歴を保持したらよいのであろうか．ステークホルダ間の合意の項目はシステムの開発・変更・運用にかかわる要求とその実現方法に関するものである．合意の内容は適切な方法で議論され，その議論を裏づける証拠（論拠，証憑，evidence）を示すことによってそれぞれのステークホルダが十分に確信（assure）でき，他のステークホルダを確信させるものでなければならない．合意にいたる論理構造を議論の前提や証憑とともに示すための構造的な記述方法として，我々は Assurance Case[1] を発展させた D-Case を開発した．また，D-Case の履歴を保持するためのデータベースとして D-ADD（DEOS Agreement Description Database）を開発した．

　原因究明を遂行するために必要な2番目の機能は「運用状態の監視と記録」の機能である．このために，システム実行のためのオペレーティングシステムの機能を果たす D-RE（DEOS Runtime Environment）を定義した．D-RE はカーネル上に監視と記録のための機能を搭載し，これらの機能を用いて未然防止，迅速対応機能を実行でき，障害の原因究明を支援できるような構成とした．実際の原因究明はシステムの状態の記録と D-Case 記述と履歴をもとに行うことになる．

　システムの監視・記録の指示や，未然防止・迅速対応の処理の実行はステークホルダの事前の合意に基づいて行わなければならないため，D-Case にそのための記述機能を持たせ，D-RE の各種機能を結びつけるためのセキュアなスクリプト言語 D-Script を開発した．D-RE には D-Script を実行するための D-Script Engine を搭載した．

　これらの機能により実現される説明責任の遂行は，上述の変化対応サイクルと障害対応サイクルの一部となり，DEOS プロセスとして統合される．一方で，これらの機能群はその他のツール群と

ともにアーキテクチャとして構成されていなければ，DEOS プロセスを実現することができない．そのため，DEOS アーキテクチャは D-Case や D-Script を内蔵する D-ADD，監視・記録・未然防止・迅速対応機能を内蔵する D-RE，要求抽出・リスク解析のためツール群，ステークホルダ合意のためのツール群，アプリケーション開発のためのツール群などから構成される．

以下の節で，DEOS プロセス，D-Case，DEOS アーキテクチャについて述べる．

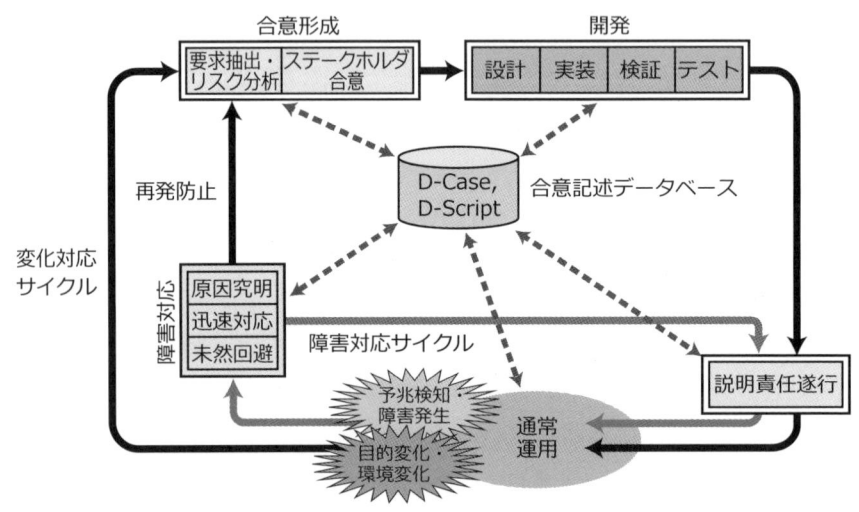

3.1 DEOS プロセス

図 3-1 は DEOS プロセス示している．DEOS プロセスは以下に述べるように構成されている．

① 「通常運用」から開始される「変化対応サイクル（外側ループ）」と「障害対応サイクル（内側ループ）」の2つのサイクルから成り立っている．
② 変化対応サイクルはシステムの目的や環境の変化をシステムに反映させるときに開始され，合意形成プロセス，開発プロセス，説明責任遂行プロセスからなる．
③ 障害対応サイクルは，障害が予知されたり，障害が発生したときに開始され，障害対応プロセスと説明責任遂行プロセスからなる．
④ 障害対応サイクルは障害原因を究明したあと，再発防止のためにシステムを変更するために変化対応サイクルを開始させることができる．
⑤ ステークホルダ間で合意されたシステムに関する要求とその実現方法に関する合意を構造的に記述した D-Case がある．
⑥ D-Case に記述されたシステムの監視と記録の指示ならびにシステムの障害からの復帰に関する合意を具体的な運用手順として表現した D-Script がある．

図3-1 DEOS プロセス

⑦ D-Case ならびに D-Script を継続的に保持する合意記述データベース D-ADD がある．

⑧ D-ADD には D-Case に記述されたシステムの監視と記録の指示によって記録された状態の履歴を保持する．

以下に DEOS プロセスを詳しく説明する．

3.1.1 ステークホルダ

これまでステークホルダについては特に定義を述べてこなかったが，ここで DEOS 技術体系におけるステークホルダを定義する．対象システムのディペンダビリティに関する利害関係者を「ステークホルダ」と呼ぶ．ステークホルダとして我々は以下を想定している．

- サービス・製品の利用者（顧客，社会的インフラの場合は社会全体）
- サービス・製品の提供者（事業主）
- システム提供者
    - ▶ 設計開発者
    - ▶ 保守運用者
    - ▶ ハードウェア供給者
- サービス・製品認可者（規制監督官庁）

DEOS プロセスにおいては，ステークホルダはそれぞれの立場からシステムに対する要求を明示的に主張する．そして要求項目ならびにその実現方法に関して合意に至ると，その内容が記録され，開発・変更・運用が開始され，これがライフサイクルを通して継続的に行われる．

ステークホルダのシステムに対する要求はいろいろな理由から時間経過とともに変わってゆく．たとえば，事業における競争相手に対抗してサービス内容を変更する必要が出た場合，顧客から新しいサービスの希望が強くなった場合，M&A によりシステムの変更が必要になった出た場合，技術が発展して同様の機能が安価に入手できるため，システムをそれに合わせて変更する場合，法規制や標準規格が変わってこれに準拠しなければならない場合，などである．長期に運用されればされるほど，システムに対する要求が変わってゆく．通常これらの変更要求に対する対応の時期はステークホルダが決めることができる．DEOS プロセスではこのような要求の変化を「目的・環境の変化」による要求の変化という．

システムの障害に対応し，再発を防止するために必要になるシステムの変更もステークホルダの合意に基づいてなされなければならない．これは目的・環境の変化に比べて緊急に対応しなければならないことが多い．

3.1.2 通常運用

通常運用はシステムがステークホルダ間で合意されたサービス機能レベルの変動許容範囲（In-Operation Range，IOR）からの逸脱がなく，ユーザに対して通常のサービスを継続して提供している状態である．通常運用状態におけるもっとも重要な機能は，障害の予兆や発生の検知である．このために，通常運用状態は，D-RE にそなえられた監視機能を用いて，必要なシステムパラメー

タを監視し，それらが IOR から逸脱していないかを調べる機能を持たねばならない．IOR からの逸脱は障害として検知される．また，IOR の内側にあってもシステム状態の変化のパターンから障害の予兆が検知できることがある．障害あるいは障害の予兆が検出されると通常運用状態は障害対応サイクルを開始させる．監視パラメータの指定，監視の頻度，監視結果の処理，障害の予兆や発生の判断は，事前にステークホルダ間で合意され，D-Case に記述され，その結果作られた D-Script を実行することによりなされる．

通常運用におけるもう1つの重要な機能は目的・環境変化の検知である．これらはシステムの外部的な要因であり，この検知を自動化することは困難であるが，ビジネス目的，ユーザ動向，技術動向，法規制の動向，標準化の動向などに対して常に監視する体制を構築し，担当者を割り当て，担当者にステークホルダ会議などの場でそれらの変化を報告させるための決まりを設けておくことにより，この目的を達成する事ができる．また，定期的な目的・環境の見直しの規定を備えておくことも必要である．目的・環境の変化が検知されたと判断されると，変化対応サイクルが開始される．

通常運用状態において実行されるこれら以外のバックグラウンドとしてのプロセスには，日常的な動作記録の点検，プロセスの定期的な見直し・改善，要員の訓練，教育，などがある．また，システムのメモリ資源を常にクリーンな状態にしておくことも，非常に有効な日常保守・改善活動である．また，時間を先に経過させて障害の発生を「リハーサル」することによって，予兆を検出することが可能となる場合もある．

3.1.3 変化対応サイクル

変化対応サイクルはステークホルダの目的の変化や，各種外部環境の変化に対応するためのサイクルである．このサイクルにおける主要なプロセスは，システム変更のための「要求抽出・リスク分析」と「ステークホルダ合意」からなる「合意形成プロセス」，「設計・実装・検証・テストプロセス」，ならびに「説明責任遂行プロセス」である．変化対応サイクルは，障害対応サイクルにおける原因究明フェーズの実行の結果，同一あるいは類似の障害の再発を防止するためにシステムの変更要求が発生した場合にも開始される．

要求抽出・リスク分析フェーズは，目的や環境の変化によりステークホルダからの要求が変化（新規の要求も含む）した場合，あるいは障害発生に対応して原因究明を行った結果，システムの変更が必要である場合に最初に実行されるプロセスである．いずれの場合も，事業主のサービス目的をベースに，ユーザの要求，システム環境，技術動向，関連する法規制や国際標準を勘案し，システムの機能要件を抽出する．また同時に，サービス目的からシステムのサービス継続シナリオを作成してリスク分析を行い，ディペンダビリティ要件を含む非機能要件を抽出する．

ステークホルダ合意フェーズでは，抽出された要件を基に，システムのディペンダビリティに関する要件とその実現方法について，ステークホルダが議論し，合意した内容を D-Case として記述する．またサービス継続シナリオに基づいて，その実行手続きである D-Script を作成する．要求抽出・リスク分析フェーズとステークホルダ合意フェーズが「合意形成プロセス」を構成する．

設計・実証・検証・テストの各フェーズは，いわゆる設計開発のプロセスを構成する．設計開発のプロセスについてはこれまで多くの研究がなされ，多くの手法やツールが開発されている．我々は優れた手法やツールは積極的に活用すべきだと考える．DEOS プロジェクトでは DEOS プロセスの強化のために必要なソフトウェア検証[2]やベンチマーキング[3]，フォルトインジェクションテスト[4]などのツール群を開発した．

説明責任遂行プロセスでは，目的や環境変化によるステークホルダの要求変化を満たすためにシステムを変更した場合，その経緯と，いつからどのようにサービスや機能が変化するのかを説明する．また，日常のサービス遂行状況や設計開発・保守運用プロセスに関する説明が必要なときもこれに対応する．これは利用者や社会からの信頼を維持し，サービス提供者のビジネス遂行上のサービスを守るという大変重要な役目を持つ．合意記述データベースに保持されている D-Case 記述の履歴やシステム状態の記録が説明責任遂行に役立つ．

変化対応サイクルは通常運用と並行して実行され，サービスの提供を継続しつつシステムの変更が行われることが望ましい．

3.1.4 障害対応サイクル

障害対応サイクルは通常運用状態において，障害の予兆あるいは発生を検知したとき，それらに対して迅速に対応して障害を未然に防止し，あるいは被害を最小化し，障害原因を究明するためのサイクルである．DEOS プロセスでは「障害」をステークホルダ間で合意されたサービス・機能レベル変動許容範囲（IOR）から逸脱する事象と定義する．

障害対応サイクルにおける主要なフェーズは，「未然回避」「迅速対応」「原因究明」であり，これらが障害対応プロセスを構成する．障害が発生した場合は「説明責任遂行」が必須である．「未然回避」「迅速対応」「原因究明」はそれぞれ別個に，かつ順番に行われるとは限らない．多くの場合，これらはお互いが関連しあい，渾然一体となった活動となる．

未然回避フェーズは，システムのオペレーション中に障害が発生する前に障害発生を予知し，あるいは障害が起きる可能性の増大を検出すると，障害を回避するように対応・動作するフェーズである．障害の予知が障害の発生予想時刻の十分に前であれば効果的な対策が打てる．たとえば，新たにリソースを割り当てたり，システムの資源を制限してスループットを下げたり，システムの若化（rejuvenation）によりシステムダウンを回避し，あるいは少なくともシステムダウンまでの時間を稼ぐことが可能になる．直前に予知した場合には障害の影響の最小化に努力することになる．また，原因解析に有効な，障害に至るまでのシステムの内部情報を記録することができる．予知のための具体的な方法としては，過去の障害パターンから類似の障害を判別する方法がある．未然回避シナリオはステークホルダ間で合意され，D-Script に事前に記述され，自動的に，あるいはオペレータやシステム管理者と協調して未然回避動作が実行される．

迅速対応フェーズは，障害が起きた時にその影響を最小化するためのフェーズである．まず，どのような迅速対応が可能であるかを見極め，対応した処理を実行する．通常は障害を隔離して影響の局所化を行い，サービス全体のダウンを回避する．そのために障害が発生したアプリケーション

やシステムの一部分のオペレーションを中断し，リセットし，そのあとにオペレータやシステム管理者による復旧活動が行われる．障害に対する迅速対応のシナリオはステークホルダ合意に基づきD-Scriptに事前に記述されており，自動的に行われるのが望ましい．しかしながら，想定しない障害にも対応しなければならない場面も起こる．このような場合に対して，対応分野や領域ごとの目的に応じたサービス継続のための緊急対応計画（責任者や対応組織，手順，エスカレーションパスなどが記されている）を事前に立てて，ステークホルダ間で処理手続きを合意しておくことが求められる．その計画の指示に基づきオペレータやシステム管理者と協調して迅速に障害による影響を最小化することになる．

原因究明フェーズでは，合意記述データベースに格納されたD-Case記述の履歴とシステム状態の監視記録から，障害の原因の特定を行う．D-Caseには合意に至る議論の構造がその議論の前提と議論を裏づける証拠（論拠，証憑，evidence）とともに示されていることから，D-Caseの履歴をたどることによって議論の前提の意味理解の相違，時間変化による前提の変更，議論の漏れ，フォルトトリー解析やベンチマークテストの結果を含む証憑の対応範囲の誤りや漏れ，など，原因の特定に役立つ情報が得られる．原因究明フェーズで得られた情報をもとに，同一あるいは類似の障害を再度起こすことがないようにするために，変化対応サイクルが開始される．

説明責任遂行プロセスでは，サービス・製品提供者が，障害発生時にサービス・製品利用者をはじめとするステークホルダに対し，障害状況，障害原因，被害の大きさ，これまでの対応，今後の見通しなどを，すべてのステークホルダが納得するように説明を行う必要がある．場合によっては，補償の額や責任の取り方についての説明も必要になる．説明責任の遂行は利用者や社会からの信頼を維持し，ひいてはサービス提供者のビジネス遂行上のサービスを守るという大変重要な役目を持つ．

障害対応サイクルも変化対応サイクルと同様に通常運用を継続しながら実行されることが望ましい．実際，システムが異常の予兆を検知しても，D-Scriptに記されたサービス・機能レベル変動許容範囲内で自動的に回避処理が働いてサービスが継続される場合がある．あるいは一部の機能を縮退してサービスを継続している場合もある．しかしながらサービスの提供が完全に停止されてしまう場合もある．

3.2　D-CaseとD-Script

3.2.1　D-Case

D-Caseはシステムに対する要求とその実現についてのステークホルダ間の合意を構造的に記述する手法であり，その手法に基づいて作られた記述である．ステークホルダ間の合意は，その合意の前提が過不足なく示され，論理的に正しい議論になっており，そして適切な根拠（証憑，エビデ

ンス）によって支持されていてはじめて確信に足るものとなる．以下に「確信」（確信できる，あるいは確信に足りる，assuredness）について説明し，D-Case について述べる．D-Case のさらに詳しい解説は第 4 章に述べる．

　先に述べたように，オープンシステムに対する関する完全な記述をすることはできない．システムの記述が完全であるとはその記述が無矛盾であり，システムのすべてにわたって定義されており，すべての人がそれに対して同一な理解をしている状態をいう．これが不可能であるとすれば，次善の策は何であろうか．次善の策はいかにシステムの記述を完全な記述に近づけるか，と言うことになる．そのとき，システムの実用上の観点から，すべての人（DEOS 技術体系においてはステークホルダ）の対象に対する理解が同一であることに記述の妥当性の根拠を求めざるを得ない．すなわち，ステークホルダの合意形成を相互に確信できる形で行うことによって，記述の完全性に近づけてゆこうということである．

　「確信」は議論に必要かつ十分な前提の記述，適正な議論，そして適切な論拠（証憑，evidence）によって可能となる．これは論理学における証明の基本であり，法廷での議論の進め方でもある．この方法の一般形を Assurance Case と呼ぶ．これまでに，安全性やディペンダビリティについての確信できる議論の方法として Safety Case や Dependability Case[1] が提案され，使われ始めている．

　「確信」は残念ながら完全性を保証するものではない．しかしながら，「確信」により議論の内容の信憑性が向上する．DEOS 技術体系の枠組みでいえば，「確信」により要求達成の信憑性が向上する[5]．以上の理由から DEOS 技術体系では「確信」（assurance）を合意形成の基本とし，Assurance Case の手法を合意記述の方法とした．

　Assurance Case は以下のように示すことができる．
- 確信の対象はゴール（Goal または Claim）として与えられる
- ゴール（またはサブゴール）に対する文脈（context または condition）は Context として書かれる
- ゴールは再帰的にサブゴール（Sub-Goals）に分割される．ゴールはそのサブゴールがすべて満たされたときに満たされる．
- サブゴールは適正な証憑（Evidence）によって満たされる
- 証憑は設計・実装・検証・テストの方法や結果の記述，履歴の記録，その他によって与えられる

　Assurance Case は設計・開発における合意形成の手法・記法として強力である．しかしながら，オープンシステムディペンダビリティの達成においては設計と運用を分離できない．このため，Assurance Case を DEOS 技術体系の枠組みで利用可能にするために，証憑のカテゴリーとして「監視（Monitor）」，「動作（Action）」を追加した．「監視」はシステムパラメータの監視を指示し，その値をリアルタイムに得るためのノードで，これによってパラメータの値が変動許容範囲（IOR）の内部にあるかないかが判断できる．「動作」はシステムに対し，障害プロセスの隔離，アボート，リブートなどを指示するために必要である．これらは D-Script により実行される．また，外部で

作成され，あるいは外部に存在するソフトウェアモジュールを接続するために「外部（External）」ノードが追加された．「外部」ノードは外部システムの D-Case 記述を参照する．これによって，第 3 者開発のソフトウェアや外部サービスをディペンダブルに利用する方法を提供している．

　D-Case では Goal, Strategy, Context, Evidence（Monitor, Action を含む），External, Undeveloped をノードとする GSN（Goal Structuring Notation）[6]による表現を基本記述方法として採用した．それらのノードの内容は通常自然言語で記述される．記述の曖昧性を出来るだけ排除し，機械的な整合性の検査が可能となるように，SBVR や Agda などの疑似自然言語を用いることが推奨される．

　図 3-2 に D-Case による合意記述の例を示す．この例では，達成すべき内容（応答時間の遅延による故障原因は回避できる）を Goal: G_1 で示し，その前提として，応答時間の変動許容時間（IOR）を 50 ミリ秒以下は正常，50 から 100 ミリ秒の間は重要度 1，100 ミリ秒を超えると重要度 2 とすることが Context: C_1 に書かれている．このゴールを監視と回復動作の観点からサブゴールに分割することが Strategy: S_1 に記述されている．Goal: G_2 には応答時間は監視可能であることが述べられ，その証憑として監視ノード Monitor: M_1 が示されている．また，Goal: G_3 には回復動作が可能であることが述べられ，その前提として D-Script が存在することが Context: C_2 で示され，証憑として，テスト結果が Evidence: E_1 に示される．

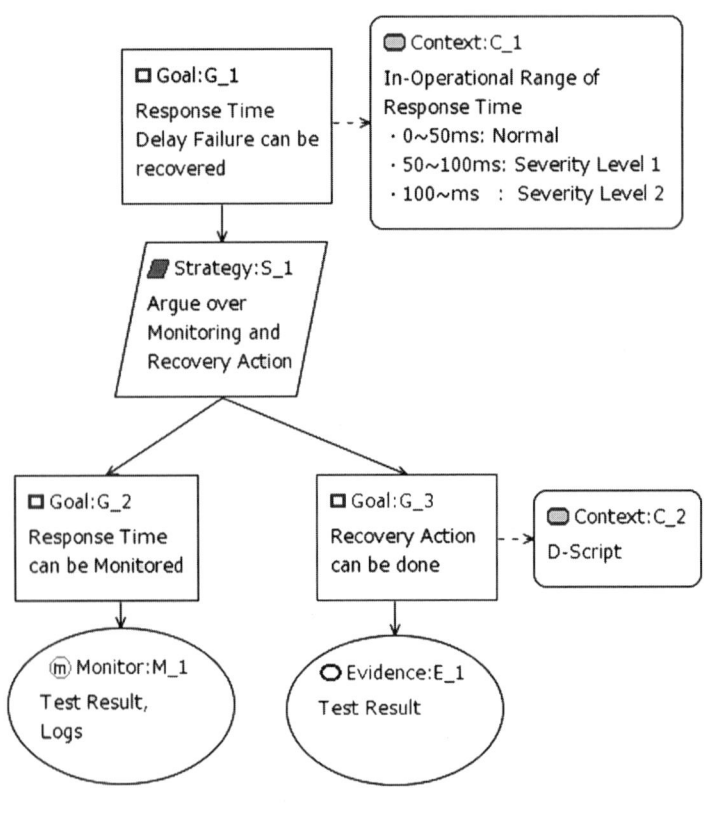

図 3-2　D-Case による合意記述の例

3.2.2 D-Script

D-Case の合意事項はシステムの開発に関する事項のみならず，運用に関する事項も含まれる．すなわち，通常運用時の監視・記録，障害ならびにその予兆の検出，そして障害対応サイクルにおける未然回避，迅速対応，原因究明に関する合意である．何を監視するか，何をログとして収集するか，何をもって障害あるいはその予兆とするか，などはサービス継続シナリオに基づいて事前にステークホルダ間で合意され，D-Case として記述されていなければならない．同様に，障害あるいはその予兆が検出されたとき，未然回避，迅速対応，原因究明のために具体的にどのような処理を行うかについてもステークホルダ間で事前に合意されていなければならない．これらの記述をベースとして柔軟な障害マネジメントを行うために，DEOS では D-Script を導入した．

D-Case には上で述べたとおり「監視」ノードならびに「動作」ノードがあり，これらを用いて通常運用状態並びに障害対応サイクルに関する合意がなされる．すなわち，どのようなシステム状態を監視し，どのような値になったらどのような動作をするか，についてサービス継続シナリオに基づいてステークホルダが合意し，D-Case に記述される．D-Script はこれに基づいて作成されるスクリプトである．D-Script は D-Case 記述から自動的に導出できる場合もあるが，リスクに関する価値判断が入る部分も多く，人手によって作成しなければならない場合がある．そのため，D-Script 自身もステークホルダ合意の対象となる．

次節で述べるように，実際に D-Script で指示された動作を行うために D-RE には D-Script Engine を装備し，その指示に従った実行制御を行うための機能を持たせた．D-Case をベースとした D-Script ならびにその実行のための D-Script Engine，さらに D-RE が備える諸機能により，ステークホルダ合意による障害対応が実際のシステム上で実現できる．

3.3 DEOS アーキテクチャ

DEOS プロセスはオープンシステムに対するディペンダビリティを実現するための反復的プロセスを提供している．このプロセスを実際のシステムに対して適用するためには，対象システムがいくつかの基本的な機能を持っていなければならない．具体的には，DEOS 実行環境（D-RE，OS に対応する部分）がモニタリング機能，データ記録機能，隔離機能，D-Script 実行機能を持つことが DEOS プロセスの実行に必須である．また，D-Case や D-Script の履歴を保持する D-ADD も必須である．加えて，合意形成のためのツール群，ソフトウェア検証機能やベンチマーキング機能なども必要である．DEOS 技術体系においては，これらを含む DEOS プロセス実行のための総体構造を DEOS アーキテクチャと呼ぶ．

DEOS アーキテクチャは目的とするシステムのディペンダビリティに対する要求のレベルによって異なってよい．ここでは，今日の大規模かつ複雑なソフトウェアシステムへの適応を念頭に考案

された基本的な DEOS アーキテクチャについて述べる．DEOS プロセスと DEOS アーキテクチャを並べて眺めると DEOS プロセスが実際のシステムでどのように実行されるかが理解しやすい．

DEOS アーキテクチャは以下の構成要素からなる（図 3-3 参照）．

- 要求抽出・リスク分析フェーズを支援するためのツール群とステークホルダ合意フェーズを支援するツール群からなる合意形成ツール群
- プログラム検証ツールとベンチマーキングならびにフォルトインジェクションテストのためのツール群を含む DEOS 開発支援ツール群（DEOS Development Support Tools：D-DST）
- 合意の記述である D-Case とサービス継続シナリオの実行手続きである D-Script の履歴やシステム状態の履歴を含む合意記述データベース（DEOS Agreement Description Database：D-ADD）
- DEOS 実行環境（DEOS Runtime Environment：D-RE）

3.3.1 合意形成ツール群

要求抽出・リスク分析フェーズは事業主のサービス目的を基にユーザの要求，システム環境，関連する法規制や国際標準を勘案し，システムの機能要件を抽出し，想定される障害に対するサービス継続シナリオを作成してリスク分析を行い，ディペンダビリティ要件を含む非機能要件を抽出する．

ステークホルダ合意フェーズは合意を形成するための方法と合意記述の記法に基づいて合意内容を D-Case として記述する．そのためのツールに Eclipse をベースに作られた D-Case Editor や Web Browser ベースに Java Script で作られた D-Case Weaver がある．

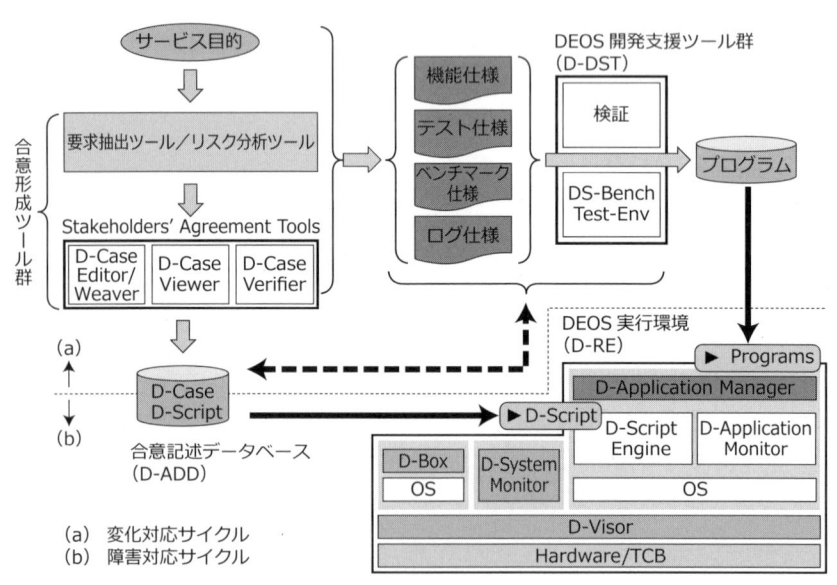

図 3-3 DEOS アーキテクチャ

3.3.2 DEOS 開発支援ツール群（D-DST）

DEOS 開発支援ツール（D-DST）は事業目的やサービス継続シナリオに基づいて決められた機能仕様，テスト仕様，ベンチマーキングシナリオ，さらにはログ仕様に基づいてプログラムを設計し，開発し，検証し，ベンチマーキングを行い，テストを行うための開発支援ツール群である．開発支援ツールはこれまでもいろいろなものが開発され，利用可能になっているので，それらを適宜利用すればよい．DEOS プロジェクトとして我々が独自に開発したものに，型検査ならびにモデル検査によるソフトウェア検証ツールとフォルトの挿入が可能なベンチマーキングツール DS-Bench / Test-Env がある．

3.3.3 合意記述データベース（D-ADD）

D-ADD は D-Case の履歴や要求マネジメントで取り扱われるドキュメント，システムの状態の履歴など，ディペンダビリティに関する情報を格納して保存し，必要な時に適切な情報を抽出することができるデータベースである．この中には

- 対象システムの基本構造や基本コンポーネントの記述
- D-Case 記述の履歴
- D-Case から作成された D-Script の履歴
- D-Case の証憑となるすべてのドキュメント
- D-Script により「監視」・「記録」が指示されたシステム状態の履歴
- 過去の障害や障害の予兆に関するすべての情報とその対処方法・結果に関する情報

などが格納される．D-ADD は DEOS プロセスのすべての要素に関係する中心的存在である．D-ADD はインタフェースならびにツールを提供する基本ツール層，証憑やシステム状態の記録の構造のモデルを提供するモデル層，それらの情報を物理的に記録・保存するデータベース層の 3 階層で構成される（図 3-4）．

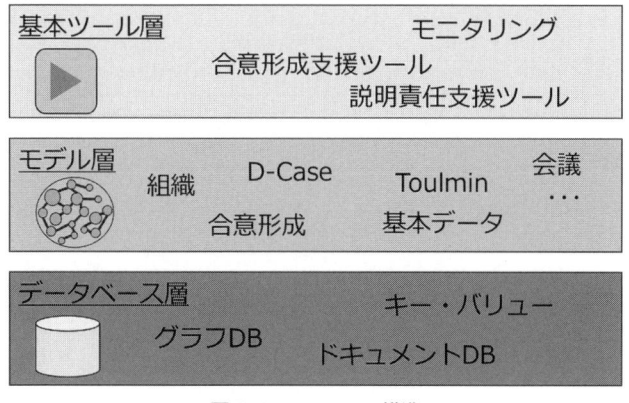

図 3-4 D-ADD の構造

3.3.4 DEOS 実行環境（D-RE）

DEOS 実行環境（D-RE）はディペンダブルなサービスを提供するための実行環境であり，以下のサブシステムを含む（図 3-3 右下を参照）．

- D-Visor は対象システムの再構成のため，システムの構成要素のおのおのの独立性を担保する仕組み（System Container）を提供する．ある System Container 内における異常や障害が他に波及することを抑える働きを担っている．
- D-System Monitor はシステムの動作監視機能を提供する．D-Application Manager は複数のアプリケーションの独立性を担保する仕組み（Application Container）を提供し，各アプリケーションのライフサイクル（起動，更新，停止）を管理し制御する．
- D-Application Monitor はアプリケーションの動作監視機能を提供し，エビデンスを収集し，D-Box に蓄積する．
- D-Box はシステムの基本状態ならびに D-Script で「監視」・「記録」を指示されたシステムの状態を安全・確実に記録する．
- D-Script Engine は D-Script を安全・確実に実行する役割を担い，D-Application Manager，D-Application Monitor，D-System Monitor を制御する．

3.4 D-Case による DEOS プロセス実行の確信

D-Case を用いて DEOS プロセスを記述することにより，合意に基づいた DEOS プロセスの実行を確信することができる．また，D-Case にはシステムの運用時に合意事項に基づいた運用を行っているかどうかをチェックし，システムの運用を制御するモニタ機能やアクション機能がある．本節では，まず，D-Case を用いて DEOS プロセスの基本部分を記述し，DEOS プロセスの実行を確信する．次に，D-Case のモニタおよびアクション機能がどのように D-Case 合意に基づいた運用

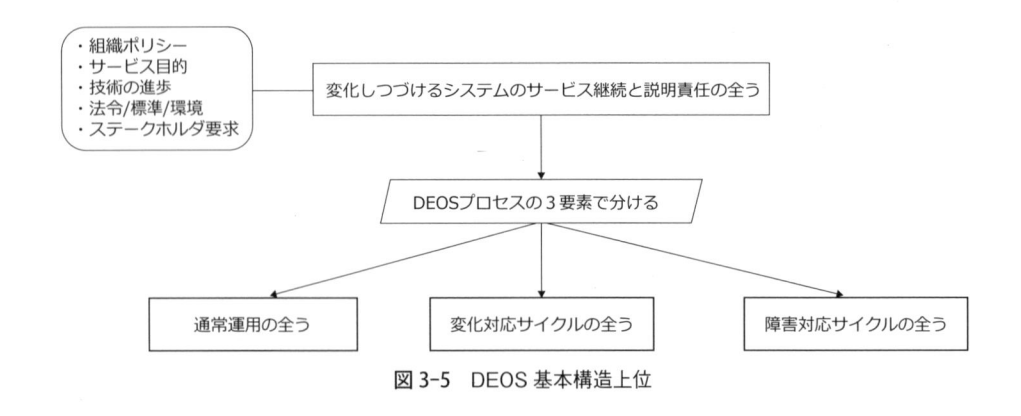

図 3-5 DEOS 基本構造上位

を行うか述べる．

3.4.1 DEOS 基本構造の記述

DEOS プロセスは「通常運用」，「変化対応サイクル」，「障害対応サイクル」という 3 要素からなっている．この 3 つを明確に定義しているのが DEOS の特徴である．D-Case は，いろいろな対象を，さまざまな視点から，多様な方針で書くことができるが，DEOS プロセスの実行を担保する目的で書く場合は，この DEOS 基本構造を直接的に適用する．すなわち，D-Case のトップゴールをまずこの 3 要素で分ける．

これを D-Case で記述すると図 3-5 になる．トップゴールは「変化しつづけるシステムのサービス継続と説明責任の全う」となり，これをまず 3 要素に従って，それを 3 つのサブゴールに分ける．

「通常運用の全う」サブゴールでは，運用規定や日常点検ガイドなどをコンテクストとして，変化監視と障害監視のためのエビデンスが定義され，その結果が判断される（図 3-6）．

「変化対応サイクルの全う」サブゴールのエビデンスには，システムの目的変化，環境変化が検知されたときに組織として実施すべき変化対応手順書と説明責任遂行手順書が作成されている必要がある（図 3-7）．

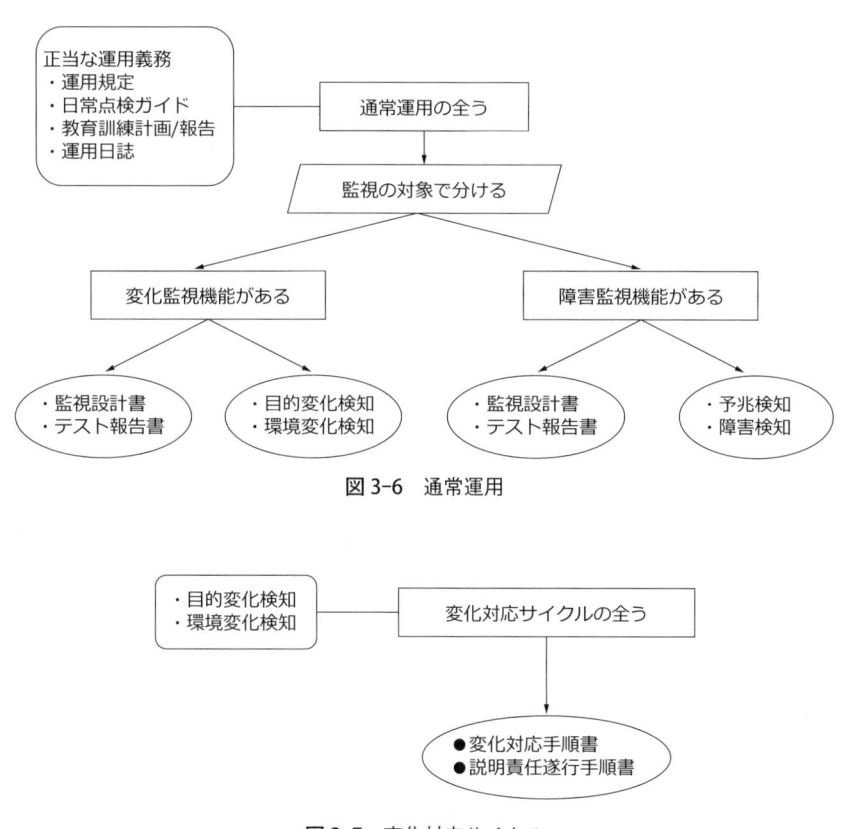

図 3-6　通常運用

図 3-7　変化対応サイクル

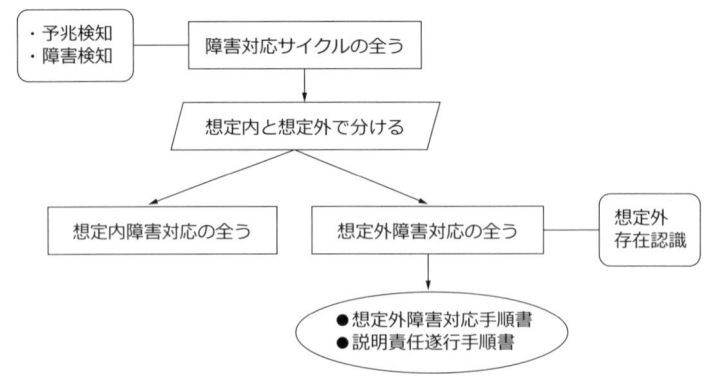

図 3-8　障害対応サイクル

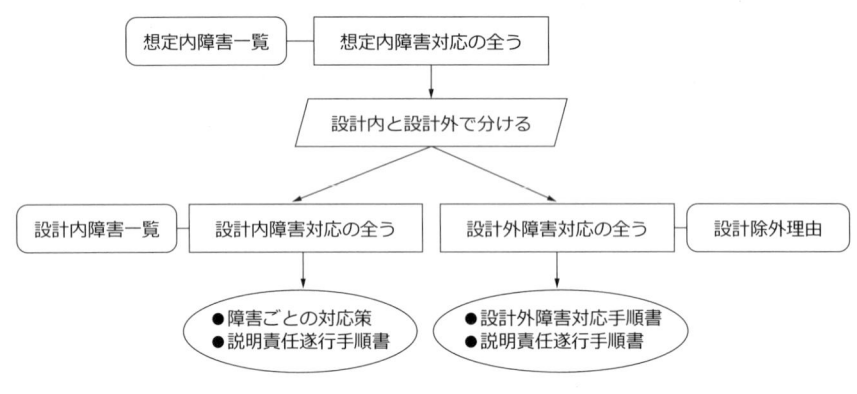

図 3-9　想定内障害

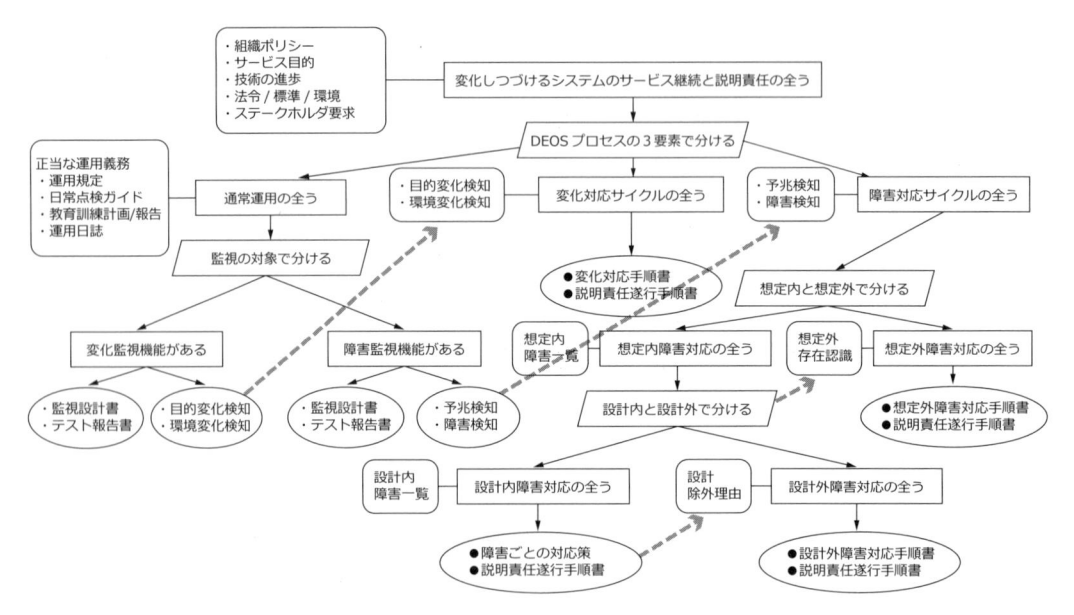

図 3-10　DEOS 基本部分の D-Case による記述

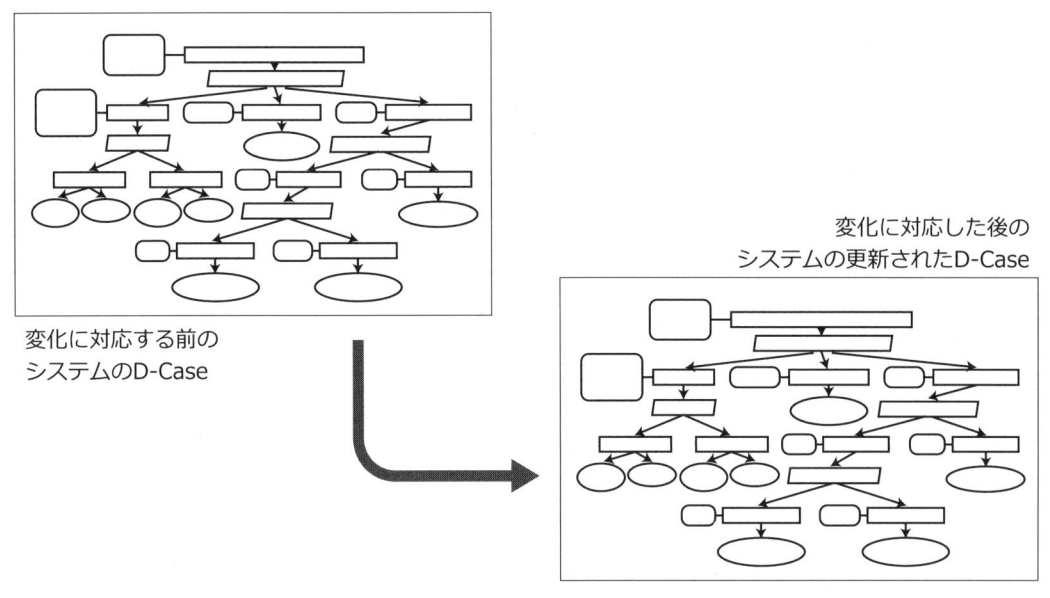

図 3-11 変化への対応

「障害対応サイクルの全う」サブゴールに対して「想定内」と「想定外」に分けて考える．実際，議論に上がった状況はすべて「想定内」ということになる．ここでは，想定外もありうることを認識させるため，「その他」に対応する記述を「想定外」とする．ただし，「想定外」の障害対策を考えることはできないので，「想定外」に対しては，人や組織がどのような対応を取るかを決めておく（図 3-8）．

「想定内障害対応の全う」サブサブゴールは「設計内」と「設計外」に分かれる．「設計内障害対応」とはすなわち，考えうるすべての障害を列挙して，それに対しシステムをどう対応させるか，すなわちサービス継続シナリオの作成に対応する．これに対して仕様書，設計書が作成され，実装が行われ，テストが行われ，それらはすべて D-Case エビデンスとなる．コスト上の理由その他で設計外とした事象に対しては，人や組織がどのような対応を取るかを決めておく必要がある（図 3-9）．

これらをすべてまとめたものが図 3-10 になり，これが DEOS 基本構造の D-Case による記述である．これをさらに詳細に記述して行くことによって実際のシステムの D-Case を作ることができる．

図 3-10 で，破線の矢印は各エビデンスが右隣のコンテクストに対応していることを示している．

システムに変化対応の要求が起こると，現バージョンの D-Case を基に次のバージョンのシステムに対する D-Case が作成される（図 3-11）．これらのシステム更新に関する履歴の保存やシステム状態の記録から，説明責任の遂行に対しても極めて有効に支援することができる．その結果，システムの長期的に運用コストを低減し，サービス提供者の収益機会を維持し，ブランドを守り，信用を高めることができる．

3.4.2 D-Case に基づいたシステム運用の制御

DEOS ではシステムの運用は Monitor ならびに Action ノードを用いて D-Case によって記述される．Monitor ノードはいつ，何を，どのように監視し，記録するかを指示する．Action ノードはシステムがどのように振る舞うかを指示する．これらによるシステム運用に関する合意記述は D-Script によるシナリオとして表現され，D-RE 上の D-Script Engine によって実行される．

D-RE の D-System Monitor にはオペレーティングシステムの監視機能があり，D-Application Monitor にはアプリケーションプログラムの監視機能がある．これらが Monitor ノードによる監視の対象になる．また，D-Visor はシステムコンテナを用意し，D-Application Manager はアプリケーションコンテナを用意しており，Action ノードはこれらの機能を用いて障害プロセスの隔離，アボート，リブートなどを指示する．

開発と運用のすべてについてステークホルダ合意し，D-Case に記述され，プログラム開発に用いられると同時に，運用時には D-Script が実行される．すなわち D-Case には開発から運用のすべてをステークホルダ合意に基づいた形で行わせることを担保している．

参考文献

［1］ R. Bloomfield, P. Bishop. "Safety and Assurance Cases: Past, Present and Possible Future – an Adelard Perspective", Proceedings of the Eighteenth Safety-Critical Systems Symposium, Bristol, UK, 9-11th February 2010, pp. 51-67.

［2］ M. Matsuda, T.,Maeda, A. Yonezawa, "Towards Design and Implementation of Model Checker for System Software", In Proc. of First International Workshop on Software Technologies for Future Dependable Distributed Systems（STFSSD）, 2009, pp.117-121.

［3］ H. Fujita, Y. Matsuno, T. Hanawa, M. Sato, S. Kato, Y. Ishikawa, "DS-Bench Toolset: Tools for dependability benchmarking with simulation and assurance", IEEE/IFIP Int'l Conf. on dependable Systems and Networks（DSN 2012）2012.

［4］ T. Hanawa, H. Kiozumi, T. Banzai, M. Sato ,S. Miura, "Customizing Virtual Machine with Fault Injector by Integrating with SpecC Device Model for a software testing environment D-Cloud", In Proc. of the 16th IEEE Pacific Rim International Symposium on Dependable Computing（PRDC'10）2010, pp.47-54.

［5］ Object Management Group Standard,"Structured Assurance Case Metamodel（SACM）, Version 1.0",OMG Document number: formal/2013-02-01, Standard document URL: http://www.omg.org/spec/SACM/, 2013

［6］ The GSN Working Group, "GSN Community Standard, Version 1", 2011

第4章
合意形成と説明責任の遂行 (D-Case)

4.1 合意形成と説明責任

　IEC 61508 や ISO 26262 で指摘されているように，システムの安全性について，社会的に合意できるだけの十分な説明が必要である．システムの安全性では，システムが人間や環境に危害を及ぼさないことについて説明する必要がある．同様に，システムのディペンダビリティについては，システムが実行条件下でディペンダビリティ要求を満足することを説明する必要がある．
　システムのディペンダビリティについての説明が必要となる場合には，次の3つがある．

（場合1）システムに障害が発生しないことを示す場合
（場合2）システムに障害が発生しても，適切に対処してビジネスが継続できることを示す場合
（場合3）システムに想定外の障害が発生した場合

　場合1と場合2については，それぞれ，想定した前提条件の下でシステムに障害が発生しない理由と，システムの障害対策が十分であることに対して，社会的に合意可能な理由を示して理解を得る必要がある．場合3については，可能な限り迅速に，原因を究明して，再発防止策を提示することにより，社会的な合意を得る必要がある．再発防止策の提示では，同種のシステム障害が再び発生しないことを示すことになるので，場合1と同様の説明が必要となる．もし，それぞれの場合について，社会的に合意形成できるだけの説明責任を遂行できなければ，システムによるビジネスの継続が困難になる．
　システムのディペンダビリティについての合意形成では，説明対象者としてのステークホルダの範囲と，説明内容の範囲ならびに厳密性が重要になる．もし，重要なステークホルダを無視していたとすると，システムのディペンダビリティについての説明で，合意形成時だけでなく説明責任遂行時においても手戻りが発生することになる．また説明内容の範囲に漏れがあったとすると，システムのディペンダビリティの検討範囲の網羅性が不足していたことになり，その部分についての障

害を見落とす可能性がある．

　説明内容の範囲については，プロダクトとプロセスの観点がある．プロダクトの観点では，プロダクトを構成する要素についてどこまでの範囲を対象として説明するかを明らかにする必要がある．プロセスの観点では，①開発プロセス，②運用プロセス，③障害対策とその実効性の確認などがある．たとえば，従来の故障木解析（FTA：Fault Tree Analysis）や，故障モード影響解析（FMEA：Failure Mode and Effect Analysis），ハザード解析（HAZOP：Hazard and Operability Studies）では，障害原因の特定とその対策までを対象としていた．しかし，対策が実行できることの確認までは対象としていなかった．このため，障害対策の実行中に新たな2次的障害が発生することについての考慮が不足しているという問題があった．すなわち，DEOSにおいては「障害対策が実施可能であり，その過程で2次障害が発生しないこと」まで含めた説明が重要になる．

　説明内容の厳密性については，EAL（Evaluation Assurance Level）などで規定されるように，レビューやテストによる手法だけでなく形式手法による厳密な説明が求められる場合がある．したがって，①システムのディペンダビリティについての合意形成対象者としてのステークホルダと合意形成内容を明確に識別することと，②なぜそれらを識別したのかについての根拠を明確化することが重要である．このことはDEOSにおいても同様である．

　システムのディペンダビリティに関する合意形成と説明責任を遂行する際に用いる表現が特殊であると，社会的に理解されることが困難である．このため，標準的な表記法を採用してシステムのディペンダビリティについて合意形成と説明責任を果たすことが重要になる．

4.2 Assurance CaseからD-Caseへ

4.2.1 Assurance Case

　Assurance Caseは欧米における，原子力発電所など高安全システムの安全性規格認証の際，提出が必須になりつつあるSafety Caseを，ディペンダビリティやセキュリティなど他の属性も含めて一般化した概念である．Safety caseの定義の1つを示す[1]．

> 'A structured argument, supported by a body of evidence that provides a compelling, comprehensible and valid case that a system is safe for a given application in a given environment'
> （システムが与えられた環境における指定された応用に対して安全であることについて，説得力があり，理解しやすく，妥当な根拠一式からなる証拠を基にした構造化された議論）

Caseとは法廷用語である．Longman英語辞書では，以下のように定義されている．

'All the reasons that one side in a legal argument can give against the other side.'
（裁判における各論点について，一方が他方に対して与えることができるすべての根拠）

ここでは，「根拠一式」と訳した．

Assurance は，「確信を持てる，させる」という日本語が最も近い．O-DA[13]における Assuredness は，「確信」と訳されうる．確信を持ってもらう対象が明記されていないが，狭義には規格認証者，広義には利用者，開発者，さらには社会を含むステークホルダ全体が対象となる．意訳すると，Assurance Case は

「システムがディペンダブルであることをステークホルダが確信するための議論および証拠」

となる．

Safety Case の背景には，欧米の安全性規格認証において，特に 1970 年代以降の深刻な事故への反省から生じた，Prescriptive（処方箋的）なアプローチ中心の規格認証から，Goal-Based（ゴール指向）なアプローチを合わせた規格認証への大きな流れがある．深刻な事故の例として，1988 年に死者 167 名を出した Piper Alpha 北海油田事故，35 名の死者を出した Clapham Junction 鉄道事故がある．"Safety Case" という言葉は，Cullen 卿らによる Piper Alpha 事故調査報告書などにより，広まったと考えられる[2]．

Prescriptive な規格認証では，規格認証者が設定したチェック項目を満たすか否かで認証を行う．Goal-Based な規格認証では，安全性など，システムが満たすべき性質が与えられ，システム開発者や運用者自らが，それが満たされていることの議論を，FTA 解析結果などを証拠として自ら構築し，規格認証者に提示する．

Bloomfield と Bishop は，Prescriptive な規格認証の欠点として以下をあげている[3]．

▶ システム開発者や運用者は定められた項目を充足するのみで，法的責任を満たすことができる．定められた項目が安全性に不十分であったとのちに判明しても，責任は規制側のみにある．
▶ Prescriptive に定められた項目は，過去の経験に基づくものであり，技術的発展に伴い，不十分になる，さらには不必要なリスクを伴う可能性がある．
▶ Prescriptive に定められた項目は，新しい安全技術の導入を阻む．
▶ Prescriptive に定められた項目は，国際市場への展開，他分野との統合を阻む．
▶ Prescriptive に定められた項目を満たすために，不必要なコストがかかることがある．

一方，Goal-Based な規格認証では，システムの安全性を満たすための手法はシステム開発者，運用者側に委ねられており，自由に安全技術を導入できるなど，ベストエフォートでシステムの安全性達成ができる利点があると Bloomfield と Bishop は主張している．Safety Case に対する強い批判もある．Leveson は，「多くの Safety Case の研究は，個人的な意見を述べているか，記述例を示しているのみで，本当に効果的であるかどうかは示していない」と述べている[4]．

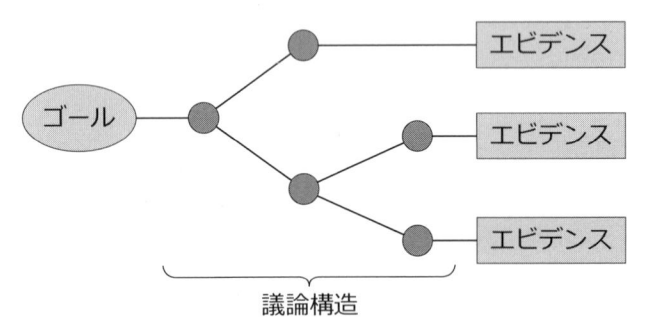

Safety Case の構造の例として図 4-1 を示す．Safety Case を要求項目としている規格の例としては，EU の航空管制システムに関する規格である EUROCONTROL[5]，イギリスの鉄道の規格である Rail Yellow Book[6]，イギリス国防省規格である MoD Defense Standard 00-56[7]がある．アメリカでは，医療器機分野において要求項目になるなどしている．自動車の機能安全規格である ISO 26262 は，Safety Case が要求項目になっている．

Safety Case は，多くの場合自然言語で記述される．企業の秘密情報を含むことから，公開されることは少ない．例として Virginia 大学の Safety Case Repository がある[9]．Safety Case の記述，読解，コミュニケーションを助けるために，グラフィカルな表記法が提案されている．代表的な表記法として，York 大の Tim Kelly らによる GSN（Goal Structuring Notation）[10]，Adelard 社の Robin Bloomfield らによる CAE（Claim, Argument, Evidence）がある[11]．D-Case の表記法は GSN をベースにしている（後述する）．

図 4-1　Safety Case の構造の例

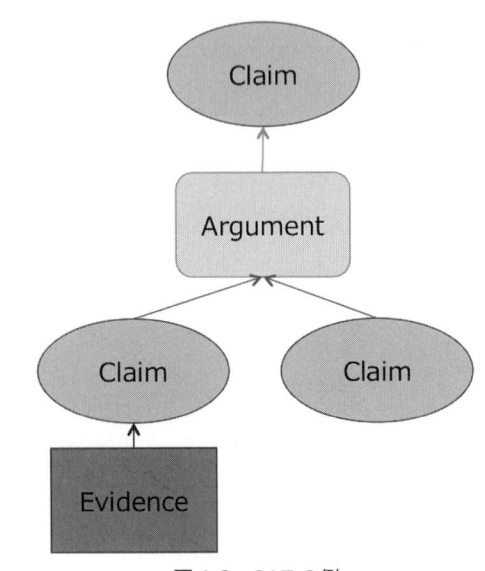

図 4-2　CAE の例

図 4-3　GSN の例

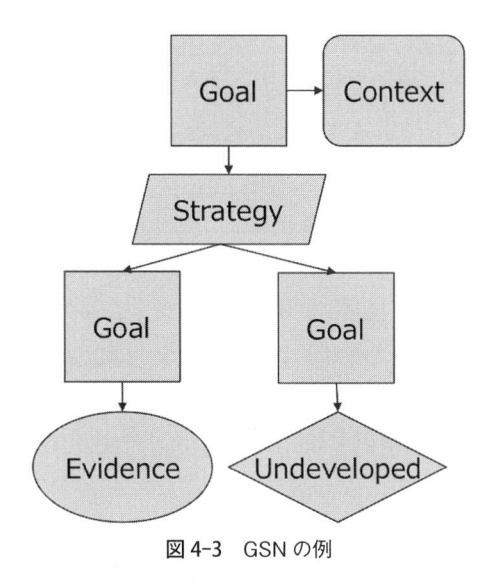

　図 4-2 は CAE の例である．CAE は主に，Claim, Argument, Evidence という 3 種類のノードがある．Claim はシステムが満たすべき主張である．Argument は Claim を支える議論を表す．Evidence は Claim を最終的に支えるものである．

　図 4-3 に GSN の例を示す．Goal は示すべき命題である．Context は Goal を議論する前提，文脈である．Strategy は，ゴールを詳細化し，サブゴールに分割する方法を説明する．Evidence はゴールが達成されていることを示す最終的な根拠である．Undeveloped は，Goal が達成されていることを示す十分な議論，Evidence がその時点でないことを示す．

　CAE の Claim は GSN における Goal，CAE の Evidence は GSN における Evidence（Solution），CAE の Argument は GSN における Module と Strategy を合わせたような意味を持つ．本質的には，GSN と CAE は同じ表記法であり，GSN と CAE を統合したメタモデル SACM（Structured Assurance Case Metamodel）が OMG において規格化されている[12]．注意すべきは，Safety Case は GSN や CAE だけで書かれた部分だけでなく，多くの他のドキュメントやモデル，説明文と合わせて構成されることである．GSN や CAE の記述編集支援ツールは，多くの他のドキュメントやモデル記述支援ツールとつながる必要がある．

4.2.2　D-Case の定義と導入の経緯

　D-Case は従来の Assurance Case を DEOS でのオープンシステムへの対応を基に拡張した手法とツールである．オープンシステムのライフサイクルは，DEOS プロセスに表されるように，開発，運用，障害対応など，あらゆるフェーズが同時に行われる．これまでのディペンダビリティの研究では，Laprie らの論文にあるように，開発フェーズと運用フェーズが明確に分かれて議論されてきた[14]．D-Case は，開発時，運用時の情報，さらに障害対応を同時に議論するために，従来の Assurance Case の表記法である GSN（Goal Structuring Notation）に，運用時のモニタリングおよ

び障害対処の情報を明示するために，新たなノード（後述するモニタノードとアクションノード）を追加し，証拠（エビデンス）の概念を拡張した．さらにオープンシステムにおけるシステム間の関係を表すノード（外部拡張ノード）を加えた．

D-Case の定義は以下である．

> 開発，運用，保守，廃棄などのシステムライフサイクルを通じて，システムのディペンダビリティをステークホルダが合意し，社会に説明責任を果たすための手法とツール．主として Assurance Case を記述するための手法とツールを提供する．記述自体も D-Case と呼ぶ．

D-Case については次節において詳細を述べる．現在の Safety Case は，システム開発において，システム供給者，第三者コンサルティグ会社，国防省などシステム利用者の間のコミュニケーションに使われているが，おもには認証のために使われてきた．規模が拡大し，ネットワーク化したこれからの情報システムは開発・運用を通し，多くのステークホルダが合意し，システムと連携して，ディペンダビリティを達成する必要がある．DEOS で開発している他のツールやランタイムシステムなどとの連携を念頭に，以下の 3 点が実用化のために重要であると考えた．

- 企業にとってわかりやすい入門書や講習の開発
  Safety Case はこれまで高い安全性が求められるシステムに対して，高度な専門知識を持つコンサルタントなどによって書かれてきた．そのため，Safety Case のガイドブックなどは，安全性分析など高い専門知識を前提とされたものがあるだけであった．これからのシステムのディペンダビリティは，一般企業が多く参加しなくては達成できない．そのためには，分かりやすい入門書や講習が必要である．
- 企業にとって使いやすい，ニーズに即したツールの開発
  Safety Case が普及しはじめてまだ日が浅いこともあり，ツールはイギリス Adelard 社の ASCE ツール などいくつかあるだけである．また ASCE ツールなどは，主に認証ドキュメントを作成するためのツールであり，他の開発ツールとの連携が容易ではなく，企業のニーズに即したツールにはまだなってない．企業が使いやすい，ニーズに即したツールが必要である．
- 記述，応用例の充実
  Safety Case の問題の 1 つは，企業の重要な情報を含むことから，なかなか実際の例が表に出てこない点がある．しかしそれでは一般の，特に日本企業のマネージャやエンジニアに具体的なイメージを提示することは困難である．わかりやすく，具体的な記述例や応用例が必要である．

従来の Assurance Case における研究課題と，D-Case で新たに追加された研究課題の領域を図 4-4 に示す．Assurance Case 自体が新しい分野であり，図 4-4 の従来の Assurance Case の部分に示した多くの課題も未解決である．オープンシステムのディペンダビリティの達成のために D-

Case 研究課題として新たに設定した課題の重要性は今後ますます増加すると考える.

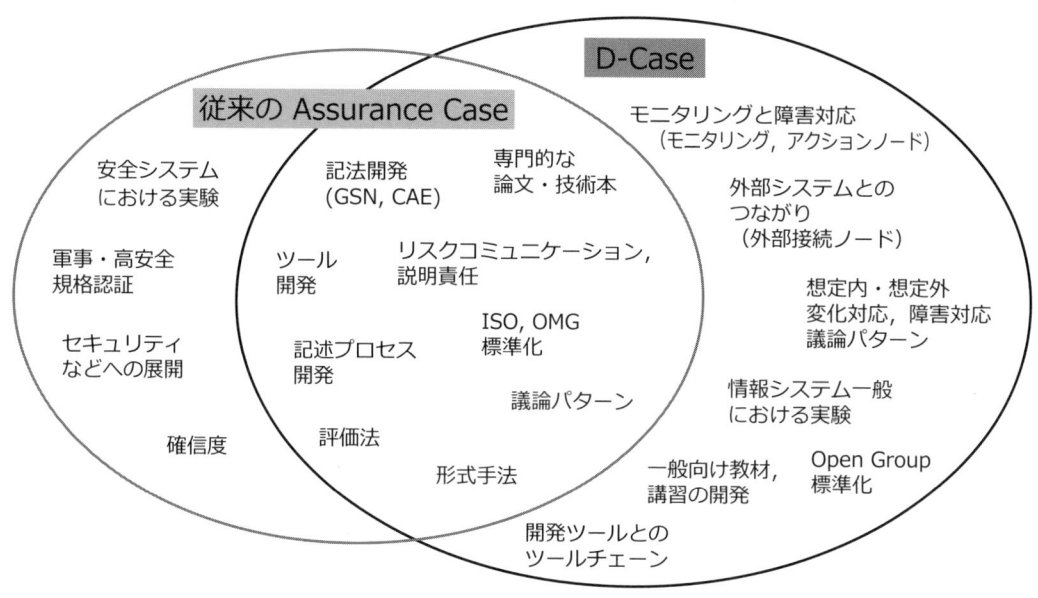

図4-4 従来の Assurance Case と D-Case の研究領域

参考文献

[1] R. Bloomfield, P. Bishop, "Safety and Assurance Cases: Past, Present and Possible Future – an Adelard Perspective", Proceedings of the Eighteenth Safety-Critical Systems Symposium, Bristol, UK, 9-11th February 2010, pp 51-67.
[2] The Hon. Lord Cullen. The Public Inquiry into the Piper Alpha Disaster, Vols. 1 and 2 (Report to Parliament by the Secretary of State for Energy by Command of Her Majesty), 1990.
[3] R. Bloomfield, P. Bishop, "A Methodology for Safety Case Development", in Proc. of the 6th Safety-critical Systems Symposium, Birmingham, UK. Feb 1998.
[4] N. Leveson, "The Use of Safety Cases in Certification and Regulation", ESD Working Paper Series, Boston: MIT, 2011.
[5] Eurocontrol, European Organisation for the Safety of Air Navigation. Safety Case development manual. European Air Traffic Management, 2006.
[6] Rail Track, Yellow Book 3, Engineering Safety Management Issue 3, Vol. 1., Vol.2, 2000.
[7] Ministry of Defense (MoD), Defense Standard 00-56, Issue 4 Publication Date 01, June 2007.
[8] 木下 佳樹, 武山 誠, 松野 裕. ディペンダビリティ調査報告 2月22日～3月9日 Newcastle, Edinburgh, York, Bath, London, UK. 産総研テクニカルレポート. http://ocvs.cfv.jp/tr-data/PS2009-002.pdf
[9] Dependability Research Group, Virginia University. Safety Cases: Repository. http://dependability.cs.virginia.edu/info/Safety_Cases:Repository
[10] The GSN Work Group, "GSN Community Standard Version 1", 2011.
[11] R. Bloomfield, P. Bishop, C. Jones P. Froome, "ASCAD – Adelard safety case development manual", Adelard, 1998.
[12] OMG System Assurance Taskforce, "OMG SACM Specification", 2013. http://www.omg.org/spec/SACM/
[13] The Open Group, "O-DA: Open Dependability through Assuredness", 2013.
[14] A. Avizienis, J-C. Laprie, B. Randell, C. Landwehr, "Basic Concepts and Taxonomy of Dependable and Secure Computing", IEEE Transaction on Dependable and Secure Computing, vol. 1, no. 1, 2004.

4.3 D-Case 構文と記述法

4.3.1 D-Case 構文

　D-Case は Assurance Case の記法の 1 つである GSN（Goal Structuring Notation）を拡張した構文を標準構文として用いる．通常の自然言語や，表形式，Agda などの形式言語での記述は，標準構文への変換が定義されていれば D-Case 構文に準拠しているとする．D-Case の基本的な例を図 4-5 に示す．図 4-5 はウェブサーバにおける応答遅延障害に対処できているという主張を，障害をモニタリングできることと，障害が検知されたとき，障害が復旧できることに分けて議論している．障害復旧には，D-Script を用いるとしている．

　D-Case は GSN Community Standard をベースに，DEOS で考えられてきた拡張を行った表記法を用いる．GSN Community Standard には多くの曖昧，未定義な部分がある．D-Case 仕様は，GSN Community Standard をベースに，曖昧，未定義な部分を補完しながら，DEOS での研究成果を加え，D-Case 委員会で策定中であり，D-Case Editor，D-Case Weaver において参照実装中である．

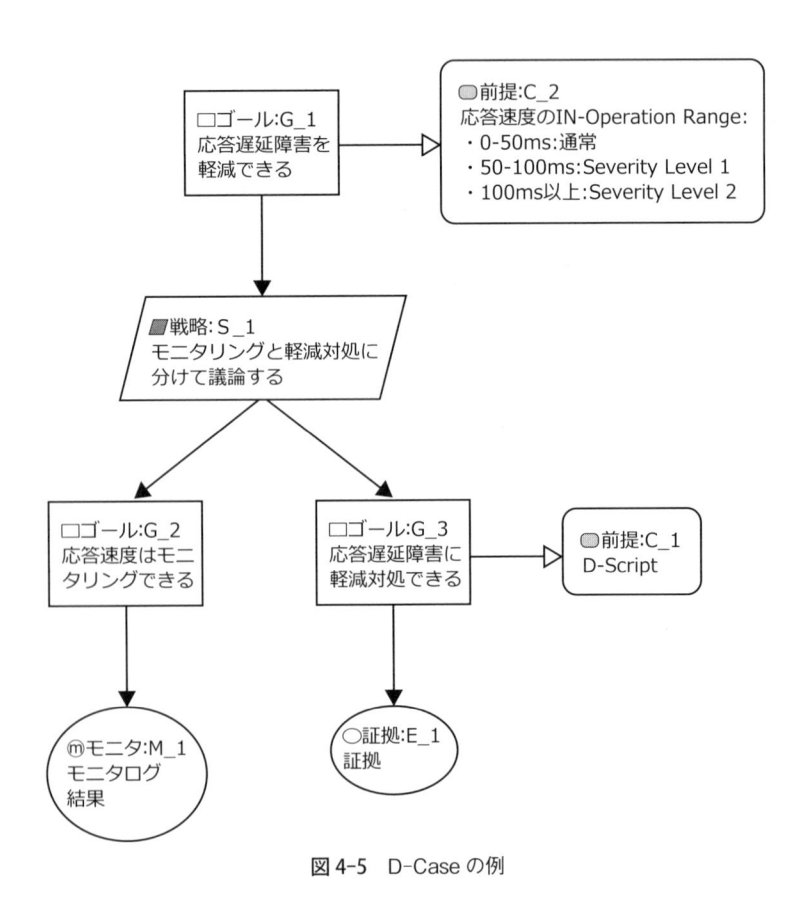

図 4-5　D-Case の例

4.3 D-Case 構文と記述法

1）ノードの種類

D-Case のノードは，GSN ですでに定義されているノードに加え，D-Case で拡張されたノードよりなる．各ノードは文章の他に，責任属性など種々の属性が定義されている．図 4-6 に GSN ノードと D-Case 拡張ノードを示す．

GSN ノード

- ゴール（Goal）

対象システムに対して，議論すべき命題である．たとえば「システムはディペンダブルである」とか「システムは適切な安全性を満たす」などである．

■ GSNノード

- ■ ゴール（Goal）　　□ゴール:G_8　ゴール
- ■ 証拠（Evidence）　　○証拠:E_2　証拠
- ■ 戦略（Strategy）　　▰戦略:S_2　戦略
- ■ 前提（Context）　　●前提:C_3　前提
- ■ 正当化（Justification）　　ⓙ正当化:J_1　正当化
- ■ 仮定（Assumption）　　Ⓐ仮定:A_1　仮定
- ■ 未達成（Undeveloped）　　◆未達成:U_2
- ■ モジュール（Module）　　Ⓜモジュール:D_1　モジュール　［Undefined］
- ■ 契約（Contract）　　Ⓒ契約:Cr_1　契約

■ D-Case拡張ノード

- ■ モニタ（Monitor）　　ⓜモニタ:M_1　モニタ
- ■ パラメタ（Parameter）　　●パラメタ:P_2　［Undefined］
- ■ アクション（Action）　　Ⓐアクション:Ac_1　アクション
- ■ 外部接続（External）　　■外部接続:Ex_1　外部接続　［Undefined］
- ■ 責任（Responsibility）　　Ⓜモジュール:dependability/　Yutaka Matsuno　dependability/　Ⓜモジュール:securiy/　Shuichiro Yamamoto　dsecuriy/

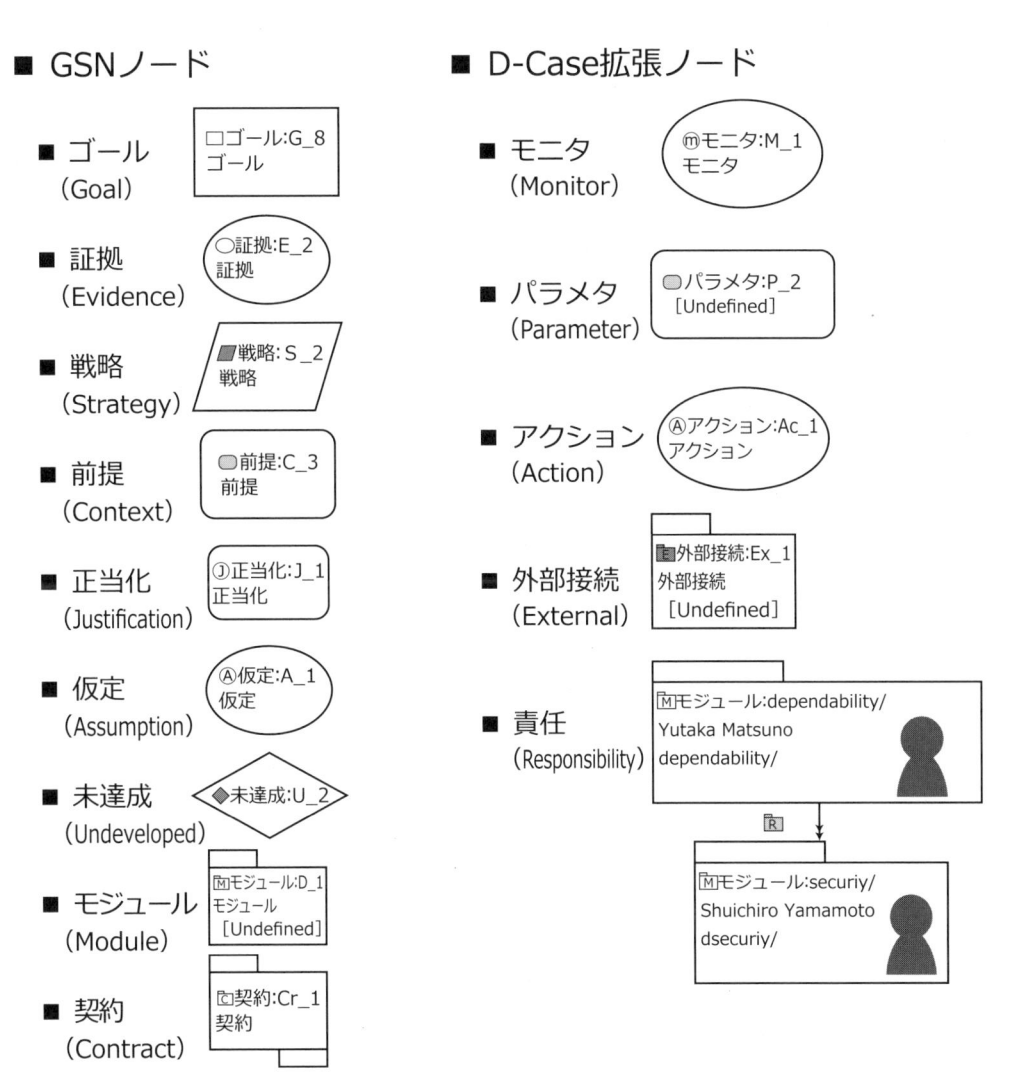

図 4-6　GSN ノードと D-Case 拡張ノード

- 証拠（Evidence）
  詳細化されたゴールを最終的に保証するものである．たとえばテストや形式手法による検証結果などである．
- 戦略（Strategy）
  ゴールが満たされることをサブゴールに分割して議論する場合の分割のしかたである．たとえば，「システムは安全である」というゴールに対して，現時点で識別されているハザードに対処できていることによって議論したいとき，戦略ノードとして「識別されたハザードごとに場合分け」を用いると，たとえば1つのサブゴールは「システムはハザードXに対処できる」となる．
- 前提（Context）
  ゴールや戦略を議論するとき，その前提となる情報である．たとえば，運用環境や，システムのスコープ，あるいは「識別されたハザードのリスト」などである．システムの安全性などを議論する場合，その環境や運用条件を明確にすることが大切である．
- 正当化（Justification）
  前提のサブクラスである．
- 仮定（Assumption）
  前提のサブクラスである．
- 未達成（Undeveloped）
  ゴールが達成されていることを示す十分な議論や証拠がないときに使う．
- モジュール（Module）
  他のモジュールのD-Caseを参照するためのノードである．モジュールには，説明責任属性として，担当者名などの情報が付与される．
- 契約（Contract）
  モジュール間の関係を表すためのノードである．GSN Community Standardにおいて，定義が特に曖昧であるため，現在仕様を検討中である．

D-Case 拡張ノード

- モニタ（Monitor）
  システムのランタイム時の情報をもとにした証拠である．たとえばウェブサーバの応答速度のモニタ結果などである．証拠ノードのサブクラスである．
- パラメタ（Parameter）
  D-Caseパターンにおけるパラメタ設定のためのノードである．前提ノードのサブクラスである．
- アクション（Action）
  システムのランタイム時において，システム障害に対応するための運用手続き（第8章参照）を記述する．その運用手続きが実行される証拠である．たとえばウェブサーバの応答遅延障害

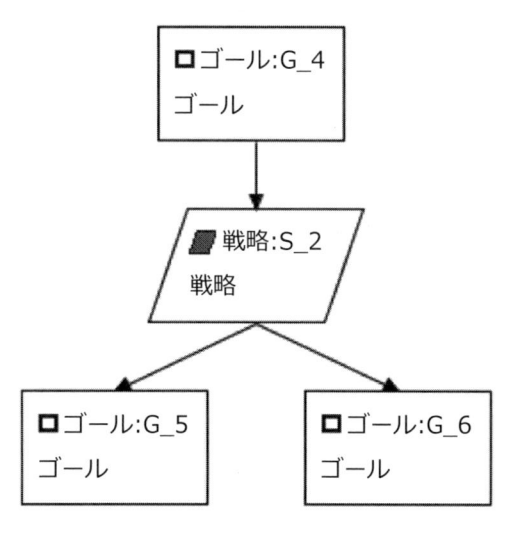

図 4-7 ゴールの分解の仕方

に対処するための D-Script の記述である．証拠ノードのサブクラスである．
- 外部接続（External）
外部組織により管理されているモジュールである．モジュールノードのサブクラスである．
- 責任（Responsibility[注1]）
責任属性が異なるモジュールの関係を説明するためのノードである．モジュール間のリンク上で定義される．

2）ノードの接続と接続（リンク）の種類
- ゴールは戦略を通して分解される（図 4-7）．
- D-Case のリーフは，証拠，未達成，モジュール，モニタ，アクション，外部接続のいずれかである．
- 前提は，ゴール，もしくは戦略につなげられる．
- リンクは 2 種類ある．
  ▶ 支援リンク（SupportedBy）：ゴールから戦略，戦略からサブゴール，ゴールから証拠，ゴールからモニタ，ゴールから外部接続，ゴールから未達成，戦略から未達成（図 4-8）．
  ▶ 前提リンク（InContextOf）：ゴールから前提，戦略から前提をつなぐ（図 4-9）．

注1：説明責任は，DEOS では Accountability の訳語として使われる．Responsibility との違いは DEOS プロジェクトにおいても多くの時間を割いて議論した．ここでは，システム全体に対し，ディペンダブルであることの（境界のない）説明責任として Accountability を当て，システム内のサブシステムやステークホルダ間の 2 項関係において，一方が与えられた（境界のある）責務を，他方に対して果たすことに Responsibility の訳語を当てた．責任ノードは後者の 2 項関係を表すノードであるため，Responsibility の訳語を当てた．システム間のすべてのステークホルダの責任（Responsibility）関係を満たすならば（オープンな環境では境界がないので，それだけではないが），システム全体の説明責任（Accountability）につながると DEOS で議論した．

図 4-8　支援リンク

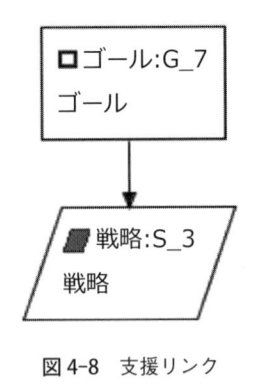

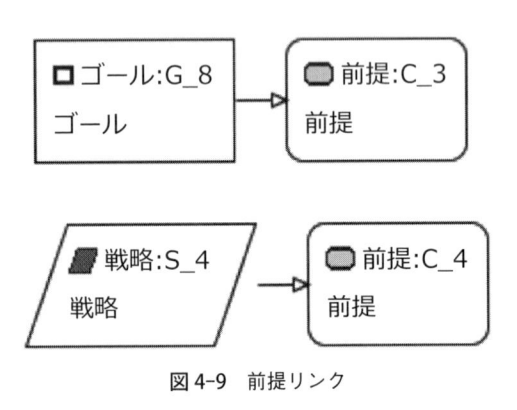

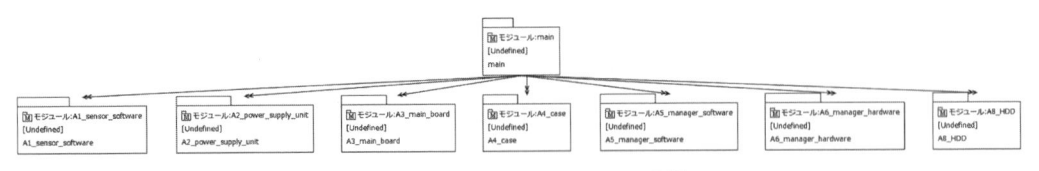

図 4-9　前提リンク

図 4-10　Inter-Module Relation の例

3) Inter-Module 関係

　D-Case モジュールは 1 つのトップゴールを持つ D-Case を管理する．モジュール間の関係を表す Inter-Module 関係（2 重矢印で表す）が定義される．Inter-Module 関係は，モジュール間のノードや D-Case の部分への参照関係により定義される．例として，図 4-10 は LAN デバイスシステムの D-Case モジュールの参照関係を表したものである．

　d* フレームワーク（4.5 節）はモジュールの相互依存関係を管理する機構であり，Inter-Module を基本として定義される．たとえば，Module ごとに責任者を割り当て，Module 間の D-Case の参照関係により，責任者間の責任関係を与えることができる．Module「Dependability」の責任者が Yutaka Matsuno であり，Module「Security」の責任者が Shuichiro Yamamoto であるとする．Module「Dependability」はあるシステムのディペンダビリティに関する D-Case を管理している

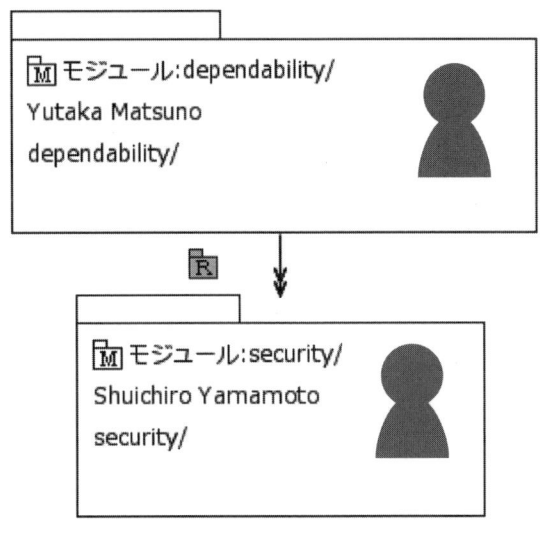

図 4-11 d* フレームワークの基本

とする．ディペンダビリティの議論にはセキュリティの議論が含まれうる．セキュリティの議論を行うため，Module「Security」を参照したとする．このとき，2つのモジュールの責任者が異なるため，責任関係が生じる．図 4-11 の R で示される説明責任ノードに責任関係を記述する．

4.3.2　D-Case 記述法

　D-Case 記述はシステムのライフサイクルを通じて，さまざまなドキュメントを用いて，さまざまなステークホルダがかかわりながら行われる．Assurance Case の記述法に関する研究開発は行われているが，広く実用化されたプロセスはまだない．本節では松野ならびに山本が提案した記述法（参考文献[1]）を紹介する．

1. システムライフサイクルを整理し，フェーズの入力，出力ドキュメントをまとめる
2. 入力，出力ドキュメントを分類する
3. トップゴール:「システムはディペンダブルである」を置く
4. ディペンダビリティ要求，環境情報，語彙定義をトップゴールの前提に置く
5. 大まかに D-Case の構造を考える
6. 必要なドキュメントを前提として置く
7. ドキュメントから D-Case のサブツリーを作る
8. サブツリーができていない部分を典型的な議論構造を使って作る
9. 上記を必要なだけ繰り返す

以下にそれぞれのステップを解説する．

ステップ 1　システムライフサイクルを整理し，それぞれのフェーズの入力，出力ドキュメントを

まとめる．

　D-Case はシステムのライフサイクルにおいて生成されるドキュメントをもとに作る．その理由は，D-Case は従来のシステム開発，運用で生成されるドキュメント群を置き換えるものではなく，基本的にはそれらドキュメントを用いて構造化し，システムがディペンダブルであることを示すためのドキュメントであるからである（Assurance Case を記述することは，従来のリスク分析や，要求分析手法を置き換えるものではないと参考文献[2]で論じられている）．まず D-Case を記述し，D-Case で要求されるドキュメントを生成するための活動をシステムライフサイクルで行うなどの手法の開発も今後考えられる．

　簡単な例を図 4-12 に示す．システムのライフサイクルがこのように定義されていたとき，それぞれのフェーズでの入出力ドキュメントは例えば表 4-1 のようになる．

　D-Case はこれらのドキュメントをもとに生成される．実際のシステムライフサイクルでは，当然もっと多くのドキュメントがある．それらのドキュメントの中から，システムのディペンダビリティにかかわるドキュメントを選択し，D-Case を記述する．

ステップ２　ライフサイクルの入出力ドキュメントを分類する

　ライフサイクルの入出力ドキュメントが，D-Case，すなわちシステムのディペンダビリティの議論にどのように関係するのか考える．これまでの経験から，D-Case に関係するドキュメントの種類は以下のようなものがあると考える．

(1) 規格：ISO 26262, ISO/IEC 12207 など，システムが適合することを要求される国際規格など．
(2) リスク分析結果：システムのサービス継続を脅かすリスクを解析した結果．ハザード解析，故障木解析（Fault Tree Analysis）の結果など．
(3) ディペンダビリティ要求：たとえば 99.999 ％の可用性などの要求．ディペンダビリティ要求はシステムごとに異なり，明確にする必要がある．上の例では，利用者インタビュー文書，要求定義文書が相当する．

図 4-12　システムライフサイクルの例

表 4-1　システムライフサイクルの入出力ドキュメントの例

フェーズ	入力	出力
要求定義	利用者インタビュー文書	要求定義文書
アーキテクチャ設計	要求定義文書	アーキテクチャ仕様書，運用定義書
実装	アーキテクチャ仕様書	プログラムコード
テスト	プログラムコード	テスト結果
運用	運用定義書	運用ログ

(4) システムのライフサイクルに関するドキュメント：ステップ1にあるような，システムのライフサイクルドキュメントは，システムのディペンダビリティを議論する上で重要である．

(5) システムアーキテクチャモデル：システムのアーキテクチャは，UMLなどを用いて記述される．システムのコンポーネントがそれぞれどのようにシステムのディペンダビリティに寄与するか議論する必要があるときに参照する．上の例では，アーキテクチャ仕様書が相当する．

(6) 運用情報：障害はシステムの運用時に起こる．そのため，システムがどのように運用されるかは非常に重要である．システムのログ情報は，システムの現時点でのディペンダビリティの状態を知るために重要である．上の例では運用定義書，運用ログが相当する．

(7) 環境情報：システムが置かれた環境を特定しないと，システムのディペンダビリティは議論できない．

(8) テスト，検証結果：これらは，D-Caseにおいて，証拠ノードにおいて参照される．システムのディペンダビリティを最終的に保証するものである．

(9) プログラムコード：特に，障害対応を行うプログラムコードは，システムのディペンダビリティを議論する上で重要になる．

ステップ3 トップゴール：「システムはディペンダブルである」を置く

ステップ1，2は，D-Caseを書くための準備である．ステップ3でいよいよD-Caseを書く．まずトップゴールを考える．システムのディペンダビリティはシステムおよびその環境によって異なる．まず，「システムはディペンダブルである」という決まり文句をトップゴールにおき，そのシステムのディペンダビリティを，ディペンダビリティ要求に関係するドキュメントをもとに定義する．たとえば，「システムは十分に安全である」や「システムにおいて，すべての識別された障害は適切に軽減されている」などが考えられる．しかしながらD-Caseを書き始める時点では明確でないこともある．その場合は，決まり文句を仮置きのままはじめてもよい．D-Caseを詳細化することによって，トップゴールが具体化することも多い．

ステップ4 ディペンダビリティ要求，環境情報，語彙定義をトップゴールの前提に置く

トップゴールを議論する上で必要なディペンダビリティ要求の詳細，環境，語彙定義などを前提ノードに記述する．ゴールノードにはできるだけ簡単な文章を置いたほうがわかりやすい．たとえばトップゴールを「システムはディペンダブルである」としたとき，そのディペンダビリティの定義を，要求定義文書の，ディペンダビリティ要求の部分を前提として参照したほうが分かりやすい．また，システムの環境情報を明確にする．特に，対象システムのスコープを明確にする．そうでないと，議論が発散してしまう．

ステップ5 大まかな議論構造を考える

従来の手法では，ゴールを演繹的に，1つひとつ設定し，ディペンダビリティケースを記述していく．我々のこれまでの経験から，D-Caseの大まかな議論構造をまず考えたほうが，全体を見な

がら議論を詳細化できるのでよいと考える．これまでの D-Case の記述実験から，我々はいくつかの典型的な議論構造を見つけてきた．たとえば以下がある．

- ライフサイクルに沿った議論構造
- システム機能に沿った議論構造
- システム構造に沿った議論構造
- ワークフローに沿った議論構造
- 障害，リスク低減に沿った議論構造

これらの議論構造を組み合わせ，まず大まかな議論構造を考える．

ステップ6　必要なドキュメントを前提ノードにおく

大まかな議論構造が決まったら，その議論構造のために必要なドキュメントを前提におく．

たとえば，ライフサイクルに沿った議論構造を選択した場合，ライフサイクル情報の前提ノードを戦略ノードにリンクさせる（図 4-13）．

別な例として，障害対応に関する D-Case を考える．図 4-14 の D-Case では，障害 X にシステムが対処できることを議論している．トップゴールには障害 X の定義が前提ノードとして置かれている．障害 X を低減できることを，障害検知と対応に分けて議論している．障害 X に対応するためのプログラムコードを前提ノードとしてリンクしている．

ステップ7　ドキュメントから D-Case のサブツリーを作る

ステップ6で前提ノードとしてリンクされたドキュメントを前提として議論を作っていく．ドキュメントの詳細を議論する必要がある場合，そのドキュメントを展開して D-Case のサブツリーを作る．多くのドキュメントは（半）自動的に D-Case に変換できる．例を2つあげる．詳しくは 4.4 節を参照してほしい．

例1　プロセス：一般にプロセスは，ゴール（目的），1 から N 個のステップ，それぞれのステップの入力と出力により定義される．プロセスが定義されているならば，D-Case のサブツリーが自動的に生成できる（図 4-15）．

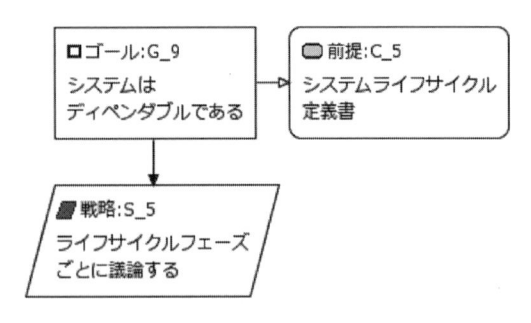

図 4-13　議論展開のための前提ノード

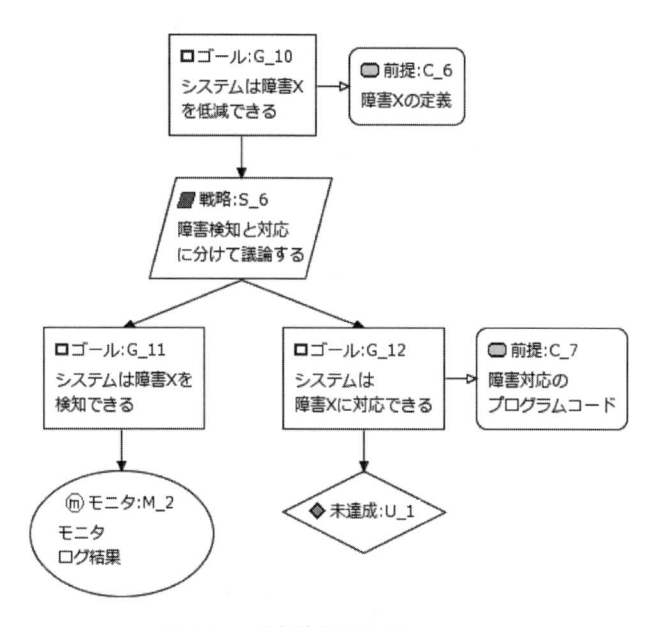

4.3　D-Case 構文と記述法　51

図 4-14　障害対応に関する D-Case

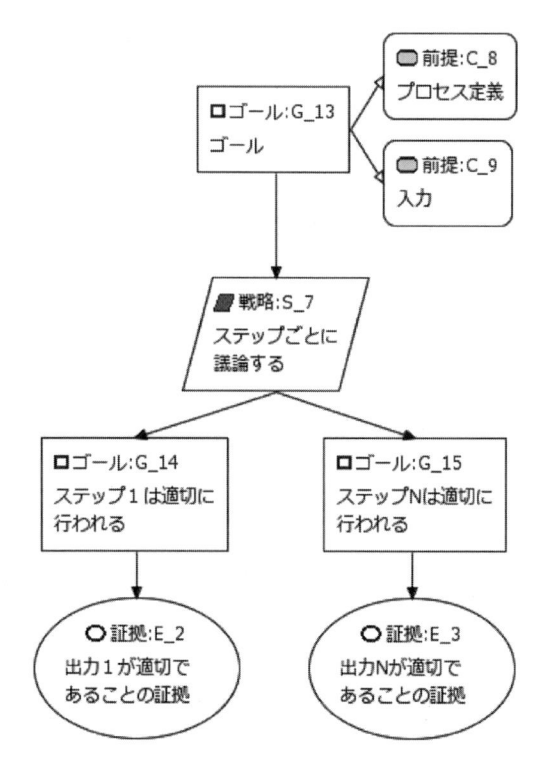

図 4-15　プロセス定義による D-Case

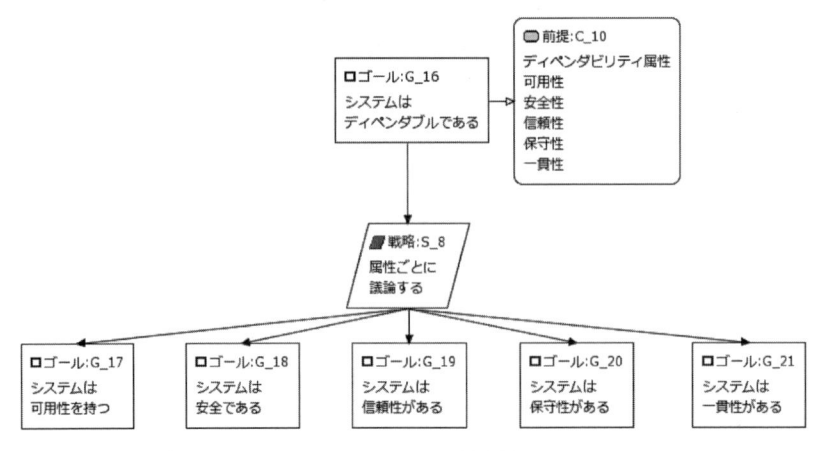

図4-16 ディペンダビリティ属性定義による D-Case

例2 ディペンダビリティ属性：ディペンダビリティが可用性など複数の属性により定義されている場合，それらの属性ごとにサブゴールを分けることができる（図4-16）．

ステップ8 サブツリーができていない部分をできるだけ典型的な議論構造を用いて作る．

大まかな構造を考え，必要なドキュメントを前提として置き，ドキュメントを展開することにより，（半）自動的にサブツリーを作成した後，まだできていない部分は，自分たちで作る必要がある．しかしながらまったく独自に議論構造を考えサブツリーを作ると，我々の経験からは，他の人にわかりにくいことが多い．自分たちで議論構造を考えるにしても，これまで使われてきた議論構造から選択したほうがよい．

ステップ9 上記を必要なだけ繰り返す

D-Case は形式的なものではなく，非形式的な議論により成り立っている．そのため，「よい」D-Case を1つに決めることはとても難しい．Assurance Case の定性的・定量的評価に関する研究はいくつか行われているが，広く認められた評価法はまだない．その理由は，本質的に明確な基準では測れない部分があるからである．1つに決めることは難しいのであるから，議論を尽くして，よりよい D-Case を目指すことが大切である．システムのディペンダビリティを D-Case を書くことによってステークホルダ間で理解を深めることが，D-Case によって得られる重要なメリットの1つであると考える．

上記のステップに沿った記述例を示す．図4-17 は DEOS センターでリファレンス用に開発したウェブサーバシステムである．

このシステムの主なコンポーネントはウェブサーバ，アプリケーションサーバ，データベースサーバよりなり，それらを運用者がオペレータコンソールを通じて管理している．利用者はネットワークを介して，それぞれのクライアント PC などでアクセスする．このシステムの D-Case を書

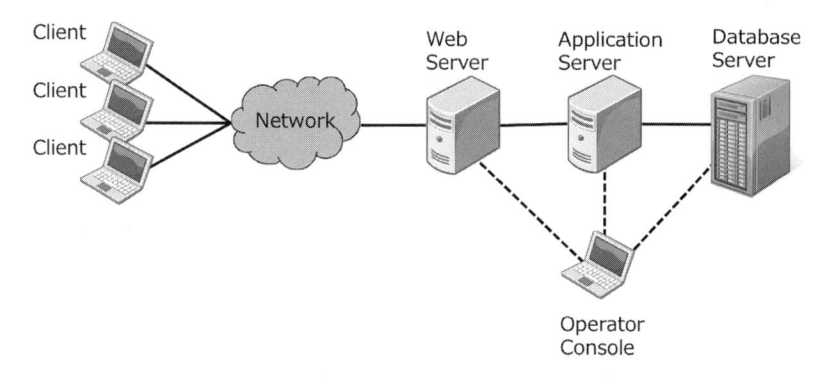

4.3 D-Case 構文と記述法　53

図 4-17　ウェブサーバシステム

図 4-18　ウェブサーバシステムのライフサイクル

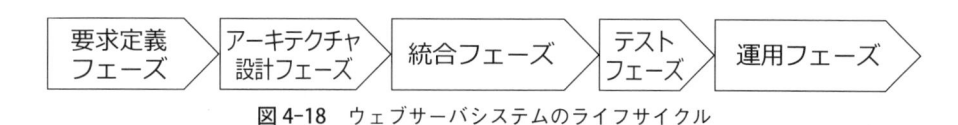

表 4-2　ウェブサーバシステムのライフサイクル入出力ドキュメント

フェーズ	入力	出力
要求定義フェーズ	ユーザインタビュー文書	要求定義文書，SLA 文書
アーキテクチャ設計フェーズ	要求定義文書，SLA 文書	アーキテクチャ設計文書，運用ワークフロー定義文書，リスク分析文書
統合フェーズ	アーキテクチャ設計文書，運用ワークフロー定義文書，リスク分析文書，サーバ仕様書	統合されたプログラムコード
テストフェーズ	統合されたプログラムコード	テスト結果
運用フェーズ	運用ワークフロー定義文書	運用ログ，システムログ

いてみよう．以下は，DEOS センターでの記述実験をもとにしている．

ステップ 1　システムライフサイクルを整理し，それぞれのフェーズの入力，出力ドキュメントをまとめる．

　このウェブサーバシステムは，既存のサーバ PC を統合して開発した．そのライフサイクル，入出力ドキュメントは図 4-18，表 4-2 であったとする．ただしリファレンスシステムなので，いくつかのドキュメントには，仮定したものもある．ここでは特に運用ワークフロー定義文書に注目する．

ステップ 2　入力，出力ドキュメントを整理する．
　ライフサイクルで生成されるドキュメントがシステムのディペンダビリティにどのようにかかわ

るか考え，分類する．
 (1) 規格：このシステムはリファレンスシステムなので，順守すべき国際規格などは想定していない．あるシステムが，順守すべき国際規格に適合していることを示すことは，従来からのセーフティケースの主要な使われ方であり，実際のシステムの D-Case を書く場合は重要になる．
 (2) リスク分析結果：アーキテクチャ定義フェーズ出力ドキュメントである「リスク分析文書」が該当する．
 (3) ディペンダビリティ要求：要求定義フェーズでの，「ユーザインタビュー文書」，「要求定義文書」，「SLA 文書」などをもとに，システムのディペンダビリティを考える．
 (4) システムのライフサイクルに関するドキュメント：ステップ 1 にあるようなライフサイクル定義文書，それぞれのフェーズの入出力ドキュメントを整理しておくとよい．
 (5) システムアーキテクチャモデル：「アーキテクチャ設計文書」が相当する．システムのスコープを設定する，構成をもとに議論するときに参照する．
 (6) 運用情報：「運用ワークフロー定義文書」，「運用ログ」，「システムログ」が相当する．運用ログや，システムログは，システムがどのように運用されているかの証拠として重要である．
 (7) 環境情報：今回はリファレンスシステムであったため，具体的な環境情報は考慮していなかった．実際のシステムでは運用情報と一緒にシステムがどのような環境で，どのように運用されているかを議論するために重要である．
 (8) テスト，検証結果：テストフェーズの「テスト結果」が相当する．
 (9) プログラムコード：「統合されたプログラムコード」が相当する．

ステップ 3　トップゴールを置く：「システムはディペンダブルである」
　このサービスのユーザはエンドユーザであるが，システム開発会社に受注するのは，ウェブサービス提供会社であるとした．エンドユーザに対する D-Case も考えられるが，ここではシステム開発会社がウェブサービス提供会社に，開発したウェブサーバがディペンダブルであることを D-Case で示すことを考える．実際には，さらにウェブサーバ運用会社なども考える必要がある．ウェブサーバ開発会社とウェブサービス提供会社などの間では，一般に SLA（Service Level Agreement）文書で非機能要件の取り決めを行う．このことから，トップゴールは「ウェブサーバは SLA を十分に満たす」とした．

ステップ 4　ディペンダビリティ要求，環境情報，語彙定義などを前提としてトップゴールに置く．
　「ウェブサーバは SLA を十分に満たす」というトップゴールを議論するための前提となる情報を，前提ノードとして置く．前提（コンテクスト）に議論に必要なアーキテクチャ設計文書を置き，対象としているシステム（スコープしているシステム）が，ウェブサーバ，アプリケーションサーバ，データベースサーバであること，「SLA」の内容である「SLA 文書」を置く．ここまでで，図

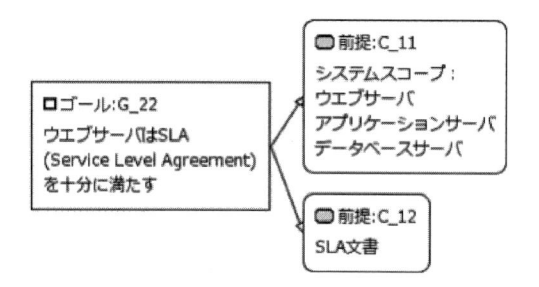

4.3 D-Case 構文と記述法　55

図 4-19　前提ノードを付けたトップゴール

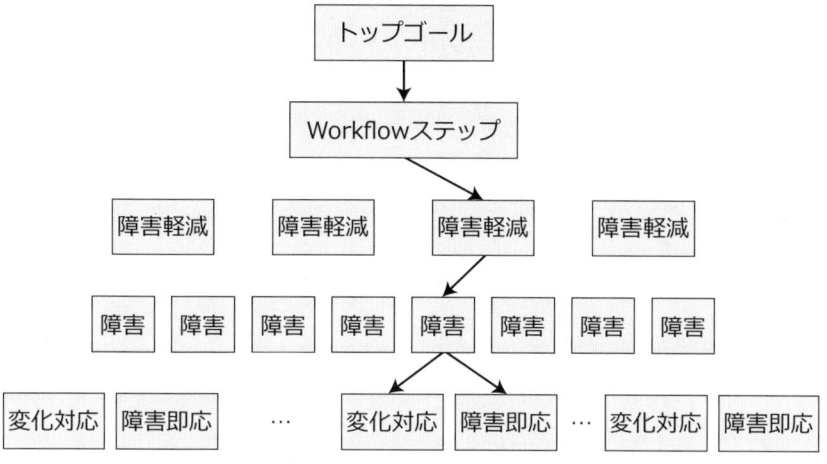

図 4-20　ウェブサーバシステムの D-Case の大まかな構造

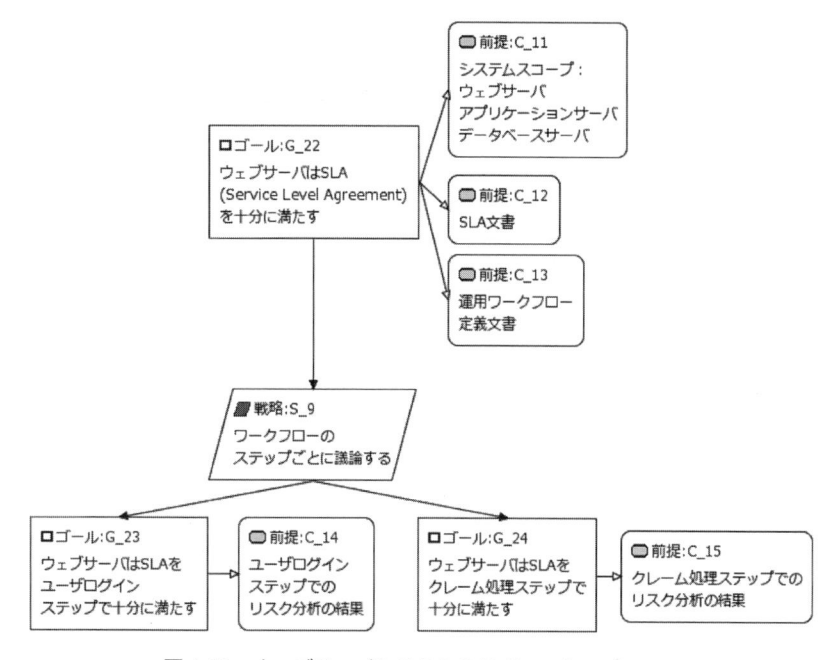

図 4-21　ウェブサーバシステムの D-Case トップレベル

4-19 のような D-Case ができる.

ステップ 5　大まかに D-Case の構造を考える
　この例では以下のような議論を基に，構造を考えた.「サーバ PC の中身は開発していない（購入して統合した）ので技術的詳細を確認することはむずかしい. また最近の PC 技術は十分に成熟しているので，特にこのような小規模なシステムでは PC 内部の欠陥による障害はそれほど考えなくてよいだろう. 最近では，サーバ運用上のミスによって重大な情報損失事故などが起こっている. 運用ワークフローに沿ったそれぞれのステップにおいて，リスク分析により得られた起こりうる障害に対処するための議論をすることが重要である. その上で障害即応，変化対応の議論をしよう.」ここで障害即応，変化対応という議論の仕方は，DEOS プロジェクトで議論されてきたことで，障害が発生したらできるだけ即応する，またシステムとその環境に変化が起こったとき，それに対応することが，重要であるという考え方に基づいている. 図 4-20 が，上記議論より得られた大まかな議論構造である.

ステップ 6　必要なドキュメントを前提として置く
　運用ワークフローにそって議論するためには，ワークフローを定義しているドキュメント，つまり運用ワークフロー定義文書を前提ノードに置く. 運用ワークフロー定義文書では，ユーザログイン，ショッピングカート処理，クレジットカード認証，終了処理，配達，クレーム処理の 6 ステップからなり，それぞれのステップがさらに詳細なステップに分かれていると定義した.

ステップ 7　ドキュメントから D-Case のサブツリーを作る
　この例の D-Case のトップゴールは，運用ワークフロー定義文書にしたがって，ステップごとに，図 4-21 のように展開できる（最初と最後のステップのみ展開）.

参考文献
[1] Y. Matsuno, S. Yamamoto, "A New Method for Writing Assurance Cases", IJSSE 4 (1) pp. 31-49, 2013
[2] R. Alexander, R. Hawkins, T. Kelly, "Security Assurance Cases: Motivation and the State of the Art", Technical Note CESG/TR/2011/1, High Integrity Systems Engineering, Department of Computer Science, University of York, 2011.

4.4 D-Case の果たす役割

D-Case はシステムがディペンダブルであることを保証するために重要となる合意形成と説明責任の遂行において，次の5つの役割を果たすことができる．
- 説明すべき主張を明示的に定義する
- 主張が成立する根拠となる証拠を明示的に定義する
- 説明の前提となるコンテキストを明示的に定義する
- 証拠によって主張を論理的に説明する
- 標準的な表記法により，客観的な合意形成を支援する

以下では，上述した役割を D-Case が果たすことを示すために，D-Case を用いて，対象システム T についてのある主張 C に対する説明責任を遂行する方法について説明する．説明に使用する D-Case を D とする．D の最上位の主張が C である．ここで，D と T の対応関係には，一貫性があることを仮定している．もし，D と T の対応関係に一貫性がなければ，T に対して D が一貫性をもつように，D を修正する必要がある．

D における最上位の主張 C0 から証拠までの関係の長さ（木の深さ）にしたがって帰納的に説明することができる．まず説明しようとする現在の主張 CC を最上位の主張 C0 として［説明手順A］を適用する．［説明手順A］の結果が合意であれば，説明責任を遂行できたことになる．一方，結果が非合意であれば，D-Case の証拠や分解の網羅性に問題があるため，説明責任を遂行できなかったことになる．もし説明責任の遂行に失敗した場合，①対象システムに問題がない場合は D-Case の再作成を行い，②対象システムに問題がある場合は T を修正した上で D-Case を再作成して，説明責任の遂行を図る必要がある．

［説明手順A］

入力：現在の主張 CC と，CC を頂点とする D-Case

出力結果：合意あるいは非合意

処理：以下のとおり．

現在の主張 CC に接続する下位のノードは，証拠か戦略のいずれかである．

(1) CC の下位ノードが証拠 E の場合

　D-Case の主張 CC が証拠 E によって，直接関係づけられている場合，E の妥当性によって CC の成立を立証できることは明らかである．もし，証拠 E について合意できれば，CC に対する説明手順 A の結果を合意として終了する．そうでなければ，説明手順 A の結果を非合意として終了する．

(2) CC の下位ノードが戦略 S の場合

　D-Case の主張 CC が戦略 S によって複数の下位の主張集合 {SC1,…SCk} に関係づけられている場合，以下のようにして，再帰的に説明する．

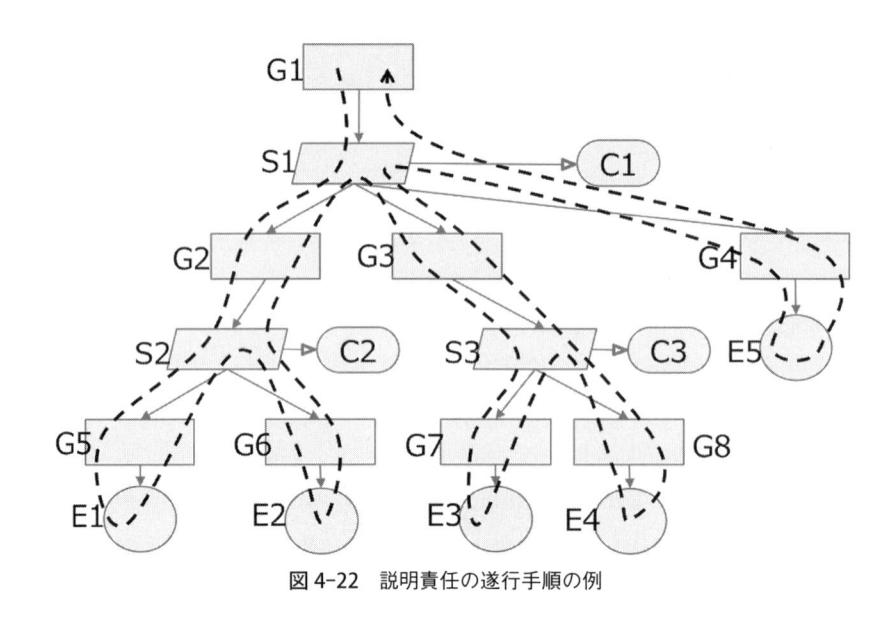

図 4-22 説明責任の遂行手順の例

（2-1）戦略 S による下位の主張 SC1 から SCk への分解が網羅的であることを戦略に関係づけられている前提ノードによって説明する．もし，網羅性に問題があれば，結果を非合意として説明手順 A を終了する．そうでなければ，次の手順（2-2）を実施する．

（2-2）すべての下位の主張 SC1 から SCk について，主張が成立することを説明する．

まず，j:=1 とする．

（2-2a）以下を繰り返す．

j>k であれば，すべての下位主張について説明の遂行を完了していることから，結果を合意として説明手順 A を終了する．

j<k+1 であれば

SCj を CC として説明手順 A を遂行する．

もし遂行結果が合意であれば，j:=j+1 として，手順（2-2a）を実施する．

もし遂行結果が非合意であれば，非合意として説明手順 A を終了する．

［説明手順 A 終わり］

この説明手順 A を図 4-22 の例で解説する．まず，G1 を CC とする．G1 の下位ノードが戦略 S1 であることから，S1 の下位ノード {G2,G3} について説明手順を繰り返す．このとき，G1 を G2 と G3 に分解することが網羅的であることを，S1 の前提ノード C1 によって根拠づけられているかどうかを確認する．もし，G2 と G3 への分解が網羅的でなければ，これ以上の説明は妥当ではないことになる．もし，G2 と G3 への分解が網羅的であれば，説明手順を再帰的に反復する．まず G2 について説明する．このとき，G2 の下位ノードが戦略 S2 であることから，S2 の下位ノード {G5,G6} への分解の網羅性を，S2 に関連づけられている前提ノード C2 によって確認する．も

し，G5 と G6 への分解の網羅性の理由が C2 で説明できなければ，これ以上の説明は妥当ではないことになる．G5 と G6 への分解が網羅的であれば，説明手順を再帰的に反復する．まず G5 について説明する．このとき，G5 の下位ノードが証拠 E1 であるから，E1 によって G5 の成立が説明できることについて合意できれば，G5 の説明手順を完了する．次いで G6 の説明に移ると，同様にして E2 によって G6 の説明可否を判断する．もし合意できれば，上位の説明に戻る．G2 のすべての下位主張についての説明について合意できたことから，上位の説明に戻り，G3 の説明を開始する．G3 についても，G2 と同様に，前提ノード C3 による {G7,G8} への分解の網羅性と，証拠 E3,E4 による下位の主張 {G7,G8} の成立について合意できれば，G3 について合意できることになる．最後に，G4 が証拠 E5 によって成立することに合意できると，G1 のすべての下位主張 {G2,G3,G4} について合意できたことから説明の遂行を完了したことになる．

したがって，①妥当性が立証されている推論方法，②判断条件，③有効な証拠の種類，④既存の D-Case の再利用を用いることにより，作成された D-Case について論理的に妥当な説明ができる．

上述したように，D-Case による説明責任の遂行では，D-Case における上位の主張を下位の主張と証拠によって説明するための分解構造の適切性が問題になる．このため，D-Case の分解パターンとして表 4.3 に示すような 6 分類を提案している[1,2]．なお，これらの分解パターンの使い分けは，説明対象ごとに分解パターンを用意していることから明らかである．たとえば，システム構成の観点から，システムのディペンダビリティを説明したいのであれば，アーキテクチャ分解パターンを利用することができる．

対象記述分解は，対象物の表現構造に基づいて D-Case を分解するためのパターンである．対象記述分解，参照モデル分解，条件分解，推論分解，証拠分解，再分解の例を，それぞれ表 4-4 から表 4-9 に示す．ここで，条件分解の 6 番目と 7 番目の改善分解と精緻分解は，Bloomfield らによって monotonic パターンおよび modification パターン[3] として提案された分解パターンである．

なお，説明手順 A では，主張が詳細化されていない場合については考慮していない．この理由は，主張が下位の主張に分解されるか，証拠によって妥当性を確認できないのであれば，合意を形成できないためである．これに対して，主張を詳細化しないことについて，合意したいこともあるという立場があるかもしれない．しかし，その場合，ディペンダビリティを確認することに対しては，判断が保留されているのであるから，ディペンダビリティについての合意ではないと考えられる．つまり，ディペンダビリティについての合意が保留されているということであるから，説明手順 A では，そのような D-Case を合意にいたっていないと判断することとした．

4.5 d* フレームワーク

外部で開発されたコンポーネントを調達し，外部システムと連携する現代システムでは，相互依

存関係の管理が重要になる[1]．たとえば，システムAのディペンダビリティを確認するためには，Aの内部のディペンダビリティだけでなく，Aが必要とする相互依存関係のディペンダビリティならびに，Aと相互依存関係にあるすべてのシステムの内部のディペンダビリティを確認する必要がある．モニタノード，アクションノードについては，D-REの説明の後，7章で詳細を述べる．

　これらのディペンダビリティをD-Caseを用いて次のようにして管理することができる．AとBが相互作用するシステムであるとする．またCがAのサブシステムであるとする．このときAの内部についてのD-Caseをd(A)とすると，d(A)によってシステムAの内部がディペンダブルであることを確認できる．次に，Aが相互作用するBに対して必要とするディペンダビリティ要求を確認するためのD-Caseをd(A,B)とする．このようなケースを相互依存ケース（inter-dependability case）と呼ぶ．同様にしてAがサブシステムCに対して必要とするディペンダビリティ要求を確認するためのD-Caseをd(A,C)とする．さらにd(B)とd(C)をBとCの内部ディペンダビリティを確認するためのD-Caseとする．

　これらの関係を図4-23に示す．複数のディペンダビリティがネットワークを構成していることから，このような図をd*フレームワークと呼ぶ[2]．この図では，複数のD-Caseのそれぞれが木で示されている．木の最上位の頂点がディペンダビリティゴールを示している．この図はAのディペンダビリティがd(A), d(A,B), d(A,C), d(B)d(C)によって達成されることを示している．点線によって囲まれた領域によってAの所有者が管理するD-Caseの範囲を示している．D-Caseのノードを相互依存関係にあるD-Caseによって置き換えることができる．この関係によって相互依存するシステム間のディペンダビリティの伝搬を表現できる．コンポーネント調達の場合，調達されるコンポーネントのD-Caseと，それを統合して構成されるシステムのD-Caseを作成する必要があ

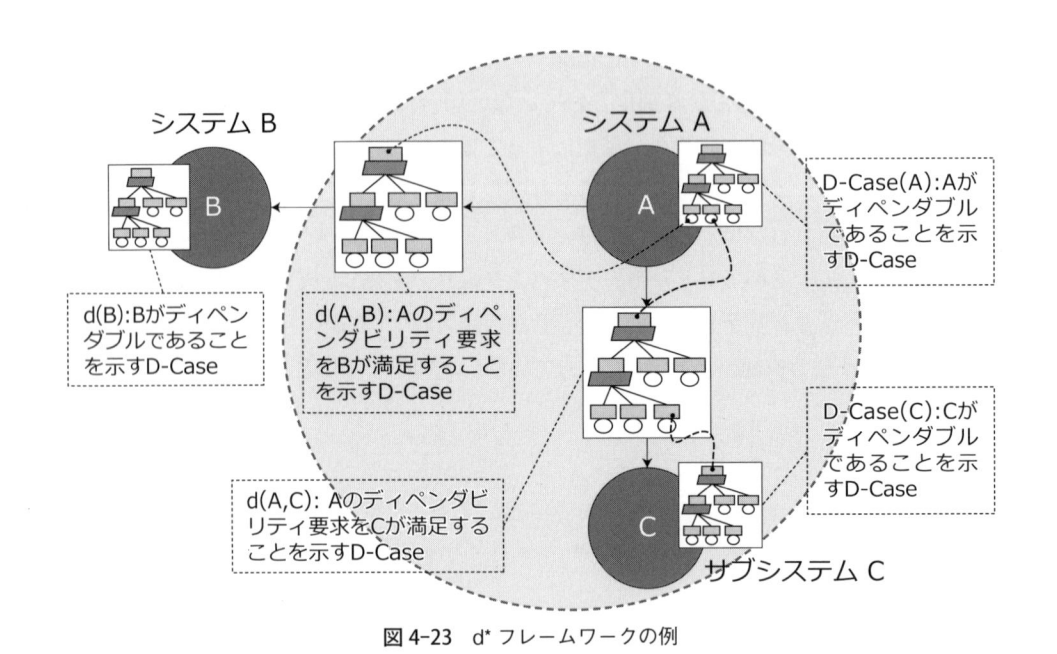

図4-23　d*フレームワークの例

る．コンポーネント提供者は要求されたディペンダビリティを満足することをコンポーネントのD-Caseによって確認する必要がある．コンポーネントの調達者はコンポーネント利用がディペンダブルであることを確認するためのD-Caseを作成して統合システムのディペンダビリティを確認する必要がある．これらの内部的なD-Caseと相互依存関係に対するD-Caseを結合することによりD-Case間の一貫性を確認する必要がある．d*フレームワークによって統合システムの提供者が統合システムのディペンダビリティと，コンポーネントが適切に調達されていることを確認できる．

外部より調達したコンポーネント（ブラックボックスコンポーネント）のD-Caseが入手できない可能性がある．この場合，対応するD-Caseを作成してディペンダビリティを確認する必要がある．このとき，確認条件はブラックボックスコンポーネントの利用状況に基づいて作成することになる．

上述したように，D-Caseを用いて複数システム間のディペンダビリティを検討する場合，システムに対して責任を負う主体との関係について，次のような基本的な課題を解決する必要がある．

　i. 主体間の責任関係の扱い
　ii. 主体間の責任関係とディペンダビリティとの一貫性の扱い
　iii. 説明責任遂行方法

ここで，主体として，人や組織ならびに，システムやサブシステム，コンポーネントなどを考えることができる．したがって，主体間の関係には，システムとサブシステムの関係や，発注者のためにシステムを開発する開発者と発注者との関係などがある．

このような主体間のディペンダビリティの関係を表現するための表記法がd*フレームワーク（ディペンダビリティのネットワーク）[5]である．d*フレームワークには，次の2種類のD-Caseがある．

(1) 主体自体がディペンダブルであることを示すD-Case
(2) 主体が他の主体に対して責任を遂行することを表すD-Case

たとえば，LAN機器を監視するためのセンサー群と，これらのセンサーからLAN機器の情報を入手して，運用者に提示することにより，不適切なLAN機器をネットワークから遮断するLAN機器管理システムを考える．このシステムは，LANデバイス管理システム，LAN機器監視センサー，運用サブシステムからなる．このシステムに対するd*フレームワークは図4-24に示すようになる．この図では，3個のシステム構成要素ごとにD-Caseモジュールを対応づけ，2個のモジュール関係ごとにD-Caseのゴールを対応づけている．

各モジュールに対してD-Caseが記述できるとき，下位のD-Caseをモジュールと対応づけて示すと，図4-25のようになる．このようにしてd*フレームワークを用いることにより，システム全体のディペンダビリティを評価できる．

次に，組織間のディペンダビリティをd*フレームワークで確認する方法について説明する．たとえば，サービスに関係する組織には，組織間の関係構造とサービスのディペンダビリティを協調的に達成するための関係構造がある．安全なサービス開発に対する組織構造は，図4-26のように

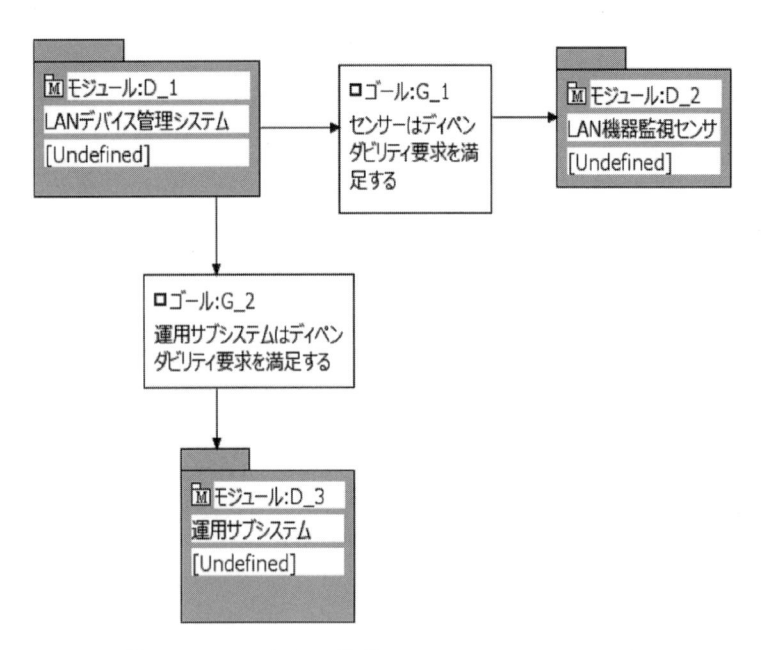

図4-24 LANデバイス管理システムのd*フレームワーク

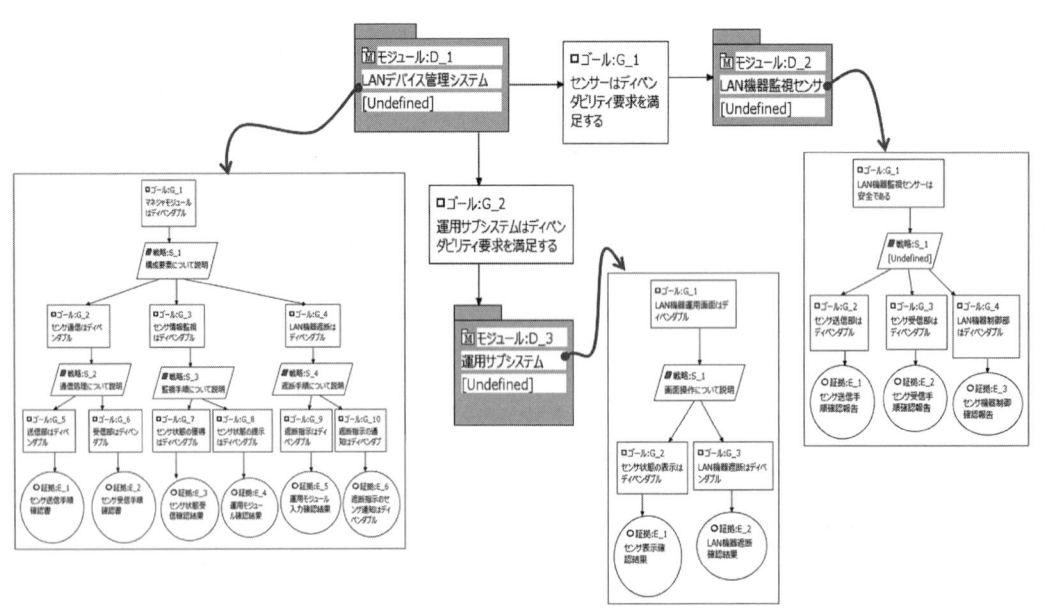

図4-25 下位のD-Caseを示したLANデバイス管理システムのd*フレームワーク

なるだろう．同図では，円で組織を表現している．顧客がサービス提供者のサービスを利用する．サービス提供者は，コンポーネント開発者のコンポーネントを利用してサービスを開発する．コンポーネントの安全性を第三者機関が評価する．また第三者機関はサービスの安全性も評価する．矢線によって，接続された組織間に関係があることを示している．すなわち，矢線の始点に対する組

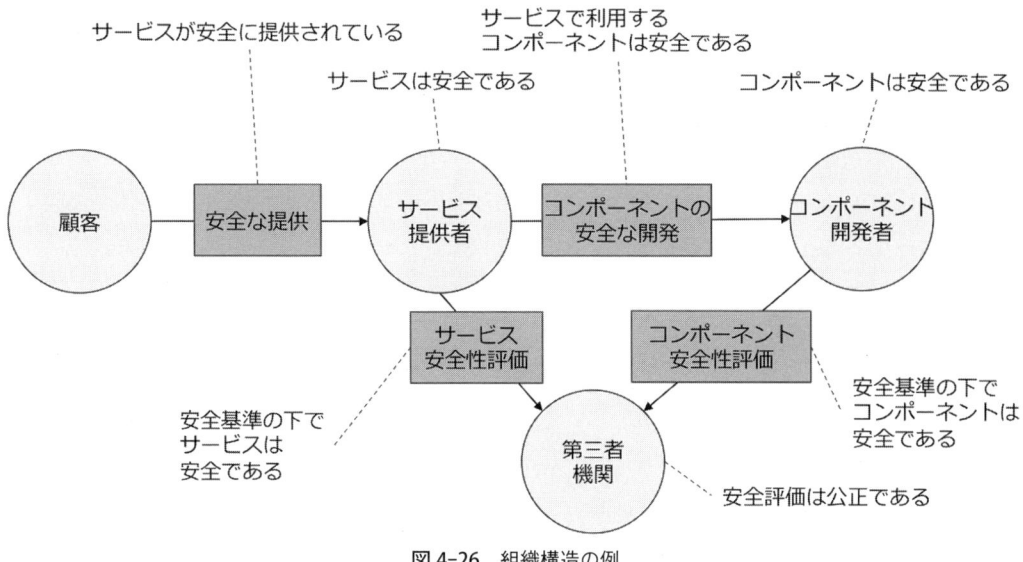

図 4-26　組織構造の例

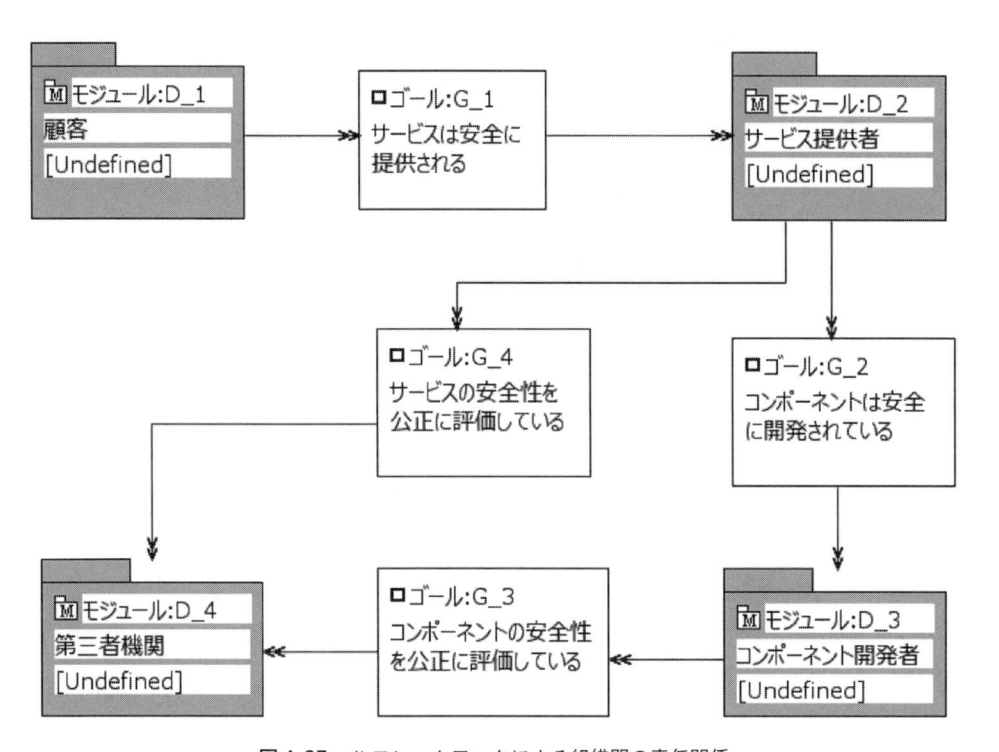

図 4-27　d* フレームワークによる組織間の責任関係

織に対して，終点に対する組織が責任を遂行することを示している．たとえば，顧客に対してサービス提供者はサービスの安全な提供に対する責任を遂行する．なお，矢線上の矩形に達成すべき責任の目標を記述している．

　d* フレームワークで，組織が持つ構造とそれに対応する責任関係を表現する方法は次のように

なる．まず組織をモジュールに対応づけ，組織間の責任関係をモジュール間のゴールに対応づけることにより，図4-26は図4-27のように，d*フレームワークで表現できる．図4-27の各ゴールは下位のサブゴールによって詳細化できる．なお，組織間の責任関係を同図では，2重矢印を持つ責任属性リンクで明示的に定義している．

このようにD-Caseのモジュールを用いて責任主体を表現することにより，責任主体が達成すべき責任をゴールによって明示することができる．このモジュールによる責任主体定義方式では，責任主体ごとに対応する主張や証跡をまとめることができるだけでなく，責任主体間の関係を理解しやすいという特徴がある．

参考文献

［1］M. Tokoro, ed., "Open Systems Dependability – Dependability Engineering for Ever-Changing Systems", CRC Press, 2013.
［2］S. Yamamoto, Y. Matsuno, "d* framework: Inter-Dependency Model for Dependability", IEEE/IFIP Int'l Conf. on dependable Systems and Networks（DSN 2012）2012.

4.6 D-Case パターン

D-Caseを作成するためには，主張（ゴール），戦略，前提，証拠（エビデンス）とそれらの関係を記述する必要がある．具体的には，まずディペンダビリティについてシステムが満たすべき主張を列挙する．このために，戦略ノードを用いて主張を下位主張に分解することになる．この場合，次のような基本的な疑問が生じることが多い．

①主張として何をどう書くのか
②戦略に何を書くのか
③戦略で分解する幅をどこまで広げるのか
④前提に何を書けばいいのか
⑤証拠に何を書けばいいのか
⑥木構造をどこまで深くするのか
⑦前提と証拠の関係をどのように分析すればよいのか

これらの疑問に答えるためには，適用対象分野を限定することにより，分野に即したD-Caseの階層構造と構成要素に記述すべき内容をあらかじめ規定しておく方法が有効である[1,2]．

しかし，対象分野が限定できない場合には，より一般的な方法が必要となる．たとえば開発文書や運用保守文書などの既存文書に基づいて，D-Caseを作成する方法が考えられる．このような既存文書に基づく方法の利点としては，指定された文書の構造や内容によって作成すべきD-Caseの構造と構成要素に記述すべき事柄を明確化できることである．

4.6 D-Case パターン

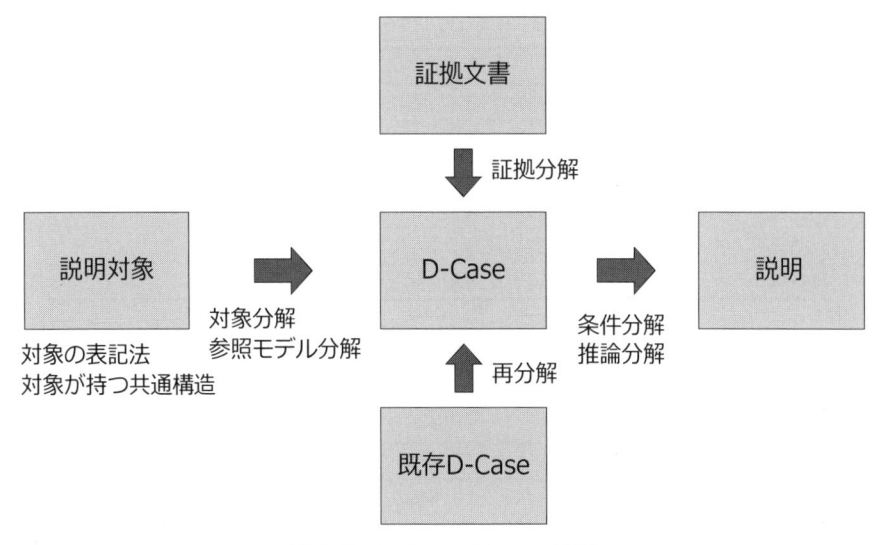

図4-28 D-Case パターンの関係

　Bloomfield らは，安全性ケース（Safety Case）の議論分解の観点として，システム分解（architecture），機能分解（functional），属性分解（set of attributes），帰納分解（infinite set），完全分解（complete），改善分解（monotonic），明瞭化分解（concretion）を紹介している[3]．しかし，これらのパターンだけで議論分解パターンが尽くされているかどうかについては必ずしも明確にはなっていないのが現状である．

　D-Case を作成する場合，① D-Case によってディペンダビリティを確認しようとする対象と，② D-Case によって議論しようとする説明，③ D-Case で用いられる証拠が必要である．また，④ すでに説明が合意された D-Case を再利用できる．

　したがって，D-Case パターンには，D-Case でディペンダビリティを確認しようとする対象についてのパターン，D-Case による説明についてのパターン，証拠のパターン，再利用のありかたについてのパターンがある．対象パターンについては，対象の共通構造に基づく参照モデル分解パターンと，対象の記述法に基づく対象記述分解パターンがある．説明パターンについては，説明条件に基づく条件分解パターンと，推論手法に基づく推論分解パターンがある．このことを整理すると，図 4-28 のようになる．

　D-Case を用いて，システムがディペンダブルであることを説明する場合，①説明対象と D-Case との一貫性と，② D-Case による説明方法の妥当性が重要である．

(1)説明対象と D-Case との一貫性

　　ディペンダビリティを説明しようとする対象と，その対象を説明するために記述された D-Case との間の一貫性が必要である．そうでなければ，説明された D-Case 自体が妥当であっても，説明対象と説明された D-Case とが対応していなければ，説明がすり替えられたことになり，対象がディペンダブルであることに対する説明責任が遂行されていないことになる．

表 4-3　D-Case パターンの分類

パターン分類	説明
対象記述分解	対象物の記述方法に基づいて主張を分解
参照モデル分解	対象物の参照モデルに基づいて主張を分解
条件分解	対象条件に基づいて主張を分解
推論分解	主張を説明するために，背理法や帰納法によって分解
証拠分解	主張を証拠によって分解
再分解	関連する主張分解を再利用して主張を分解

表 4-4　対象記述分解の例

	分解パターン	説明
1	アーキテクチャ分解	システム構成に従って分解
2	機能分解	主張を機能構成に従って分解
3	属性分解	特性を複数の属性に分解
4	完全分解	説明対象のすべての要素による分割
5	プロセス分解	プロセスの入力，処理，出力に対して主張を分解
6	プロセス関係分解	プロセスの先行後続関係に基づいて主張を分解
7	階層分解	対象の階層構成に基づいて，主張を分解
8	DFD 階層分解	DFD の階層構成に基づいて，主張を分解
9	ビュウ分解	UML のビュウ構成に基づいて，主張を分解
10	ユースケース分解	ユースケースに基づいて，主張を分解
11	要求記述分解	要求の記述項目に対して，主張を分解
12	状態遷移分解	状態遷移に対して，主張を分解
13	運用要求記述分解	運用要求定義票に基づき，主張を分解
14	シーケンス分解	シーケンス図に基づいて，主張を分解
15	ビジネスプロセス分解	ビジネスプロセスモデル記法に基づき主張を分解

表 4-5　参照モデル分解

	分解パターン	説明
1	リスク対応分解	システムリスク参照モデルに基づいて，主張を分解
2	組込み参照モデル分解	組込みシステム参照モデルに基づいて，主張を分解
3	CC 分解	セキュリティのコモンクライテリア（CC）に基づいて，主張を分解
4	要求仕様記述分解	要求文書の章構成に対して，主張を分解
5	システム境界分解	システム境界に基づいて，主張を分解
6	欠陥モード分析分解	対象物の欠陥モード分析に基づき主張を分解
7	非機能要求指標分解	非機能要求品質指標に基づき主張を分解
8	DEOS プロセス分解	DEOS プロセスに基づき，主張を分解
9	テスト項目分解	テスト項目参照モデルに基づき，主張を分解
10	問題フレーム分解	問題フレームのパターンに基づき，主張を分解

表 4-6　条件分解の例

	分解パターン	説明
1	ECA 分解	イベント，条件，活動に対して主張を分解
2	条件判断分解	条件判断に対して，主張を分解
3	代替案選択分解	代替案選択に対して，主張を分解
4	矛盾解決分解	矛盾とその解決策に対して，主張を分解
5	均衡分解	互いに依存する属性に対して，主張を分解
6	改善分解	新システムによる旧システムの改善点による分解
7	精緻分解	曖昧性の明確化による分解

表 4-7　推論分解

	分解パターン	説明
1	帰納分解	説明対象の場合分けによる分割
2	消去分解	消去法によって，主張を分解
3	否定推論分解	主張の否定への対処によって，主張を分解
4	反駁分解	主張への反駁証拠による分解

表 4-8　証拠分解

	分解パターン	説明
1	レビュー分解	レビュー結果を証拠として，主張を確認
2	評価分解	チェックリストや投票の結果を証拠として，主張を確認
3	テスト分解	テスト結果を証拠として，主張を確認
4	証明分解	形式的証明を証拠として，主張を確認
5	モデル検査分解	モデル検査結果を証拠として，主張を確認
6	シミュレーション分解	シミュレーション結果を証拠として主張を確認
7	合意分解	合意文書を証拠として，主張を確認
8	モニタ分解	監視結果を証拠として，主張を確認
9	文書分解	開発や運用に関する文書を証拠として，主張を確認
10	法制度分解	規格や法制度についての文書を証拠として，主張を確認

表 4-9　再分解

	分解パターン	説明
1	水平分解	互いに独立に具体化されている複数の分解を用いて，共通する主張の下で分解されている複数の下位の主張を分解
2	垂直分解	具体化された分解を用いて，一つの主張を分解

D-Case で説明する対象として，①システムを表現する記述構造，②システムが基礎とする参照モデルが考えられる．①では，説明しようとするシステムを表現するための記述構造と D-Case とが対応している．②では，説明しようとするシステムの参照モデルと D-Case とが対応している．したがって，これらの D-Case によって説明された主張であれば，①システムの記述構造と②参照モデルについての説明責任を遂行できることになる．

(2) D-Case による説明方法の妥当性

D-Case を用いた主張の説明では，主張の妥当性を確認するために下位の主張に分解するための①推論方法と，②判断条件，③主張を立証するための証拠の種類の選択が必要となる．さらに，④説明責任が遂行された既存の D-Case を再利用することにより，新たな主張の説明責任を遂行できる．以下では，これらが必要となる理由について述べる．

①が必要な理由は，もし，独自の推論方法が D-Case で使われているとしたら，その推論方法の妥当性を，まず立証する必要がある．妥当ではない推論方法によって記述された D-Case では説明責任を遂行することはできない．②が必要な理由は，主張に関する条件に基づく意思決定が妥当であることを説明する必要があるからである．妥当ではない意思決定に基づいて記述された D-Case では説明責任を遂行することはできない．③が必要な理由は，主張に対する証拠の選択が妥当であることを説明する必要があるからである．主張に対して適切でない証拠によって主張の妥当性を確認することはできない．④が必要な理由は，すでに妥当であることが確認されている D-Case を再利用することで，説明の手戻りを抑止できるからである．

分解パターンの例として，図 4-29 に示すような LAN 機器監視システムに対してディペンダビリティを確認するために D-Case を作成する手順の概略を説明する．まず，DEOS プロセス分解パターンによって，図 4-30 のような最上位の D-Case を作成する．ここで，LAN 機器監視システムを LDMS と略称している．

次いで，ゴール「LDMS の通常運用の全う」に対して，アーキテクチャ分解パターンを適用した結果を図 4-31 に示す．図 4-29 より，LDMS がサブシステム「センサー管理」と「センサー」から構成されているので，LDMS のディペンダビリティを，サブシステム「センサー管理」と「センサー」のディペンダビリティならびに，両サブシステム間の相互作用のディペンダビリティによって説明している．

このようにして，分解パターンを反復的に適用することにより，D-Case を効率的に作成できる[4]．

4.6 D-Case パターン　69

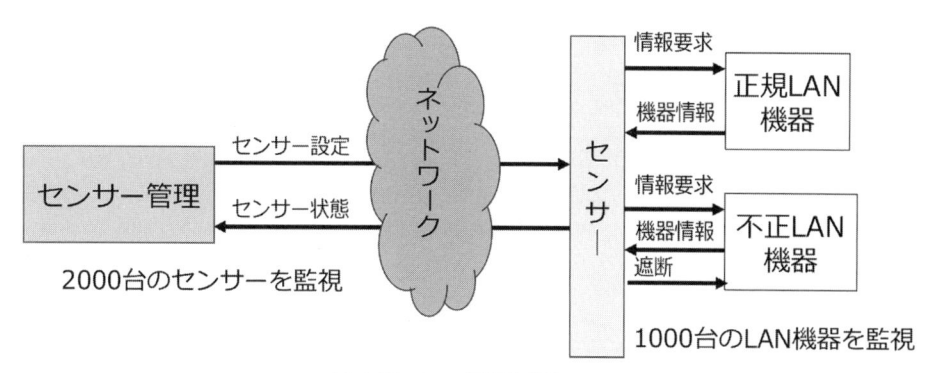

図 4-29　LAN 機器監視システム

DEOSプロセス 分解パターン

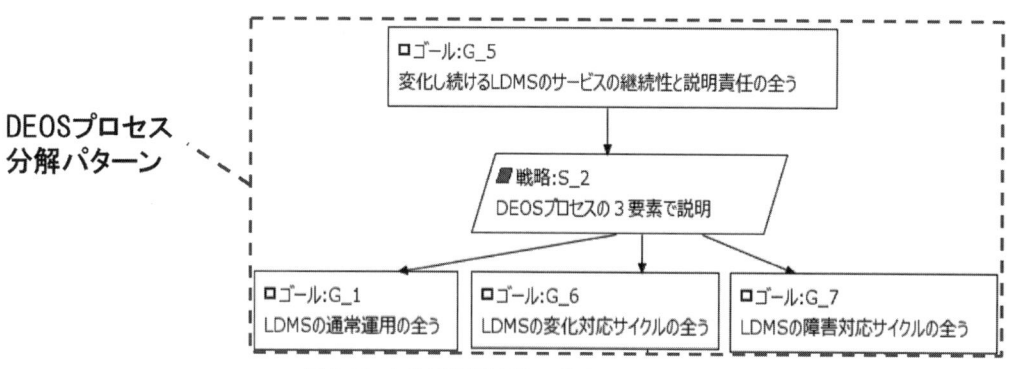

図 4-30　LAN 機器監視システムの D-Case

DEOSプロセス 分解パターン

アーキテクチャ 分解パターン

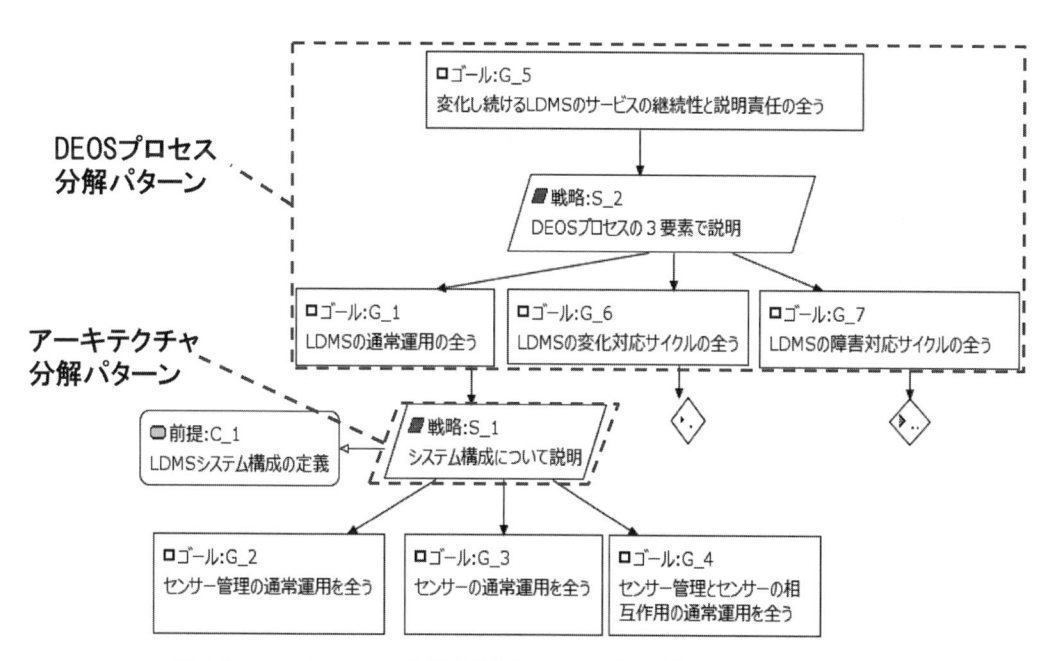

図 4-31　アーキテクチャ分解が適用された LAN 機器監視システムの D-Case

参考文献

[1] 松野 裕, 山本 修一郎,「実践 D-CASE」(http://ec.daitec.co.jp/finditem.aspx?scode=978-4-862930-91-0)
[2] 山本 修一郎,「主張と証拠」(http://ec.daitec.co.jp/finditem.aspx?scode=978-4-86293-095-8)
[3] R. Bloomfield, P. Bishop, "Safety and assurance cases: Past, present and possible future–an Adelard perspective", in proceedings of 18th Safety-Critical Systems Symposium, February 2010.
[4] S. Yamamoto, Y. Matsuno , "An Evaluation of Argument Patterns to Reduce Pitfalls of Applying Assurance Case", 1st International Workshop on Assurance Cases for Software-intensive Systems (Assure 2013), 2013.

第5章
D-Case ツール

5.1 D-Case Editor

　DEOS プロジェクトでは，D-Case 手法の普及と展開を促進させるため，D-Case 手法を DEOS プロジェクトの各種成果と統合したツール D-Case Editor を開発した．以下の機能を備えた D-Case Editor がフリーソフトウェアとして一般に公開されている．

- D-Case ダイアグラムの編集
- D-Case パターンライブラリ（再利用可能な D-Case の部品集）の統合
- OMG ARM, SACM メタモデルへの変換
- モニタ，アクションノードによるシステムのリアルタイムモニタリング（D-RE 連携）
- ディペンダビリティ測定のためのベンチマーク環境との連携（DS-Bench[1]連携）
- Agda による検証機能（5.3 節参照）の統合

D-Case Editor はオープンソースの統合開発環境である Eclipse(注1)のプラグインとして実装されている．このため D-Case Editor の拡張は Eclipse プラグイン開発のフレームワークを用いることで容易に行うことができる．図 5-1 に D-Case Editor の画面イメージを示す．

1）D-Case 関連文書の管理機能

　D-Case でディペンダビリティに関する議論を可視化し，ステークホルダ間で合意を形成するためには，Evidence や Context となる文書を D-Case 内で適切に参照できることが求められる．これらの文書は多数のステークホルダが作成に関与し，ライフサイクルに合わせて頻繁に更新されるため，適切な管理，具体的には複数のステークホルダがアクセスできる文書リポジトリへの登録や版管理などが必要となる．
　そのために，D-Case と文書リポジトリに登録され版管理されている文書との関連づけを行う機

注1：http://www.eclipse.org/

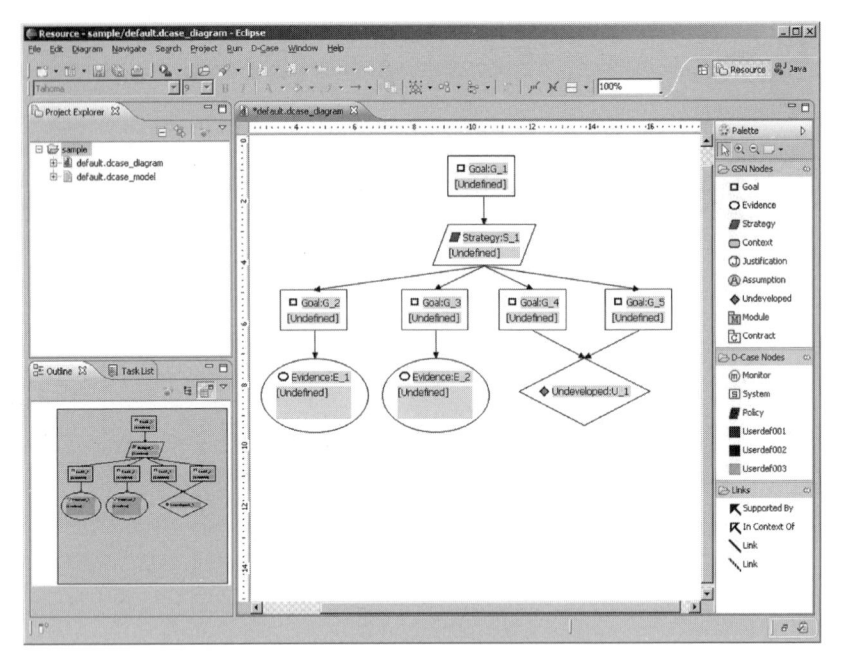

図 5-1　D-Case Editor 画面イメージ

能（通称：関連文書管理機能）が開発された．
　以下に，関連文書管理機能のワークフローを記述し，その利用シーンを明らかにする．

2）関連文書管理機能のワークフロー
　D-Case を活用する業務には以下の実現すべき事項が存在する．
- ディペンダビリティに関する議論をD-Case の手法により実施し，達成すべきゴールとスコープを明確化する
- D-Case ダイアグラム記述により上記議論，論拠の可視化を行う
- ゴールが実現していることをエビデンス文書により裏づけ，確信を与える
- D-Case ダイアグラムおよび関連エビデンス文書により説明責任を遂行する

　D-Case を活用する業務に登場するアクターは以下のものがある．
【業務担当部門】
- オープンシステムに対応する商品開発を行う担当部門，オープンシステムでサービスを提供する業務の担当部門あるいは担当者．それぞれの組織により規定されている開発プロセスに従って業務を遂行する．

【D-Case 作成者】
- 組織の方針に従って遂行される業務プロセスをディペンダビリティの視点でとらえてスコープ，コンテキストを考慮しながら D-Case として記述する．

【D-Case 責任者】
- D-Case のスコープを定める．コンテキストを定義しコンテキスト文書を作成する．
- 作成された D-Case を承認する．
- エビデンス文書の作成を業務実施部門に要求 / 依頼する．
- ディペンダビリティに対する説明責任を果たす．

【文書管理システム】
- スコープ文書，コンテキスト文書，業務成果物（エビデンス文書），および左記の各種文書が関連づけられた D-Case 文書を格納する．
- ステークホルダに格納した各種文書を公開（レビューを含む）する．
- D-Case 文書の承認状態を管理する．

【D-Case リポジトリ】
- 作成途中の D-Case を登録し構成管理する．

D-Case 活用業務は以下のステップに分割され，それぞれで関連文書を管理することが重要となる．

1. D-Case の作成 / 修正
    ▶ 開発する商品あるいはサービスに合わせて D-Case を記述する
    - D-Case のスコープ，コンテキストを定義する
    - コンテキストノードにコンテキスト文書を関連づける
    - ダイアグラムを記述する
2. D-Case とエビデンス文書の関連づけ
    ▶【業務担当部門】が作成し，【文書管理システム】に格納した文書をエビデンスノードに関連付ける
    - エビデンスノードに関連づけるべきエビデンス文書を特定する
    - エビデンス文書の作成と格納を【業務担当部門】に依頼する
3. 関連文書と D-Case 文書のレビュー
    ▶ コンテキスト，エビデンスノードと各種文書を関連づけた D-Case 文書をレビューする
    - エビデンス文書の更新をチェックし，関連性を最新化する
    - D-Case 文書を【文書管理システム】へ登録する
    - D-Case 文書から関連文書を参照し，エビデンスの妥当性を確認する
    - D-Case 文書間の比較により変化点の確認を行う（再レビューの場合）
4. D-Case の承認
    ▶ レビュー完了した D-Case 文書と関連文書を【文書管理システム】上で承認する
    - レビュー済みの D-Case 文書を承認する

これらのステップはウォータフォール的に実際される場合もあれば，反復的に繰り返される場合もある．それは開発組織の採用したプロセスに依存する．

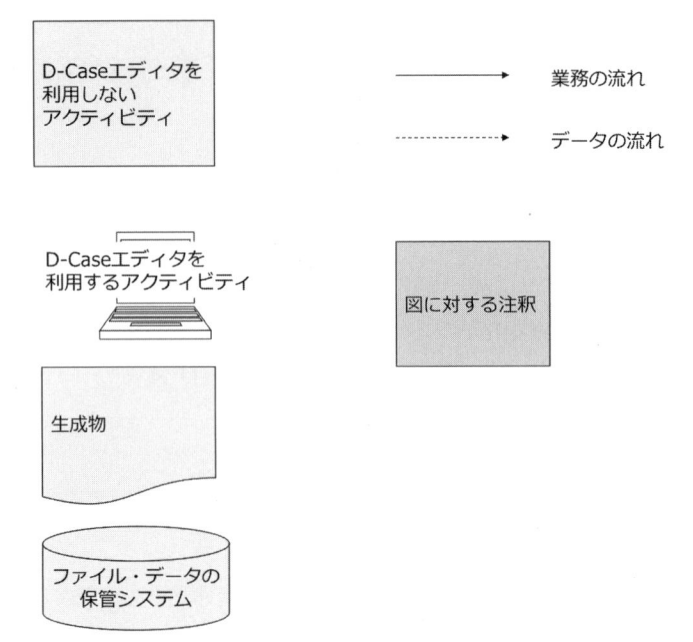

図 5-2　D-Case 業務のワークフロー図で使われている図形一覧

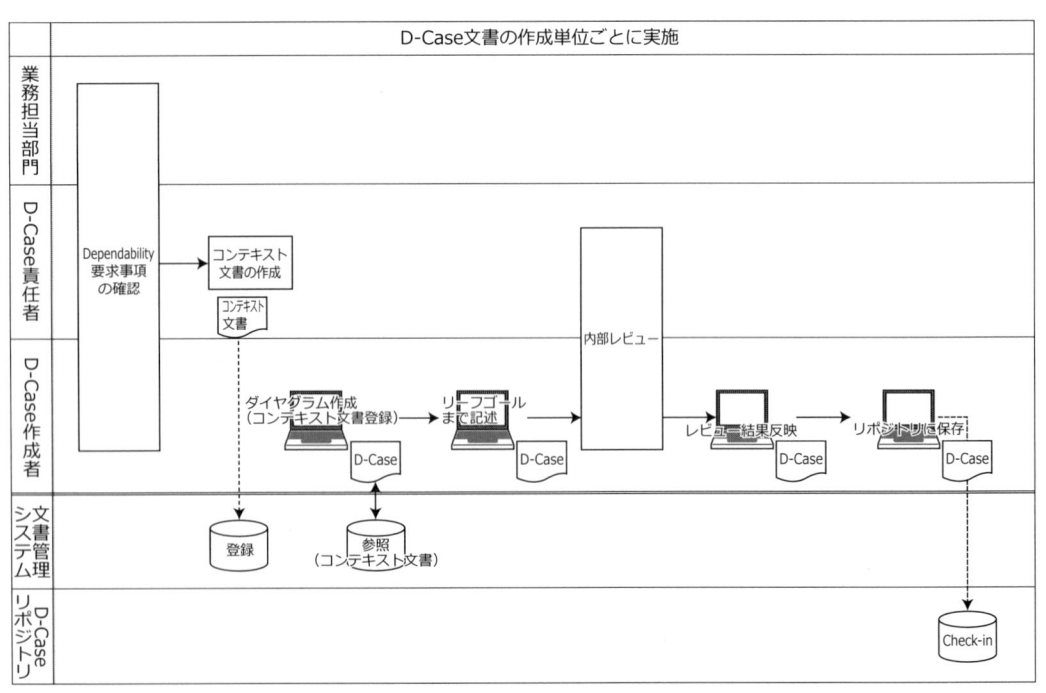

図 5-3　D-Case 作成 / 修正のワークフロー図

以下，図を交えてこれらのステップの詳細を述べる．図は各ステップをワークフロー図として表現したものである．縦が各アクターで区切られており，横方向（左から右）に業務の進行を表している．図 5-2 に図内で使われる図形の意味を示す．

図 5-3 は「1. D-Case の作成 / 修正」を記述したものである．最初のステップとして【業務担当部門】，【D-Case 責任者】，【D-Case 作成者】共同で Dependability 要求事項について確認を行う．その後，【D-Case 責任者】がそれら確認事項を文書化したものをコンテキスト文書として作成し，【文書管理システム】に登録する．コンテキスト文書には，サービス目的定義，ステークホルダ定義，要求事項，サービス継続シナリオ，システム要件などの情報が含まれる．次に【D-Case 作成者】がそのコンテキスト文書を参照しつつダイアグラムの作成を行う．その過程で【文書管理システム】中のコンテキスト文書を参照するように D-Case 中のコンテキストノードが作成され，D-Case 全体のゴールとスコープが明確化される．引き続きリーフゴールまでの記述を行い，議論のひな型が作成される．それらは適宜内部レビューを経て修正され，【D-Case リポジトリ】に格納される．

このようにして作成された議論のひな型を元に，続いて図 5-4 のとおり「2. D-Case とエビデンス文書の関連づけ」を行う．【D-Case リポジトリ】に登録されている D-Case を基に，【業務担当部門】，【D-Case 責任者】，【D-Case 作成者】が共同で議論しエビデンスとなる文書を特定していく．その結果を元に【業務担当部門】が実際にエビデンス文書の作成を行う．エビデンス文書には，設計仕様書，テスト仕様書，テスト結果，レビュー結果などが該当する．これらの文書は完成すると【文書管理システム】に登録される．【D-Case 作成者】はこれらの文書をチェックしながらエビデンスとして D-Case に関連づけを行う．

エビデンス文書の作成と登録が進むと，図 5-5 のとおり「3. 関連文書と D-Case のレビュー」を実施する．【D-Case 作成者】が適宜エビデンス文書の更新をチェックし，それらに合わせて D-

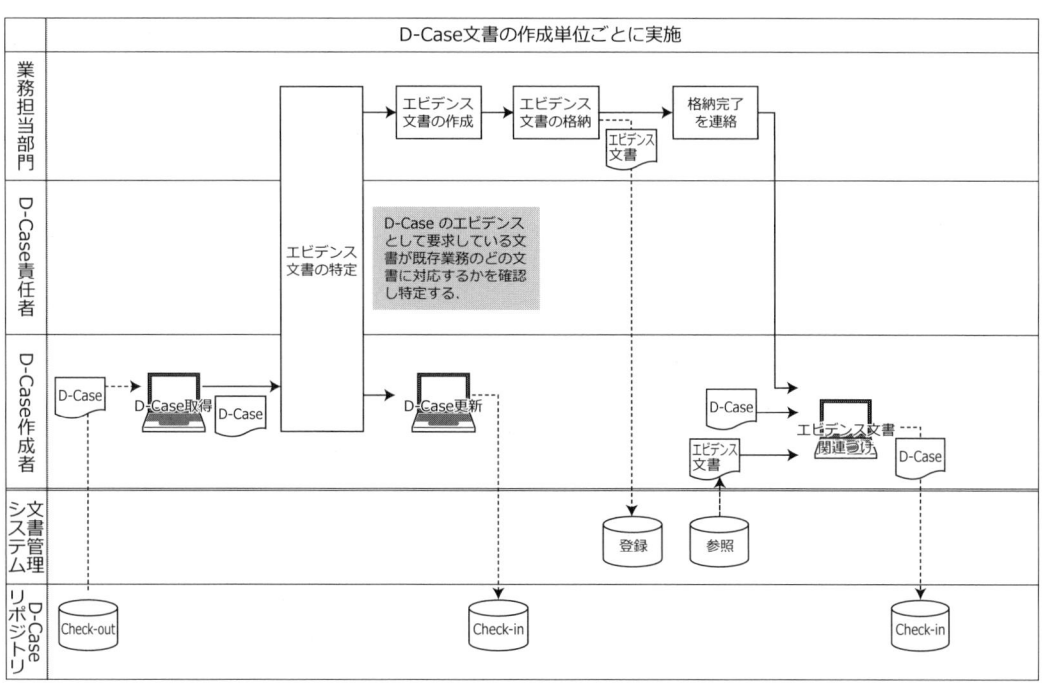

図 5-4　D-Case とエビデンス文章の関連づけ

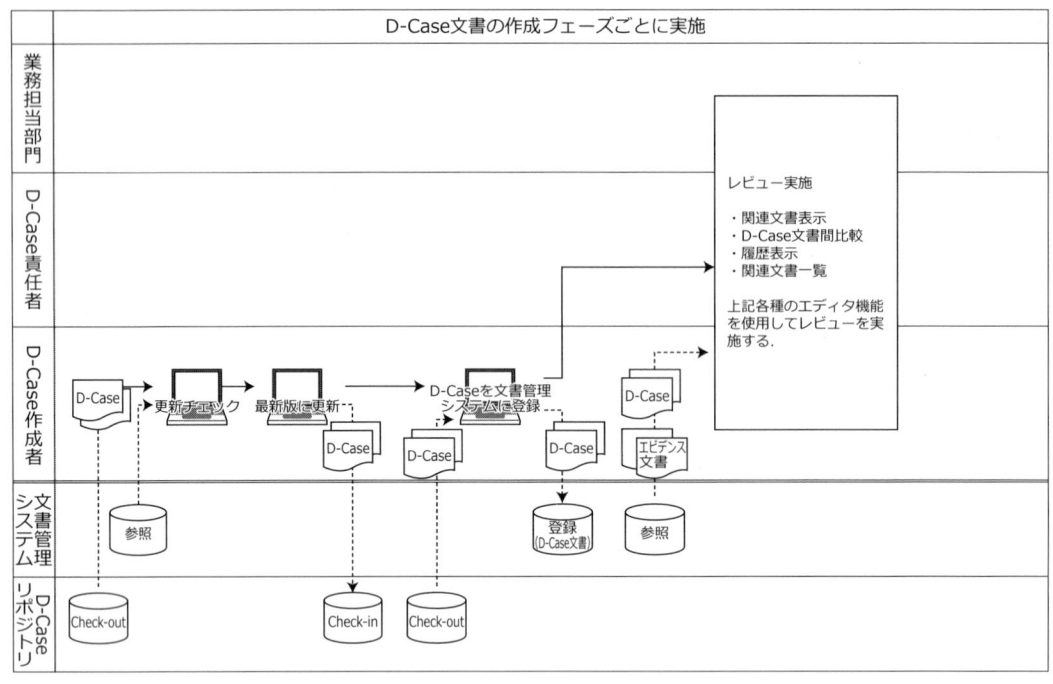

図 5-5　関連文書と D-Case 文書のレビュー

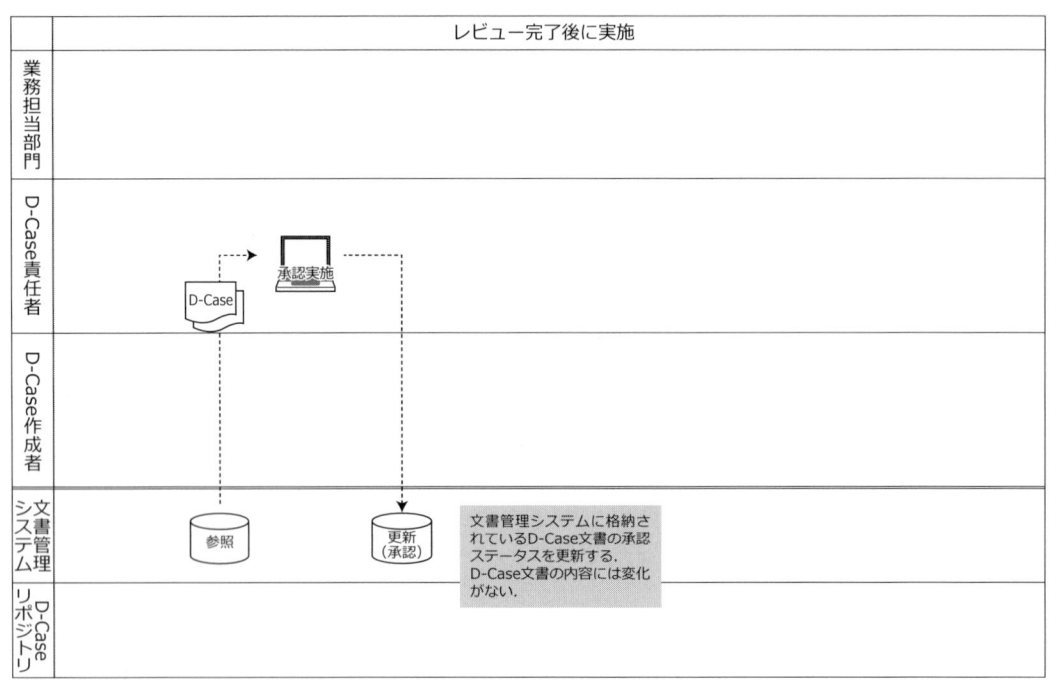

図 5-6　D-Case の承認

Caseを更新する作業を通じて全体の整合性をとる．それらの作業が区切りを迎えたら，D-Caseを【文書管理システム】に登録し，【業務担当部門】，【D-Case責任者】を交えて文書とD-Caseのレビューを行う．

　レビューが済み承認されると，【文書管理システム】中のD-Caseに承認済みであることを示すステータスを付与する（図5-6 D-Caseの承認）．これにより，開発組織の外部にいるステークホルダに対して説明責任を遂行できるD-Caseが作成できる．

3）関連文書管理機能の実装

　上記ワークフローに基づき，我々は関連文書管理機能を実装し公開している．実装したソフトウェアは以下の機能を持つ．

- D-Caseノードへの文書の関連づけ
  - ▶文書管理システム上の文書の関連づけ
  - ▶ローカルの作業用PC上にある文書を関連づけしつつ，文書管理システムにアップロード
- D-Caseに関連づけられた文書の変更検出，バージョン履歴確認
- D-Case自体の文書管理システムへのアップロード
- D-Case自体の履歴確認，比較，検索
- 文書管理システム中のD-Caseへの承認ステータスの付与
- 同じ関連文書を参照するD-Caseの検索

　文書管理システムとのインタフェースには，標準化団体OASISの定義するコンテンツ管理システムのインタフェース標準であるCMIS[注2]を利用している．ただし，実装詳細は具体的な製品ごとに異なるため，今回の開発ではCMIS対応のオープンソースコンテンツ管理システムであるAlfresco[注3]をターゲットとした．図5-7に画面イメージを示す．

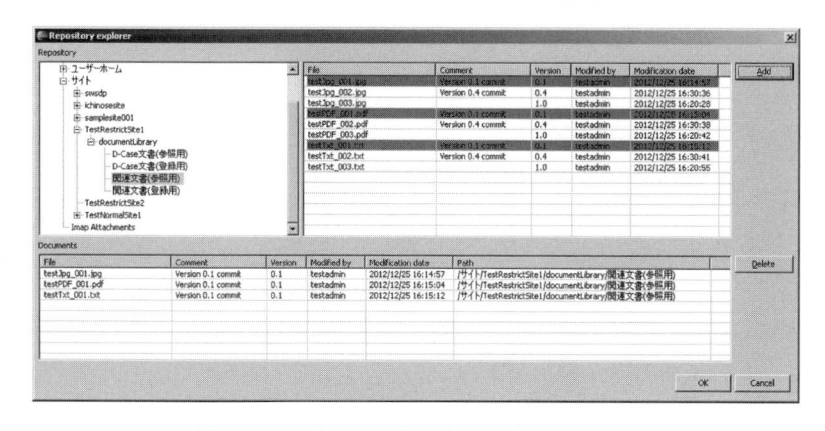

図5-7　関連文書管理機能（一部）の画面イメージ

注2：http://www.eclipse.org/
注3：http://www.alfresco.com/jp

プロジェクトで開発した一連のソフトウェアは，ユーザマニュアルも含めて D-Case サイト[注4]にてフリーで公開している．また，D-Case Editor は富士ゼロックス，電通大によりオープンソースソフトウェアとして公開されている[注5]．

参考文献

[1] H. Fujita, Y. Matsuno, T. Hanawa, M. Sato, S. Kato, Y. Ishikawa, "DS-Bench Toolset: Tools for dependability benchmarking with simulation and assurance", IEEE/IFIP International Conference on Dependable Systems and Networks（DSN 2012），2012．

5.2 D-Case Weaver と D-Case ステンシル

5.2.1 D-Case Weaver

D-Case Weaver は D-Case Editor の基本的な機能を実装した Web 実装バージョンである．D-Case エディタが生成する .dcase ファイルと互換性をもち D-Case Editor，D-Case Weaver 双方で編集可能である[1,2]．D-Case Weaver の画面イメージを図 5-8 に示す．

1）D-Case Weaver の特徴・機能

Web Browser 上で

- D-Case の GSN グラフを作成し，Node や Link を追加，変更，削除できる．
- D-Case の部分木をモジュール化することができる．また D-Case へモジュールを追加することができる．
- Node に D-Script に関する情報を追加，変更，削除できる．
- D-Case Weaver が生成する D-Case の XML 表現は，D-Case Editor が生成する XML 表現に対し，上位互換（スーパーセット）．
- GSN グラフの Node のタイプごとの統計情報を表示できる．
- コンテンツマネージメントシステム Alfresco（Community 版）と連携し，D-Case およびエビデンス文書の管理ができる．
- Node に関連資料を添付（Attach）できる．
- 責任者名と有効期限を設定及び編集できる．

注 4：http://www.dcase.jp/
注 5：https://github.com/d-case/d-case_editor

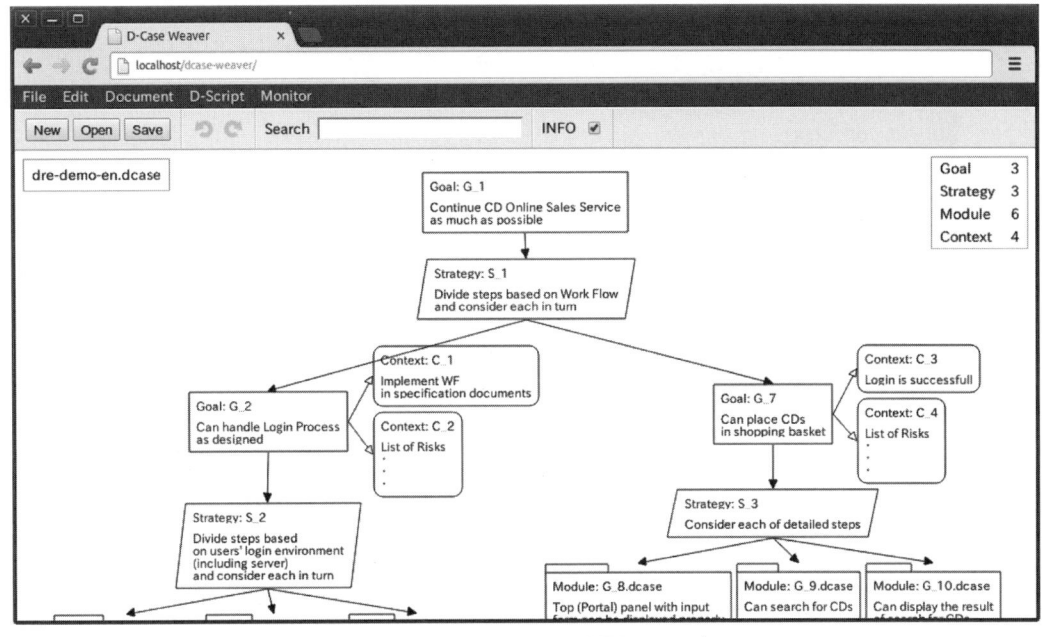

図 5-8　D-Case Weaver 画面イメージ

2）D-Case Weaver 基本操作

①ノードを新規作成する

描画領域上で右クリックしコンテキストメニューを表示する

コンテキストメニューの［New Node］→［Goal］を選択する

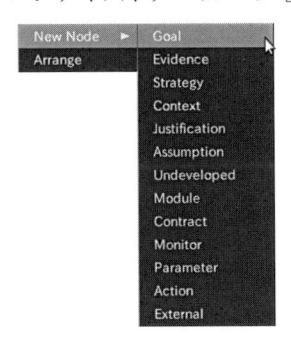

Goal ノードが新規作成される

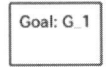

②子ノードを追加する

ノード上で右クリックしコンテキストメニューを表示する

コンテキストメニューの［Add Child］→［Strategy］を選択する

第 5 章　D-Case ツール

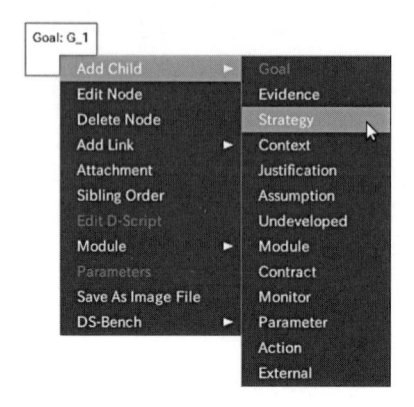

Strategy ノードが追加される

③ノードを編集する

ノード上で右クリックしてコンテキストメニューを表示する
コンテキストメニューの［Edit Node］を選択すると Node Editor ダイアログが表示される

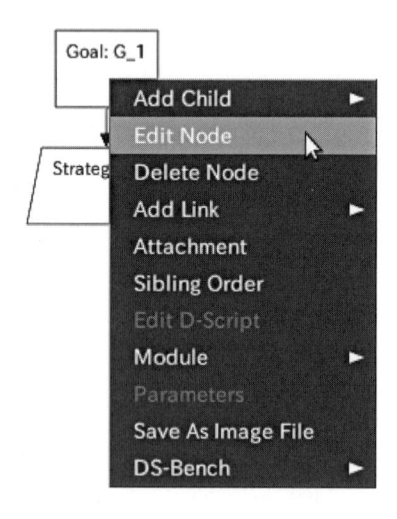

ノードの内容を編集して［OK］ボタンを押下する

5.2 D-Case Weaver と D-Case ステンシル

編集した内容がノードに反映される

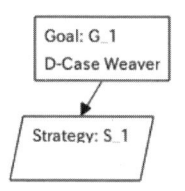

④ノードを削除する

ノード上で右クリックしてコンテキストメニューを表示する

コンテキストメニューの［Delete Node］を選択する

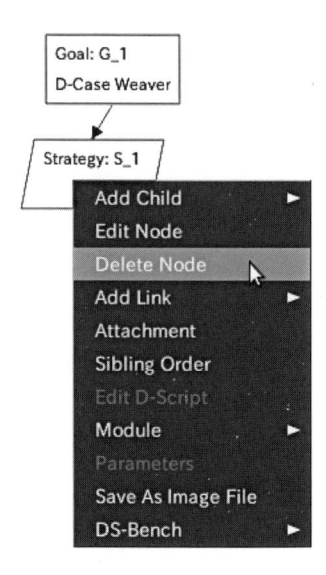

ノードが削除される

⑤ノードに URL を添付する

　ノード上で右クリックしてコンテキストメニューを表示する

　コンテキストメニューの［Attachment］を選択すると Attachment ダイアログが表示される

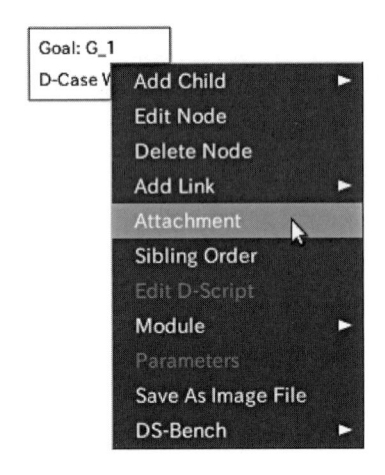

　ダイアログの URL 欄に URL を入力する

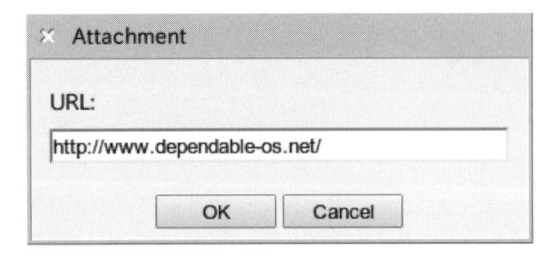

　Attachment が設定されノードにクリップアイコンが付加される

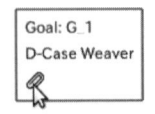

　クリップアイコンをクリックすると，Attachment で設定した URL が開く

⑥リンクを編集する

　リンク上で右クリックしてコンテキストメニューを表示する

　コンテキストメニューの［Edit Link］を選択する

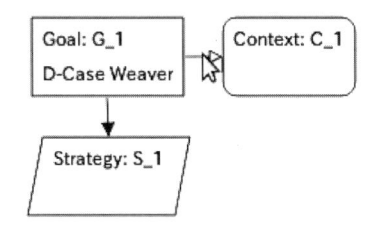

　赤色の矢印が表示される

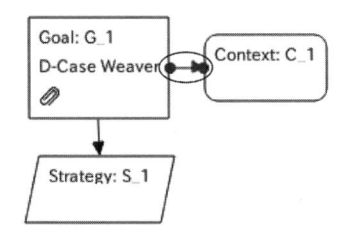

　赤色の矢印の終端を Drag し，リンクしたいノード上で Drop する

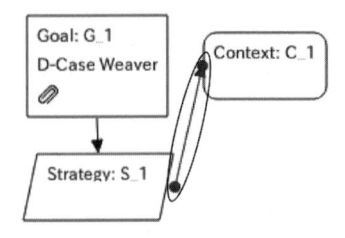

矢印以外の場所でクリックすると編集内容が確定される

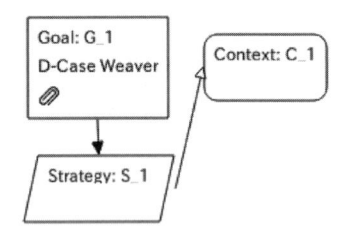

⑦整列する

描画領域上で右クリックしてコンテキストメニューを表示する

コンテキストメニューの［Arrange］を選択する

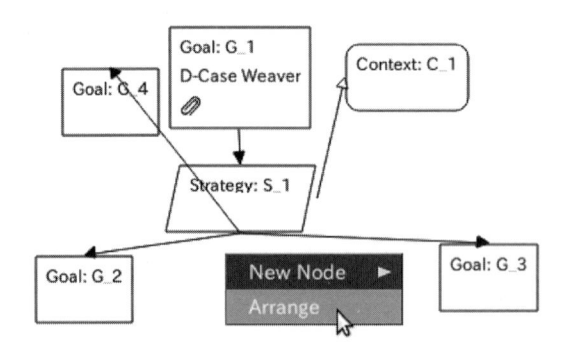

ダイアグラムが整列される

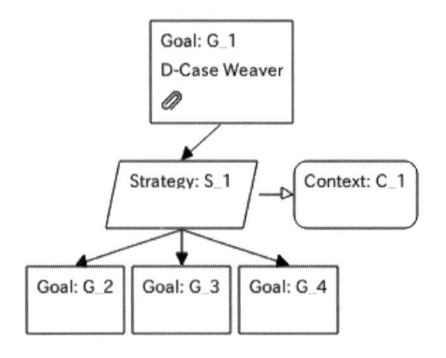

⑧ D-Case を保存する

ツールバーの［Save］ボタンを押下すると Save D-Case ダイアログが表示される

保存先ディレクトリを選択し，ファイル名を入力する

ダイアログの［OK］ボタンを押下すると D-Case が保存される

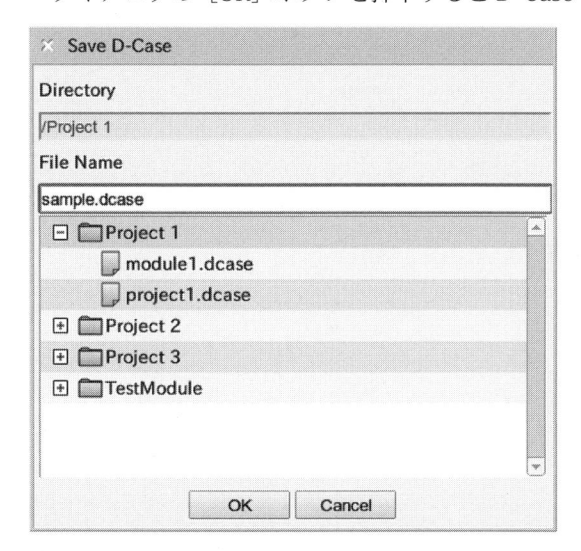

⑨ 保存した D-Case を開く

ツールバーの［Open］ボタンを押下すると Open D-Case ダイアログが表示される

D-Case を選択する

ダイアログの［OK］ボタンを押下すると D-Case が描画領域に表示される

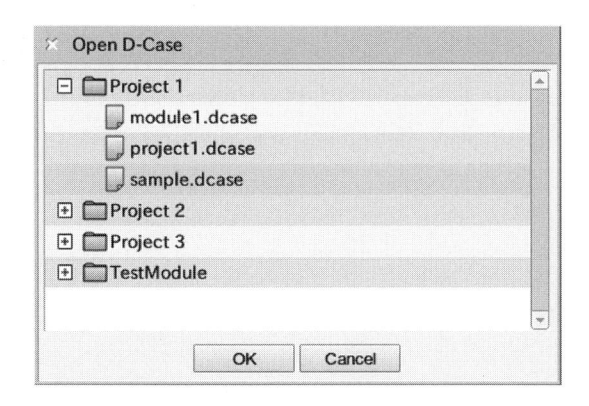

5.2.2 D-Case ステンシル

D-Case ステンシルは，広く一般に使われている Microsoft PowerPoint 上で，プレゼンテーション用の D-Case や小規模な D-Case を書くことができる PowerPoint アドインである[3]．図 5-9 にその画面イメージを示す．

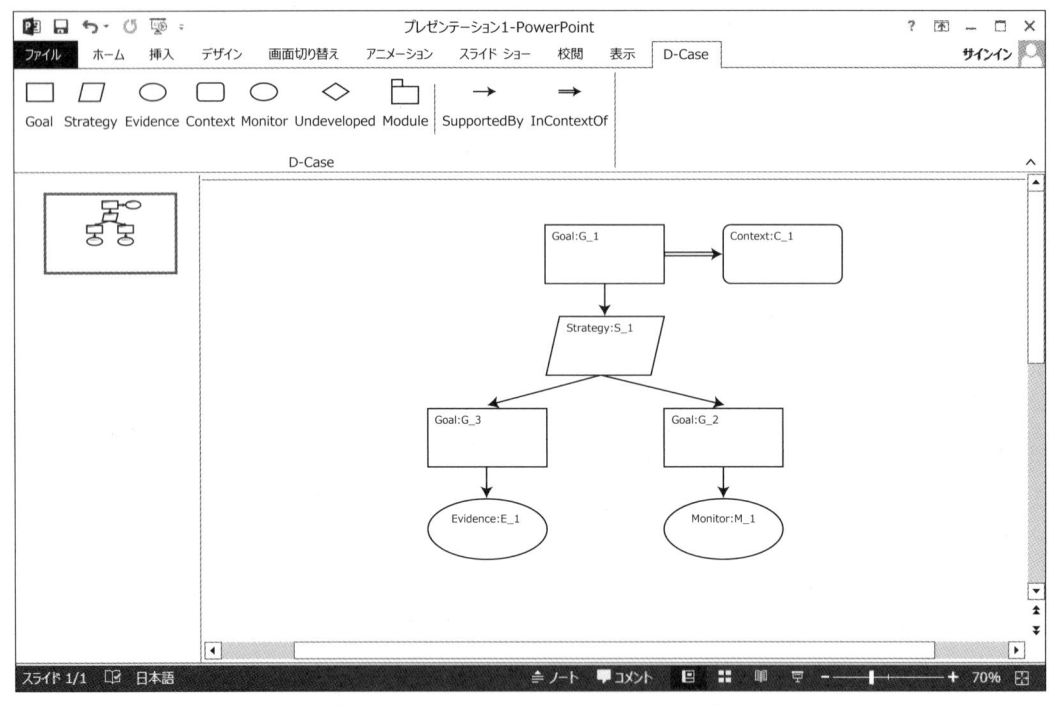

図 5-9　D-Case ステンシル画面イメージ

使用方法：

　D-Case ステンシルをインストールすると，Microsoft PowerPoint に「D-Case」タブが追加される．「D-Case」を開くと上部にノードおよびリンクの図形が表示される．これらの図形は通常の図形と同じように操作できる．

参考文献

［1］D-Case Weaver 仕様書（DEOS-FY2013-CW-02J）
［2］http://www.jst.go.jp/crest/crest-os/tech/DCaseWeaver/index.html
［3］http://www.jst.go.jp/crest/crest-os/tech/D-CaseStencil/index.html

5.3 　D-Case 手法とツールの課題と現在

　ディペンダビリティ合意形成と説明責任をテーマとし，D-Case 手法・ツールの開発，リファレンスシステムや事例に基づいた実証実験を行ってきた．下記は実証実験の例である．
　• ウェブサーバなどのリファレンスシステム（DEOS D-Case 開発チーム，DEOS センターなど）

- 教育用ウェブサービスシステム（横浜国大 倉光他）
- センサーネットワークシステム[1]（慶大 徳田他）
- ET ロボットコンテスト[2]（フジゼロックス 恩田他）
- バージョンコントロールシステム（神奈川大 木下他）
- 受付ロボット（産総研 加賀美他）
- スーパーコンピュータの運用マニュアル[3]（名古屋大 山本他）
- 自動車のエンスト問題（電通大 松野，トヨタ自動車との共同研究）
- 超小型人工衛星[4]（電通大 松野，慶応大学との共同研究）
- テレビ営業放送システム（Symphony 永山他）

など．

一般に，プロセス，手法の評価は QCD（Quality, Cost, Delivery）などによって行う．D-Case を記述し，DEOS プロセスを回すことによって，システムの品質（Quality）が向上し，コスト（Cost）が低減し，納期（Delivery）が短くなるなどを示す必要がある．今後，より多くの適用事例によってその有効性を示す．

最後に 4 章，5 章で紹介した D-Case の研究開発の現状を述べる．

1) D-Case 構文

D-Case 構文は GSN を元に DEOS で議論した拡張を設計し，D-Case Editor において参照実装を行った．しかしながら，実際のシステムにおける適用がまだ少ない（適用例として最も複雑なシステムは現在のところ超小型人工衛星[4]である）．また次章の形式 Assurance Case との対応は，現時点においては後述する D-Case/Agda ツール連携にとどまっている．GSN の定義自体に曖昧な所があり[7]，GSN の提案者の Tim Kelly などとのコミュニケーションを行いながら構文の設計を進めている．システムのディペンダビリティ表現のための表記法は初期研究段階にあり，日本発の提案を行ってゆく．

2) D-Case 記述法

4.3.2 節で示した記述法の 1 つの意図は，システムライフサイクルに D-Case を埋め込むことであった．そのために，D-Case 記述の入力としてシステムライフサイクルの各フェーズの入出力ドキュメントを設定した．しかしながら D-Case 自体をライフサイクルフェーズの入出力ドキュメントにするまで埋め込めておらず，完全には手法化されていない．関連研究として，システム・アーキテクチャ設計におけるさまざまな選択の妥当性を示すために GSN を用いる Virginia 大学の Assurance Based Development Method[5] があるが，ケーススタディにとどまっている．

3) システムのモニタリングと障害対応機能との連携

Mindostorm ロボットや，ウェブサーバシステム[6]などを対象として，モニタリング，障害対応機能との連携の基礎実装を行ってきた．D-Case と D-Script との連携は今後さらに検討してゆく必要がある（第 8 章参照）．

4) D-Case 実証実験

前述のように，これまで多くの実証実験を行ってきた．しかしその評価は，参加者へのアンケート（多くは肯定的であるが），D-Case 記述にかかる工数の計測など，基本的な段階にとどまっている．Nancy Leveson は「多くの Safety Case の研究は，個人的な意見を述べているか，記述例を示しているのみで，本当に効果的であるかどうかは示していない」と言っているが，われわれはさらなる実証実験を通して十分な評価を行ってゆく．

5) D-Case/Assurance Case 評価法，確信（Confidence）

前項と関連する．D-Case の評価法，すなわち，D-Case によって，システムのディペンダビリティにどれくらい確信を得るかを定量・定性的に評価することは，もっとも根本的な課題である．既存研究には，ベイジアン確率統計を用いて非常に簡単なアシュアランスケースを対象として定量評価を行う研究や[7]，Assurance Case に対してどれくらい批判（Defeater）があるかで確からしさを評価する枠組み[8]があるが，広く認められるものはいまだ存在しない．確信，合意形成，説明責任の概念的関係を明らかにすることも重要な課題である．

6) D-Case ツール

2010 年 4 月当初，アシュアランスケースのツールは，Adelard 社の ASCE がほとんど唯一のツールであった．現在，D-Case Editor はオープンソース化を果たし，D-Case Weaver，ステンシル，AssureNote など，DEOS 発のツールができてきた．またチェンジビジョン社の Astah* ツールの GSN 拡張なども開発中である．ツール開発においては，日本は欧米に比べて先んじている．

7) D-Case パターン

D-Case の再利用性を高め，属人性を低減するためにパターンを導入することは，実用化に向けて重要である．Robin Bloomfield のパターンの分類，Tim Kelly らの国際規格適合のための詳細なパターンなどを出発点として，4.6 節において D-Case パターンを整理した．今後，これらパターンを，システムライフサイクルで，いつ，どこで使われるのか，あるいはパターン選択の基準などをガイドラインとして提供する必要がある．またパターンの効果を評価する必要がある．

参考文献

[1] 中澤 仁，松野 裕，徳田 英幸，「D-Case を用いたユビキタス・センサー・ネットワーク管理ツール」，電子情報通信学会論文誌（和文 B）ユビキタス・センサーネットワークを支えるシステム開発論文特集，J95-B (11)，2012．

[2] 上野 肇，松野 裕，「ET ロボコンを対象とした D-Case 記述事例」，ソフトウエアシンポジウム 2013，，岐阜，2013 年 7 月．

[3] S. Takama, V. Patu, Y. Matsuno, S. Yamamoto, "A Proposal on a Method for Reviewing Operation Manuals of Supercomputer", WOSD 2012, ISSRE Workshop 2012, pp. 305-306.

[4] K. Tanaka, Y. Matsuno, Y. Nakabo, S. Shirasaka, S. Nakasuka, "Toward strategic development of hodoyoshi microsatellite using assurance cases", In Proc. of International Astronautical Federation (IAC2012), 2012.

[5] P. Graydon, J. Knight, E. Strunk, "Assurance Based Development of Critical Systems", DSN2007, pp 347-357.
[6] Y. Matsuno, S. Yamamoto, "Consensus Building and In-operation Assurance for Service Dependability", Journal of Wireless Mobile Networks, Journal of Wireless Mobile Networks, Ubiquitous Computing, and Dependable Applications, 2013, vol 4-1, pp. 118-134.
[7] The GSN Work Group, "GSN Community Standard Version 1", 2011.
[8] R. Bloomfield, B. Littlewood, D. Wright, "Confidence: Its Role in Dependability Cases for Risk Assessment". DSN 2007, pp. 338-346.
[9] C. Weinstock, J. Goodenough, A. Klein, "Measuring Assurance Case Confidence Using Baconian Probabilities", ASSURE2013, May 2013.

第6章
D-Case整合性検査ツールと形式アシュランスケース

　複雑で大規模なシステムを上位レベルの概念から下位レベルまで詳細に論じるD-Caseは，それ自体，多くの分担者によって作成され更新される複雑で大規模な文書である．この文書の整合性を検査し確保する技術は，D-Caseに基づいてディペンダビリティを達成するうえで本質的に重要な課題となる．人間が注意深く読んでチェックする，いわゆるレビューだけではD-Caseの整合性検査は難しい．

　整合性検査は，D-Caseの作成だけでなく保守においても鍵となる．システムや環境・要求などの変化に応じてD-Caseを部分的に変更する際には，全体の整合性が失われないようにしなければならない．この節では，機械的に整合性を検査できるアシュランスケースの記述方式，形式アシュランスケースについて説明し，それに基づいたD-Case整合性検査ツールD-Case in Agdaを紹介する．

　D-Case，GSN，CAE，Toulminモデル等は，アシュランス議論の構造を議論の構成要素の種別（ゴールノード，ストラテジノード等）と要素間の関係で定式化する．しかし，議論の整合性は議論要素の種別だけでは検査できない．要素の内容に立ち入り，内容記述の土台となるオントロジー[注1]を明確にして整合性検査の基準とする必要がある．このオントロジーは，システムや環境を構成するものには何があるか，要求や制約，仮定として考慮する性質や関係はどんなことか，それらの成否を知る方法は何か，を表すための語彙とその意味を明示してアシュランス議論の枠組みを定めるものである．

　D-Case，GSN，CAE等は，オントロジーの定義を議論の構成要素として明確に定式化していない．オントロジーの一部は自然言語によって文書のあちらこちらで説明され，また一部は暗黙裡に読者に了解されるものとされる．このため，議論の整合性はすべてレビューによって人間が総合的に判断するしかない．レビュアーによって整合性の判断基準が異なってもその相違を検出することも難しい（図6-1(a)）．機械的な整合性検査には，基準となるオントロジーの明確な定式化が不可欠である．

　形式アシュランスケースは，「理論部分」と「議論部分」の2つからなる．理論部分は，オント

注1：概念体系．ここでは語彙と各単語の意味や関係性．

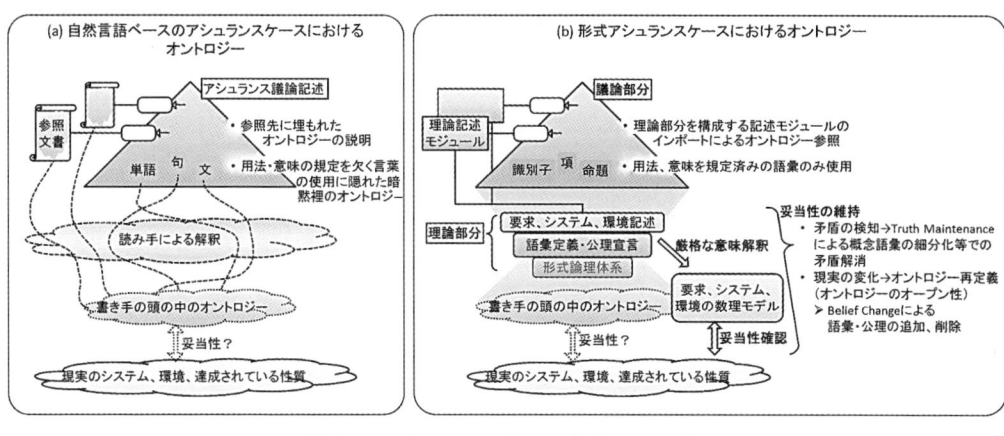

図6-1 アシュランスケースとオントロジー

ロジーを一定の形式論理体系における形式理論として明示する．議論部分は，この形式理論における形式証明としてアシュランス議論を与える．整合性検査は，議論部分がこの形式理論における形式証明として文法的に正しいか否かの機械的検査に帰着される（図6-1(b)）．

　理論部分は，読み手と機械に対して，ケースの書き手の頭の中にあるオントロジーを議論が参照する際のインタフェースを具体的に与えるものといえる．また，理論部分は，数理モデルとしての解釈を通じて妥当性確認の対象となる．書き手の頭の中のオントロジーの妥当性を直接確認することはできない．さらに，記述としてデータ化された理論部分は，妥当性を維持するための操作の対象となる．新事実が判明してそれまでのオントロジーに矛盾が生じた場合に，truth maintenance アルゴリズムを通じて概念語彙を細分化して矛盾を解消する等の操作を考えることができる．また，現実が変化する時には，変化後のもの（こと）があり得るもの（こと）の一つとして認識されていない場合が多い．それだけでなく，変化によって初めて変化する前のもの（こと）が認識される場合も多い．したがって，変化前のオントロジーでは，「このもの（こと）」が「あのもの（こと）」に変化したと認識し表現できるだけの語彙がない．Belief change 分野の手法で語彙や公理を追加・削除するなどしてオントロジーをより抜本的に再定義することが妥当性維持の操作として考えられる．

　オープンシステムのアシュランスにはオープンなオントロジーが必要になる．オープンなオントロジーとは，再定義されつつ用いられる語彙と意味の規定の記述と，その妥当性維持の仕組みを併せた概念と考えられる．妥当性維持の仕組みをもつことは，変化の仕方すら予め固定することはできないことを承知の上で，変化に最善努力で対応できるようあらかじめ備えるという DEOS 理念の具現化の重要な部分を占める．従来の形式手法では，理論を1つの枠組みとして固定し，その中での検証を主眼とすることが多かったが，理論部分をデータとして持つ形式アシュランスケースは，枠組みが変化することを想定した定式化といえる．

　整合性検査ツール D-Case in Agda は，上記の形式アシュランスケースの考え方を一部実現するものである．「命題は型，証明はプログラム」の考えにもとづくプログラミング言語 Agda を用い

て形式アシュランスケースの記述と検査を可能にする．理論部分は型や関数を定義するライブラリとして，議論部分はそれを用いたプログラム（つまり証明）として記述され，整合性検査はプログラムの型検査に帰着される．数理論理学で通常考えられる形式論理体系の記述では，実用的に書き下せる形式理論・形式証明は小規模なものに限られるが，プログラミング言語の機能を用いることで，より実際的な規模と複雑さでの記述が可能となる．D-Case in Agda は，議論の Agda プログラムとしての記述と D-Case 図式記法による記述を相互に変換し，機械的整合性検査と人間に理解しやすい形での内容的レビューを両立させる．

6.1 形式アシュランスケースの利点

1) アシュランスコミュニケーション

形式アシュランスケースは，関係者間のアシュランスコミュニケーションをより確実にする．

GSN 等によるアシュランスケースでは，何が議論の土台で何が読み手の専門知識による解釈を要するものかの違いが不明瞭になりがちである．あるゴールのサブゴール達への分解が読み手に取って自明でない場合，読み手はいくつもの可能性を考えなくてはならない．

1. 読み手が，暗黙の内に期待された専門知識を持ち合わせていない．
2. 書き手が，主ゴールとサブゴールの意味を「このような分解が適当であるようなもの」として暗示的に規定している．たとえば，読み手は「システムはディペンダブルだというゴールがこの議論で示されているのだから，ここでいうディペンダブルとはおそらくこういう意味にとるべきなのだろう」などと考える必要がある．
3. 読み手は，明示された情報から分解の正当性が導かれることを理解するための労力を費やす必要がある．
4. 書き手が，分解を誤った．

形式アシュランスケースでは，1，2，4 の可能性の心配はない．これは，議論の土台となる理論は議論とは別に明示されており，議論が理論に基づく相対的な意味では正しいことは機械的検査で保障されているためである．3 について，読み手は分解の正当性が理論からいかに導かれたかを見て分解に納得するか，あるいは納得できない分解を正当化してしまうのは理論のどの部分かを同定してそこに異議を唱えることになる．

形式アシュランスケースでは，ゴールなどの記述の数学的解釈は，理論部分で導入される基本語彙の解釈を定めれば一意に定まる．どのような解釈であっても，理論部分の公理を満たすものである限り，その解釈のもとではゴールは真となる．ケースの妥当性を判断するにあたって，各関係者は，①記述の解釈結果が元来意図したものであるか，②公理の解釈が現実で成り立っているか，そして③より一般的に与えられた形式理論は現実の対象システムと環境を適切にモデル化しているか，を吟味することになる．この際に判断材料として共有される情報は，非形式的な通常のアシュ

ランスケースより明確なものであり，判断が分かれた際の原因の特定もより容易になる．

　記述を形式的にすることは，その記述をどれだけ詳細にするかとは関係がない．形式アシュランスケースは，厳格な解釈に基づくコミュニケーションを可能にする意味で，どの詳細度のレベルでも上記の利点をもつ．

2) 機械的整合性検査

　形式アシュランスケースは，種々の整合性の機械的検査の対象となる．レビューで行われるチェックのうち専門的判断を要しないものの多くは，書かれた議論が形式証明になっているかどうかの機械的検査に置き換えられる．基準となる理論の内容的妥当性は，従来通り人手によるレビューと合意に基づいて判断されるが，理論の表現形式自体も定式化されているため，二重定義等の内部的な不整合は機械的検査の対象となる．

　通常のGSN等の議論木については，議論要素の種別と要素のつながり方に基づく整合性しか検査できず，ゴールノードの内容記述が実際に命題を表しているか，ストラテジは実際親ゴールを分解するものか等ですら人手によるレビューに拠らなくてはならない．一方，形式アシュランスケースでは議論要素の内容記述の構造も機械可読なため，より詳細な整合性を検査できる．

　議論要素の内容記述に用いる形式言語がアシュランスケースの記述に果たす役割は，型付プログラミング言語がプログラミングで果たす役割と似ている．プログラム中の型エラーは，人手ですべて見つけるのは大変だが，プログラムの型検査によってプログラマは型エラーの心配をせずに済む．型エラーをなくすことはプログラミングの問題の一部にすぎないが，型検査によってプログラマはより重要な問題に集中できる．同様に機械的整合性検査によってレビューアーはアシュランスケースの内容の適切さを専門的に判断することに集中できる．

3) 変更管理

　形式アシュランスケースは，そうでない通常のアシュランスケースより細部まで構造化されかつ各構成要素の意味，要素間の関係が機械にも明確なため，より系統だった変更管理を自動化することができる．各部のバージョン管理，トレーサビリティ確保，変更の影響分析等が含まれる．

6.2 形式アシュランスケース

　形式アシュランスケースは「理論部分」と「議論部分」からなる．理論部分は議論部分の記述の語彙と用法を定める形式理論を与える．「議論部分」は議論をその理論における形式証明（機械処理可能な形式で記された証明）として与える部分である．以下では，まず基本的な考え方を，通常の数理論理学の枠組みで説明する．次に，プログラミング言語Agdaによる形式アシュランスケースの記述方式について説明する．

1）基本的な考え方

(1)議論部分

D-Case，GSN 等の図式記法での議論の構造は，自然演繹（数理論理学で形式証明を研究するための1つの枠組み）における形式証明の構造と本質的に同じである．大まかには，両者は次のように対応する．

- ゴールは命題
- ストラテジは推論規則（公理を用いた派生推論規則を含む）
- ゴールをストラテジによってサブゴールに分解することは，結論命題を推論規則によって前提命題から導出すること
- ゴールのエビデンスは，命題を公理として認める公理規則
- 命題 A の形式証明は，次のどちらかの形をもつ
    - A を結論とする推論規則を，その前提命題の形式証明に適用したもの
    - A を結論とする公理規則の適用

したがって形式アシュランスケースの議論部分が形式証明であるかどうかの検査は，理論部分が定めるストラテジとエビデンスが定められたとおりに組み合わされているかの検査となる．

アシュランスケースの研究では「議論は証明ではない」点が強調されることが多く，上記の対応を明確に意識した研究が始められたのは比較的最近のことである[2,4,10]．議論は証明ではないというとき，「普遍的に真な公理から導かれる純粋に論理的な証明ではない」ことを言っていることが多い．しかし，だからといって，議論の妥当性の判断をすべて人間に委ねる必要はない．形式アシュランスケースでは，ケースごとの特殊事情を理論部分に明示することができる．これによって，人間による理論部分の妥当性検討と機械による議論部分の整合性検査の分業が可能になる．

(2)理論部分

理論部分は議論部分で用いる公理を定める（新たな推論規則を派生推論規則として作るためのものを含む）．そのためには，命題にはどのようなものがあり，どのような述語が命題を構成するのに使え，どのような対象物があるかを定める必要もある．これらの定めは，語彙とその用法の宣言として示される．

理論部分は，ベースとなる形式論理体系の選択とその体系における形式理論の定義からなる．ここでは論理体系として多ソート一階述語論理をとる．この場合，1つの形式理論は次で定められる．

- ソート記号（対象物の種別を表す記号）
- 定数記号とそのソート情報，関数記号とその引数および結果のソート情報（基本的な対象物と対象物の基本的な構成法を表す記号．複合的対象物を記述する項を構成する．）
- 命題記号，述語記号とその引数のソート情報（基本的な概念と対象物間の関係を表す記号．定数記号・関数記号・論理結合子とともに命題を記述する項を構成する．）
- 公理（基本的な仮定とする命題を記述する項）

上記の各記号の解釈の仕方は，その解釈のもとで公理が真となるという条件を満たす限り自由で

ある．公理は一般には無限個あり，個別に列挙するのではなくパターンごとに公理規則として与えられる．

理論部分および議論部分が形式的であることは，論理的分析の深さとは関係がない．実際，D-CaseやGSNの非形式的な議論木が与えられたとき，それが形式証明として認められるように形式理論を定義することは簡単である．各ゴールを命題記号，各エビデンス・各ストラテジを公理規則・公理を用いた派生推論規則とすればよい．この場合，議論の整合性検査で得られるものはないが，すべてのストラテジが基本的な仮定として裏づけなしに与えられていることが明示される．形式的であることの利点は，分析の深さにかかわらず，何が前提とされているかを人間にも機械にも明確にする点にある．

(3) 形式論理体系に求められるメカニズム

形式論理体系は，数理論理学の基本的概念であり，形式アシュランスケースの指導原理である．しかし，形式論理体系の従来の定式化では，その中の形式理論を定める際に以下の2つのメカニズムが欠けているため，そのまま大規模で複雑な形式アシュランスケースの記述に応用することは困難である．

- 定義メカニズム：基本記号が表す概念・対象や公理の上により抽象的な概念等を定めて論理分析を組織立てるためには，先に宣言・定義された語とパラメタで構成された複雑な項・命題・推論等に新たな名前をつける定義を行い，名前と実パラメタ値でもってその複雑な構成を記述することができなければならない．
- 宣言メカニズム：基本記号や公理の宣言の記述方法が一意に定式化されていなければならない．

従来の紙上で提示される形式理論に関しては，必要な定義や宣言は読者向けに適宜示されてきた．形式アシュランスケースを記述する場合には，宣言や定義のメカニズムが機械にも処理できるように明確な形で定式化される必要がある．D-CaseやGSN記法などでは，コンテキストノードによって宣言・定義への参照を表す．しかし，参照元となる宣言・定義の本体は定式化されていないため，定義や宣言が論理的に整合性のあるものかどうかを検査することができない．形式アシュランスケースは，定義や宣言の論理的整合性を検査することを可能にする定式化である．

2) Agda言語による形式アシュランスケースの記述

(1) *Agda* 言語と「命題は型，証明はプログラム」の原理

Agdaは，構成的型理論という数学の基礎理論に基づいた，依存型を持つ汎用の関数型プログラミング言語である[1]．Agdaは，「命題は型，証明はプログラム」の原理をとおして高階直観主義論理の命題・証明を記述する言語でもある（Brouwer-Heyting-Kolmogorov解釈，Curry-Howard対応）．同原理の下での証明とプログラムの対応は大まかには以下のようになる．

- 命題はデータ型である．このデータ型は，命題の成立を示す直接の証拠として認められるデータの仕様を定める．

- 推論規則は，前提の直接証拠データから結論の直接証拠データをつくる関数である．
- 公理規則は，公理命題の直接証拠データをつくる定数・関数である．
- 形式証明は，上記関数を組み合わせて結論命題の直接証拠データをつくるプログラムである．

前述の D-Case, GSN 記法の議論と形式証明との対応と併せると「ゴールは型，議論はプログラム」という対応がつき，さらに

- 議論の整合性検査は，プログラムとしての型検査，
- 形式理論は，議論プログラムの定義に用いられる型・関数・定数を宣言・定義するライブラリモジュール群，
- コンテキストは，ライブラリモジュール中で宣言・定義された型・関数・定数を議論プログラム中で使用可能にするための "open 宣言"（後述），

という対応がつく．

Agda は形式アシュランスケースの記述に適した言語の一例であって，同様の特徴を持った他の言語を用いることも可能である．必要な特徴は，命題を型として表せる強力な型体系，停止性の保証を含む静的型検査，抽象化・モジュラー化の機構，などである．

(2) 理論部分の Agda による記述

通し例として，GSN コミュニティースタンダード[5]におけるの例を簡単化した図 6-2 を考える．

対応する形式アシュランスケースの Agda 記述は節末に掲げられたものである．上記議論木は，対象の制御システムが容認できる程度に安全であることを主張し，主張は同定されたすべての危険原に対処がなされていることとソフトウェアの開発プロセスが適切であることもって示されている．

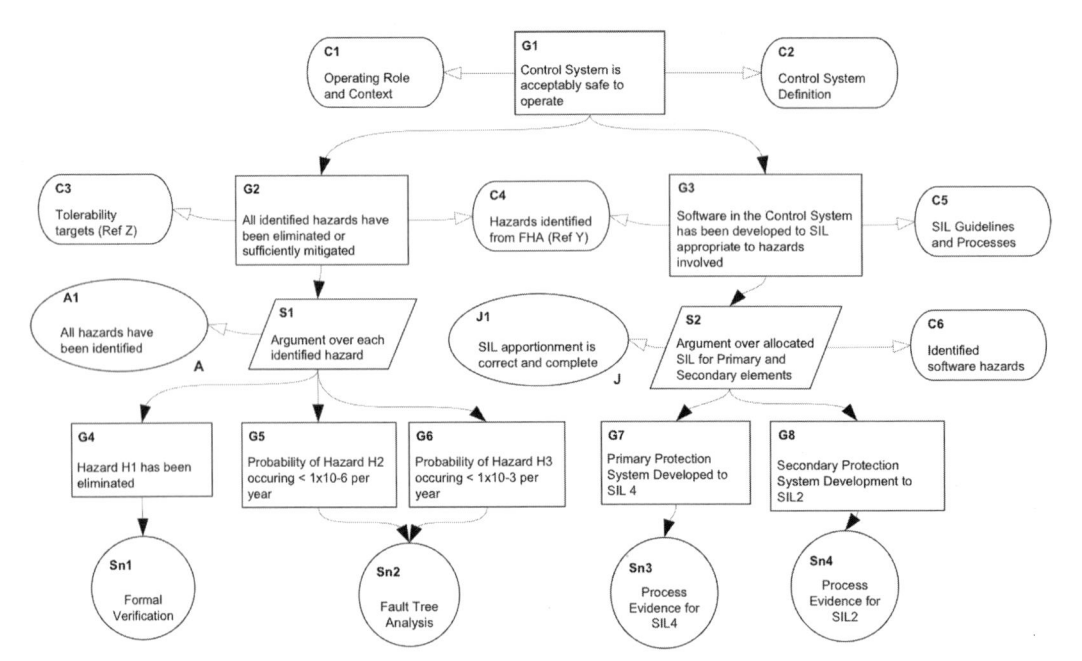

図 6-2　GSN コミュニティスタンダードにおける例

理論部分は，上記議論木中に現れる概念や対象物を記述する語彙を定めなくてはならない．これには，以下のものが含まれる．

(a) 対象物とその型を記述するための語彙

宣言

postulate

　Control-System-Type : Set

　Control-System : Control-System-Type

は制御システム一般の型 Control-System-Type と特定の対象制御システム Control-System を指す語彙を導入する．postulate による宣言は，これらについては，そのような名前の型・物が存在するということだけが公理として置かれ，他の性質はここでは仮定されていないことを表す．

同定されたすべての危険原は，それらを要素とする列挙型の宣言で導入される．

data Identified-Hazards : Set where

　H1 H2 H3 : Identified-Hazards

(b) ゴール，公理を記述するための語彙

以下の宣言は，「ソフトウェアの開発プロセスは適切である」という命題を基本命題として導入する．

postulate

Software-has-been-developed-to-appropriate-SIL : Set

「〜は容認できる程度に安全である」という制御システム一般に関する述語は，制御システムを引数にとる述語（命題関数）として導入される．

postulate

　Acceptably-safe-to-operate : Control-System-Type → Set

トップゴールの命題「対象システムは容認できる程度に安全である」は，この述語を Control-System に適用した Acceptably-safe-to-operate Control-System となる．同じ命題を，関数適用の中置演算子 is を定義して Control-System is Acceptably-safe-to-operate と書くこともできる．

このトップゴール命題が「すべての危険原は排除ないし十分緩和されている」と「ソフトウェアの開発プロセスは適切である」から示されることを公理とし，その公理を用いるストラテジ argument-over-product-and-process-aspects を導入する宣言は

postulate

　argument-over-product-and-process-aspects :

　　（∀ h → h is Eliminated Or Sufficiently-mitigated）→

　　Software-has-been-developed-to-appropriate-SIL →

　　Control-System is Acceptably-safe-to-operate

となる．当然，これを天下りの公理として認めることにレビュワーは疑義を持つと思われる．

重要な点は，形式的であるためには，書き手はこれが論理的分析の裏づけのないものであることを公然と認めなくてはならない点にある（裏づけがある場合には，postulate ではなく定義をすることになる）．

「～は十分に緩和されている」という Identified-Hazards に関する述語は，postulate ではなく，先に宣言されたより基礎的な概念から定義されたものとして導入される．

Sufficiently-mitigated : Identified-Hazards → Set
Sufficiently-mitigated h =
    Probability-of-Hazard h < mitigation-target of h

(c) エビデンスへの参照

形式的には，あるゴールのエビデンスに名前をつけて Agda 記述中で参照できるようにすることと，そのゴールを公理とする規則を導入することとの間に違いはない．

postulate
    Formal-Verification : H1 is Eliminated

しかし，エビデンスのレビューと，議論の土台としての公理の適切さのレビューは大きく異なるため，2つは分けて宣言されるものとする．

(d) コンテキストの定義

上記の語彙・公理の宣言・定義は，いくつもモジュールに分かれてなされる．議論木中のコンテキストノードは，このうち特定のモジュール M を「開いて」，その内部で宣言・定義された名前を参照できるようにする宣言 "open M" に相当する．（モジュールは名前空間を分けるために使われ，ひとつのモジュール内で宣言・定義された名前は，モジュール外では直接参照できない．明示的にモジュールを open して依存関係を明らかにすることによって，参照が可能となる．）

(3) 議論部分の Agda による記述

「証明はプログラム」の対応では，結論命題に対応する型をもつどんな Agda プログラムも形式証明と考えられる．しかし，議論部分の Agda 記述では，D-Case や GSN 記法での議論木との対応を明示する以下の特定のスタイルの式を用いる．

ケースは，次のどちらかの形の式である：

- ＜ゴール＞ by ＜議論＞：型＜ゴール＞をトップノードとする木に対応．中置演算子の by は＜ゴール＞型の恒等関数で，＜議論＞の値が＜ゴール＞型であればそれが式全体の値となり，そうでなければ型エラーとなる．
- let open ＜モジュール＞ in ＜ケース＞：＜ケース＞のトップゴールにコンテキストがついて，＜モジュール＞中で宣言・定義された名前が＜ケース＞内で参照できるもの．式全体の値は＜ケース＞の値となる．

＜議論＞は，以下のどれかの形の式である：

- ＜ストラテジ＞・＜ケース$_1$＞…・＜ケース$_n$＞：関数＜ストラテジ＞をトップノードとし，

いくつかの＜ケース＞達に分岐する木に対応．中置演算子・は関数適用で，＜ストラテジ＞関数がi番目の引数に期待する型と＜ケースi＞の値の型（すなわちそのトップゴール）が一致すれば，＜ストラテジ＞関数の結果型をもつ適用結果が式全体の値となり，さもなければ型エラーとなる．
- ＜エビデンス＞：エビデンスノードに対応．任意の式だが，値の型が＜ゴール＞ by …で示される親ゴールと一致しなければ型エラーとなる．
- let open ＜モジュール＞ in ＜議論＞：＜議論＞のトップノードにコンテキストがついて＜モジュール＞中で宣言・定義された名前が＜議論＞内で参照できるもの．式の値は＜議論＞の値となる．

この関係によって，節末のAgda記述中の関数mainの定義式は，図6-2のGSN議論木と直接対応づけられる．

この通し例では，理論部分での分析が抽象的で浅いため，整合性検査によって議論に対する確信が深まる程度は小さい．それでも，理論部分の各モジュールと議論部分モジュールが別々の担当者達によって更新される場合に，たとえばIdentified-Hazardsの要素に追加があったのに議論が更新されていない，あるいは各危険原の緩和目標mitigation-targetに変更があったのに以前のままのエビデンスが用いられている，といった不整合は，全体を再度型検査することで型エラーとして検出され，どこを修正しなくてはならないかも自動的に明らかとなる．

3) 形式D-Caseへの拡張

「議論はAgdaプログラム」の考え方は，アシュランスケースの拡張としてD-Caseが持つ下記の特徴を強化し，その論理的側面に整合性検査可能な定式化と意味を与えるのに役立つ．

(1) *D-Case* パターン，モジュール

パターンは，パラメタの値から前述のスタイルの式を構成する関数として定義される[注2]．パターンのインスタンスを含む議論木は，パターン関数の呼出し式を含むプログラム（を部分評価により展開したもの）に相当する．パターン関数がパラメタとしてとりうるものには，数値・文字列等の通常のデータ以外に，ゴール（型），ストラテジ（関数），部分議論木，述語，パラメタ値が制約条件を満たすことの証明，等がある．パターン関数の定義は通常の関数定義であり，パラメタと結果の型の指定に基づいて定義式は型検査される．これにより，パターン関数を型の合った実パラメタ値で呼び出した結果は常に整合的な議論であることが機械的に保証される．結果の計算方法に制限はなく，GSNパターン等に見られるmultiplicityやselection，あるいはループ（再帰）といった表現はAgdaで合理的にプログラムされる．

議論を一定の独立性を持った部分々々の組合せとして構成し，各部分を別々に管理できるようにするという議論のモジュール化の目的は，プログラミングにおけるモジュール化と同じである．

注2：ここでは簡単のためAgda式（文面）とその値を混同した説明をする．実際には，プログラムの部分評価と文面のデータ化（deep embedding）によって，式の構成に基づいた処理が適切に行われる．

GSNにおいてモジュールや契約モジュールが果たす役割は，Agdaのモジュール機構で実現される．これに用いるAgdaのモジュール機構の機能には，階層的パラメタ付モジュールの定義，モジュール・ファイルごとの分割型検査，他ファイルで定義されたモジュールのインポート，モジュール内で宣言・定義した名前の可視性管理（他モジュールに対して公開する/しない/型付けのみ公開し定義内容は隠す），他モジュールでされた定義の名前をつけ替えて使う機能などが含まれる．

議論パターンや議論モジュールの定式化について現在ある提案の中には，自由変数・束縛変数の扱い，宣言・定義のスコープ，停止性を持つ再帰などの問題を曖昧にあるいはアドホックに扱うものが多い．プログラミング言語の観点からはこれらはすでに原理に基づいた解決策がある問題であり，定式化を一からやり直す必要はない．

(2) 外部接続と相互依存ケース（inter-dependability case）

外部接続ノードは，他モジュールで定義された名前の参照に相当する．システムAのD-Case議論木中で，あるゴールGAが外部システムBのD-Caseで示されることを表す外部参照ノードが使われている状況を考える．システムAの形式D-Caseの理論部分モジュールをTA, 議論部分モジュールをRA, システムBのそれらをTB, RBと呼ぶことにする．一番単純な場合，前述の状況は，RAがRBをインポートし，RBで定義されたある<議論>式の名前nBを用いたGA by nBという<ケース>式でGAを示すことに相当する．ゴールGAと，nBの型GBとが一致しなければ型エラーとなるが，GAはTAが定める語彙で記述され，GBはTBが定める語彙で記述されていることに注意する必要がある．

GAとGBが一致するためには，次の条件が必要になる：(1) TAとTBが，共通のライブラリモジュールTCをインポートしている，(2) GAの記述も，GBの記述も，用いられている語の定義を展開すると，TCの語のみによる記述になる，(3) 展開後の2つの記述が一致する．さらに，(4) TBはTCの語に関する公理を追加していない，を要求しないと，nBを参照するにあたってGAの解釈を変える必要が生じ得る[注3]．接続部分を，はじめから実質的に共通の語彙で記述する状況は望ましく，そうできるよう語彙ライブラリを整備することは目指すべき方向の1つではある．しかし，上の条件が満たされないほうが，より普通の状況である．

この場合，TB, RBを用いてGAが示されるという議論とそのための理論が別途必要となる．これを与えるのが，相互依存ケース（4.5節のd（A,B），d（A,C））の議論部分モジュールRD, 理論部分モジュールTDとなる．TDはTAとTBをインポートし，TBの語彙をTAの語彙で解釈するための公理を追加する．RDはRBをインポートし，RBで定義された名前たちとTDで追加された公理を用いて[注4]GAを示す<議論>式の名前nDを定義する．システムAの議論木が外部接続ノードを用いてGAを示すことは，この場合RAがRDをインポートし，GA by nDの<ケース>式でGAを示すことに相当する．

2つのD-Caseが，同じ用語を違う意味で用いることは非常によくおこる．2つのD-Caseを併

注3：これを認める立場も十分あり得る．
注4：TA, TBの語を直接用いることも許される．

せて扱う際に用語の意味を取り違えることは，不整合の大きな要因である．外部接続を上のように定式化し型検査することで，そのような混乱がないことが保証される．これは，別々のモジュールで宣言ないし定義された2つの語（名前）は，たとえ文字列としては一緒であっても語としては別物であり，2つを混同して使用すれば型エラーや"ambiguous name"エラーとして検出されるためである．自然言語記述のレビューでは，2つを区別し混同がないか判断することは非常に難しい．

(3) モニタとアクション

モニタとアクションを含む D-Case 議論木は，実行すると外界との入出力をしてトップゴール命題 A を成立せしめてその直接証拠データを結果として返す，"IO A" 型のプログラムに対応する．

(a) IO 型

まず，Agda 言語における入出力について簡単に説明する必要がある．一般に，型 A に対して，IO A 型の値は「実行すると，A 型の結果を返すコマンド」である．たとえば，ユーザーからの入力を受けて文字列を返すコマンド getLine と，引数として与えられた文字列を出力するコマンド putStr の型は下のようになる．

getLine : IO String

putStr : String → IO Unit （Unit 型は，特に興味のないダミー結果の型）

より複雑なコマンドは，これらの基本コマンドを組み合わせて作られる．

m >>= f -- 実行すると，まずコマンド m を実行して結果 a を得て，ついでコマンド f a を実行する，というコマンド．f は引数の値からコマンドを計算する関数である．f を関数 λ x → c（c は変数 x を含むコマンドの式）として，do x ← m then c と書くこともできる．

return a -- 実行すると，入出力なしに式 a の値を結果として返すコマンド

コマンドは値の一種であり，入出力をする Agda プログラムは上記演算子を用いて複雑なコマンドを作る Agda プログラムである．IO A 型のプログラムは，実行されると A 型の結果を返すコマンドを作ることが型検査によって保証される．

基本コマンドは別言語で実装され，Agda の Foreign Function Interface 機構を用いて Agda 上でのコマンド名（putStr 等）と関連づけられる[注5]．名前の型付けは，その実装に要求されている仕様の一部を表す．これが満たされていることは Agda での論証において公理とされる．コマンド実行失敗の可能性を明示的に論じる場合には，結果の型付けを IO（A または エラー）などとする．この場合でも，成否の判別に成功することは公理とされる．

注5：現在の Agda の実装は，基本コマンドの実装言語として Haskell のみをサポートする．他の言語による実装は，さらに Haskell 言語の FFI 機構を通じて利用されることになる．

（b）自然言語ベースの D-Case 議論木におけるモニタとアクション

　D-Case 議論木中のモニタノードは，運用中のシステム・環境の状態に基づく動的証拠とされるが，自然言語ベースの記述では少なくとも 2 種類の使われ方が見られる．
1. 「システムは，望ましい状態にある」「環境は，想定された状態にある」などのゴールの証拠としての使用法：ゴールは議論で示すまでもなく通常は成り立っているものと想定し，念を入れるためあるいは記録のためモニタリングして運用時に証拠をつくることが示される．さらに，次の場合がある．
    (i) 例外的にゴールが成り立っていない場合も設計内としてこの場合の議論が D-Case 中に記述される場合．
    (ii) 設計外として DEOS 一般の原則に従って外ループへの移行が暗示される場合．
2. 「「システムが望ましい状態にあるか否か」は，判別できる」などのゴールの証拠としての使用法：望ましい状態にある場合もない場合も設計内であって，それぞれの議論が D-Case 中に記述される．

　使用法 2 は，使用法 1(i)，1(ii) の意図を明示することもできるという意味でより一般的である．使用法 1(i) は，そのままでは「ゴールの成立を証拠で示す」ことの意味自体に混乱を生じる．このため，モニタノードの定式化では，使用法 2 を基本に考える．

　なお，どちらの場合でも，モニタリング自体の成功・失敗は判別可能でなければならず，失敗は設計外事象である．この失敗をも考慮した設計について D-Case で論じる場合には，ゴールを「「「「システムが望ましい状態にあるか否か」が判別できる」か否か」は判別できる」などとして明示する必要がある．

　アクションノードは，「～できる」「～が行われる」などのゴールの証拠として用いられる．これらのゴールは，アクションが行われることによってシステム・環境がある状態になることを主張している場合が多い．

（c）モニタノード，アクションノードの定式化

　起動されたときに命題 A が成立しているか否かを判別するモニタノード M は，IO（Dec A）型のコマンドとして定式化される．Dec は Decidable の意で，型 Dec A の値は
- yes p ただし p は A の成立を示す直接証拠データ
- no q ただし q は A の否定命題 ¬A の成立を示す直接証拠データ

の二種類のどちらかである．M の実行結果を受け取る関数は，場合分けによって p を用いた A が成立する場合の議論と，q を用いた ¬A が成立する場合の議論を作り分けることができる．M は基本的コマンドとは限らない．単純な数値などを結果とする基本コマンドを用いて，その結果から A あるいは ¬A を判定しいずれかの直接証拠データの作成を Agda プログラミングで行うこともできる．

　命題 A を成り立たせるために実行するアクションは，IO A 型のコマンドとして定式化される．実行後に A が成りたつことは，アクションに関する基本的な仮定である．失敗の場合を明示的に考慮する場合は，型を IO（A または エラー）として実行結果の成功・失敗を場合分

けできるようにする必要がある．

　なお，モニタ，アクションのどちらにおいても命題 A は「どの時点で」という情報を含まなければならない．これは，命題 A の意味は時間や議論プログラムの実行状態に関わらず不変なものでなければならないからである．たとえば，"OK が成り立たない状態から OK が成り立つ状態にすることができる" ことを単純に recovery : ¬ OK → IO OK というコマンドを仮定することで表現すると，¬ OK の証拠からどんな命題 A をも成り立たせるコマンドが作れてしまう．recovery : ∀ (t : Time) → ¬ OK t → IO (OK (t + 1)) などと明示する必要がある．このような記述は実際にはかなり煩雑になる．Hoare 論理のように，命題の代わりに状態依存の述語を基本とし，IO コマンドの実行と状態変化を結びつけた枠組みによるより簡潔な記述法の開発が課題となる．

(d) D-Case 議論は IO プログラム

　入出力の可能性によって，議論木とプログラムの対応関係とその意味自体が拡張される．

- ゴール G をトップノードとする議論木は，IO G 型のプログラム[注6]
- 親ゴール G をサブゴール G1,...,Gn に分解するストラテジは，IO Gi 型のコマンドから IO G 型のコマンドを作る関数（この関数自体が入出力をする場合も含む）
- 親ゴール G を示す証拠は，IO G 型のコマンド
- 議論木の整合性検査は，プログラムの型検査．型検査は，「プログラムが作るコマンドを実行すると，結論命題が成り立つようになり，成立を示す直接証拠データが結果として得られる」ことが，公理とした基本的仮定から導かれることを保証する．

　従来の静的議論は，議論に表れるすべてのコマンドが入出力をしない return a の形をもつ特殊な場合として書き直せ，上の枠組みの一部となる．ここまで静的議論プログラムの実行について触れられてこなかったのは，たとえこれを実行してもシステム・環境の状態に変化はなく，実行するまでもなく結論の成立が保証されるからである．なお，上の枠組みでは，議論木が単純な構成しか持たないために IO プログラムの書かれ方も不自然に単純なものに限定される．図式記法を拡張し，たとえば，プログラミングにおける if 文と例外処理の構文の使い分けに相当することを可能にすれば，より見通しの良い議論木を得ることができる．

　IO プログラムとして定式化された D-Case 議論は，「D-Case に記述されたとおりにシステムが運用されることによって合意が満たされる（はずである）」ことをもっとも直截に表すものと言える．

注6：上述のように G に「どの時点で」という情報を含めるためには，現時点 t を引数にとるプログラムの型 ∀ (t : Time) → IO (G(t)) などを考える必要があるが，詳細は省く．

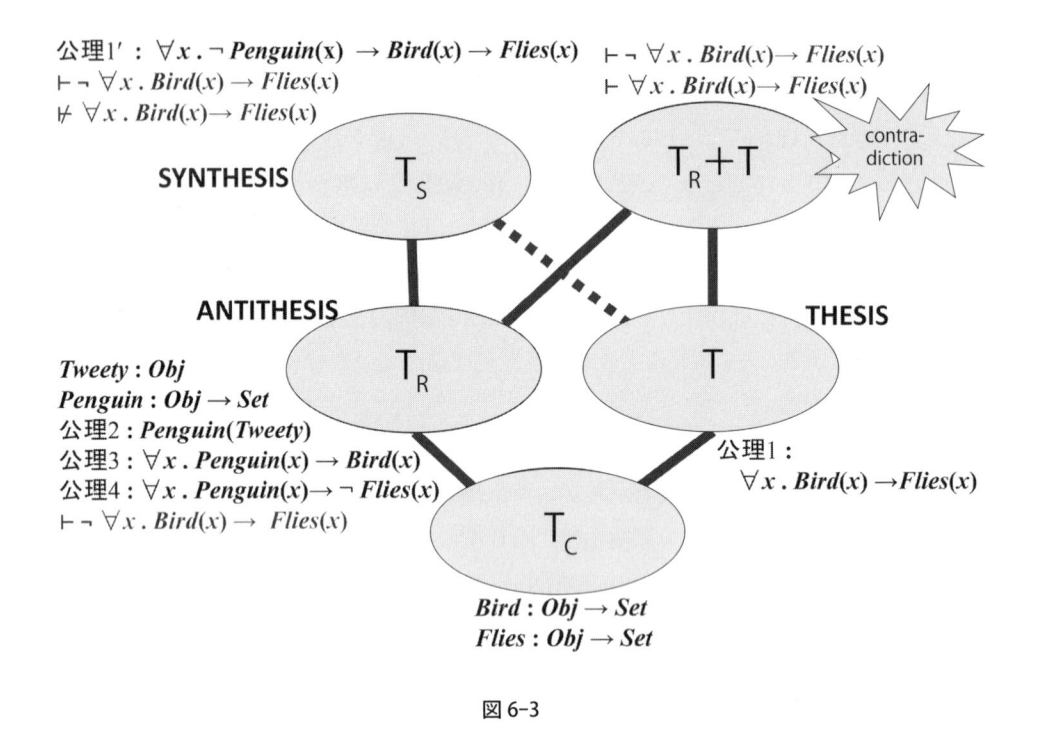

公理1′：$\forall x . \neg Penguin(x) \rightarrow Bird(x) \rightarrow Flies(x)$
$\vdash \neg \forall x . Bird(x) \rightarrow Flies(x)$
$\not\vdash \forall x . Bird(x) \rightarrow Flies(x)$

$\vdash \neg \forall x . Bird(x) \rightarrow Flies(x)$
$\vdash \forall x . Bird(x) \rightarrow Flies(x)$

SYNTHESIS　T_S　　$T_R + T$　contra-diction

ANTITHESIS　　　　　　　　　　THESIS

$Tweety : Obj$
$Penguin : Obj \rightarrow Set$
公理2：$Penguin(Tweety)$
公理3：$\forall x . Penguin(x) \rightarrow Bird(x)$
公理4：$\forall x . Penguin(x) \rightarrow \neg Flies(x)$
$\vdash \neg \forall x . Bird(x) \rightarrow Flies(x)$

T_R　　　　　T

公理1：
$\forall x . Bird(x) \rightarrow Flies(x)$

T_C

$Bird : Obj \rightarrow Set$
$Flies : Obj \rightarrow Set$

図6-3

6.3 形式D-Caseとシステムのオープン性

1）よく見られる誤解

　ある時点でのシステムの形式D-Caseは，その時点でベストと思われるシステムと環境に関する想定を形式理論として定式化し，その理論のモデル[注7]達のみを対象としたクローズドな議論である．システム・環境が変化して理論のモデルでなくなれば，この議論は机上の空論となる．しかし，これをもって形式D-Caseは自然言語記述のD-Caseよりオープンシステムに適さないとする考えには，以下のように誤解が含まれることが多い．

　曖昧さを許す自然言語によるD-Case議論であればこそ，システム・環境の変化に応じて解釈を変えて読み替えることができるとする考え．これは，形式理論を1つ定めるとそのモデルも1つに定まってしまうという誤解に基づく．形式理論は，解釈を変えうる語彙と，議論の整合性を保ったまま解釈を変えうる範囲（公理を満たす限りにおいて自由）をあらかじめ明確にするものであって，解釈を固定するものではない．

注7：形式理論Tのモデル M=<S,I> とは，意味対象の構造Sと，Tの語彙に意味としてSの要素を割り当てる解釈Iとのペアであって，IによるTの公理の解釈がSにおいて真であるものをいう．Iを明示せずにSのことをモデルということもある．なお，「システムのモデルとして理論Tを考える」というときのモデルとは別の用語である．

固定された形式理論では，想定内の変化を含めて変化する対象を論じることはできないとする考え．これは，時間・状況に依存した意味を持つ自然言語記述（「ディスクには空きがある」など）を，依存関係を無視して形式化しようとして失敗しているにすぎない場合が多い．

オープンシステムは不完全な仕様しか持ち得ないのだから，形式的に記述することはできない，しようとしても意味がないとする考え．この考えは，形式的記述の意義が，現実のシステムに対して完全かつ健全な形式理論を作る点にあるという誤解にもとづく．まず，システムの形式理論の公理は，システムについて成り立つ命題すべてを証明できる完全なものである必要はない[注8]．システムについて「少なくとも公理は成り立つ」と想定することが妥当で，かつ，示したい命題が証明できるものであればよい．また，現実のシステムが期待される性質を示すために必要な諸々の前提は，いかに詳細に公理を記述しても記述しきれるものではない．したがってシステムの形式理論で証明できる命題は必ず現実のシステムで成立するという意味での健全性は保証されず，現実のシステムの形式的な記述はできないとする見方は正しい．それでも，公理から結論への含意は現実に成り立つものであり，結論が成立しない場合には原因を成立しない公理に求めてこれを改善することができる．形式的記述の意義は，このように漸近的に近似の精度を上げていく際に自然言語記述より確実な足場を与える点にある．

2）反駁の定式化

オープンシステムにおける想定外の変化では，単にシステムが新たな性質を持つようになるだけということは稀であり，今まで成り立っていた性質で成り立たなくなるものがある方が普通である．対応するD-Case議論の変化では，今までの想定とは矛盾する想定を取り入れる必要がある．

理論部分を明示しない自然言語ベースのD-Case議論の枠組みでは，変化前の議論も変化後の議論も，その時々に漠然と読み手の頭の中にある語彙と知識に基づく．この語彙と知識が矛盾をはらみつつ増えていく状況は通常の論理では定式化できず，非単調論理，パラコンシステント論理などの特殊な論理を用いて考える必要がある．

一方，議論ごとにその議論の拠って立つ理論部分を明示する形式D-Caseでは，より直截に理論部分の変化としてこの状況を定式化することができ，特殊な論理は必要でなくなる．たとえば，議論の結論Aに対する反駁とそれによって生じる矛盾の解消は，以下のような変化と考えられる．もっとも単純な具体例として，「ペンギンTweetyは鳥であるが飛ばない」を考える（図6-3）．

 Thesis（T, A, p）：命題Aが成り立つと提唱するものが，その論拠となる理論TとTにおける
  Aの証明pを提示する．具体例ではAはTの公理1（「すべての鳥は飛ぶ」）そのものである．（Tはこの公理と述語記号Bird, Fliesの宣言からなる理論．）
 Antithesis（T_C, T_R, q）：Aの否定命題¬Aが成り立つとみて上のthesisに反駁するものは[注9]，

注8：自然数論を含むシステムでは，完全な記述は原理的にも不可能である（いわゆる不完全性定理）．
注9：主唱者と反駁者は別人とは限らない．Aへの反証を認識した時点で主唱者は過去の自分の議論に対して反駁をしなければならない．

まず証明 p を検討して T の中で合意できない部分を同定し，残りを両者で共有できる T の部分理論 T_C と定める．（簡単のため，T_C は A の記述に必要な基本語彙の宣言を含むとする．）

ついで ¬A の論拠として，T_C を拡張した理論 T_R と T_R における ¬A の証明 q を提示する．T と T_R の和は矛盾した理論でありどんな命題でも証明できてしまうが，q はこの矛盾した理論での無意味な証明ではない点に注意[注10]．

具体例では，T_C は述語記号の宣言のみで，T_R はこれに飛べない鳥のクラス Penguin とその実例 Tweety を新たに加えるものである．

Synthesis (T_S, A', p')：ここでは，antithesis が A に対する新たな反証から生じた場合を考え，主唱者は T_R にまずは同意するものとする．主唱者（あるいは両者）は，T の下での A の成立が示していた意味内容ができるだけ回復されるように，T_R を拡張した理論 T_S，A の代替となる新たな命題 A'，T_S における A' の証明 p' の3つを提示して矛盾の解消を図る．T_R の拡張である T_S では ¬A が証明できるため，無矛盾であるためには T_S は A が証明できないものでなければならない．特に，T_S は T の拡張ではありえない．具体例では，T_R で否定された A「すべての鳥は飛ぶ」が A'「すべてのペンギンでない鳥は飛ぶ」（公理 $1'$）で代替されている（p と同じく p' も結論すなわち公理の単純な証明）．

A' が A の意味内容を「できるだけ回復する」ことの意味の明確化と具体的に T_S と A' を構成する方法は，これからの研究課題である．たとえば具体例での A'（公理 $1'$）は，「すべての Tweety でない鳥は飛ぶ」よりも弱く，「すべての飛ぶ鳥は飛ぶ」よりも強いがもっとも望ましいことが説明できなければならない．

要求変化・想定外の障害などによる D-Case 議論への「反駁」とそれに対する変化対応にも，この単純な例と共通する面がある．いずれにしても，上記のような検討には，変化前・変化後の各理論部分が操作可能な対象として定式化された形式 D-Case を用いることが不可欠となる．

3）メタアシュランスケースによる妥当性確認

形式 D-Case は，データとしての形式と意味が定まっているがゆえに「この形式 D-Case は望ましい性質をもっているか？」という検証の対象となりうる．望ましい性質として「システムのオープン性をこれ，これ，これ，の点で考慮している」を取れば，形式 D-Case の適切さ，妥当性の確認の一部を形式 D-Case を対象とした検証で行えることになる．しかし，大規模・複雑な形式 D-Case を対象とした検証は，それ自体単なる yes / no ではない複雑なものとなる．そのため，この検証を「この形式 D-Case はこれ，これ，これの点でオープン性を考慮している」をトップゴールとするアシュランスケース，メタアシュランスケースを構築することで行うことが考えられる．

実際，GSN や CAE 記法による自然言語ベースのアシュランスケースでは，システムの性質を示すケースを対象として，対象ケースの議論が信頼度の高いものであることを示す議論（confidene

---

注10：Antithesis の最初の部分で同意できない部分がなく，$T = T_C = T_R$ ということはありうる．この場合，主唱者も反駁者も矛盾した理論 T を受け入れてしまっていることが明らかとなり，T 単体での矛盾の解消が必要となる．

argument）や，それが適切な開発プロセス（体系的な challenge-response など）を経たものであることを示す議論（meta case）などのメタレベルの議論を用いることが提唱されはじめている．これらのメタ議論は，図式記法が明示できる議論構造，特に議論要素間の関係を足がかりとして，関係で結ばれた要素の内容が実際その関係にふさわしいか，不足な点はないか，などを人間が吟味して構築されることが多い（「このエビデンスはこのゴールを支えるものとして適切か？」など）．

　形式 D-Case では要素の内容も定式化されるため，議論の適切さ，妥当性をよりきめ細かく，厳格に論じることが可能となる．たとえば，システムの性質に関する対象ケースにおいて，現時点・将来のシステムに関するゴール「障害回復時間は 5 分以内」が，過去のある時点でのテスト結果を証拠とする葉ゴール「XX 日のテストで計測された障害回復時間は 3 分」によって直接支えられていたとする．本来は，テスト環境と運用環境の比較，運用環境のモニタリングやシステム・コンフィギュレーションの管理等が合わせて論じられなければ，このサブゴールからゴールへの推論は時間的変化を十分考慮した適切なものとはいえない．しかし，対象ケースの書き手がこの推論を postulate してしまえば，対象ケースの整合性検査ではこの不適切さは検出できない．一方，対象ケースが「時間的に意味が変化しうるゴールが，不変のサブゴールだけで支えられることはない」という性質を持つことを検証しようとすれば，この不適切さは検出されることになる．何を時間的に可変とみなすかは多分に解釈によるが，語彙とその用法が明示された形式 D-Case では，どの解釈にしろ系統的に行うことができる．システム・環境のモデルの性質を示すゴールと現実のシステム・環境の性質を示すゴールの区別なども同様に対象ケースの妥当性に関するメタ議論で有用となる．

　システムに関するアシュランスケースの妥当性を確保する現在主要な手段は，ベストプラクティスから生まれたパターンを用いることといえる．パターンは，その構造と内容によって，重要な点を漏らさないように書き手をガイドし，それらの点を読み手に明示する．3.4 節の DEOS 基本構造もそのようなパターンである．パターンは，レビュアーに対して「このタイプの議論であればこのような側面を重点的にチェックしなければならない」という手がかりを与えるものでもある．形式 D-Case に対するメタアシュランスケースは，対象ケースが特定の構造と内容を持っていることの検証や，その構造に応じて派生するチェック項目の検証に用いることができる．パターンは，パラメタやオプションの具体化によって適用されるだけでなく，状況に応じてさらにカスタマイズされることが多い．この場合，でき上がった議論の妥当性を元のパターンの評判に頼って正当化することはできない．メタアシュランスケースを，でき上がった議論が元のパターンで意図された目的を果たしていることの検証に用いることも考えられる．

　前段と前々段で示したメタアシュランスケースによる形式 D-Case の妥当性確認は種類の異なる相補的なものである．しかしどちらにおいても，メタアシュランスケースの構築には，対象ケースが用いるシステム／環境／アシュランス等に関する語句についてその意味だけでなく，さらにその意味の性格や妥当性確認における意義に関する語彙と理論が必要となる．合意形成，説明責任，変化対応，障害対応におけるいわば「妥当性確認の理論」を考える必要がある．

6.4 D-Case 整合性検証ツール（D-Case in Agda）

　Agda 言語は，同名の開発環境・証明支援系 Agda によってサポートされている．D-Case 整合性検証ツール D-Case in Agda は，証明支援系 Agda と D-Case のグラフィカルエディタ D-Case Editor を連携させたツールで，形式 D-Case の議論部分の Agda による記述と，D-Case の図式記法による議論木としての記述の間の相互変換を行う．各議論要素の Agda 記述は，前段で説明した Agda 式に加えて自然言語記述の文字列を含むように拡張され，逆に D-Case Editor 側では自然言語記述をもつ各議論要素に Agda 式が新たな属性として加えられる．これにより，証明支援機能を用いての Agda 記述に対する整合性検査・不整合解消と，D-Case Editor を用いての領域専門家によるレビュー・図的編集が両立させされる（図 6-4）．

　証明支援系 Agda は，？で表された未完成部分を含むプログラムを型検査し，？を段階的に詳細化して完成させていく開発スタイルをサポートする．領域専門家が自然言語記述のみによる D-Case 議論木（図 6-4 の上半分）をまず作成したとして，これに Agda 技術者が Agda 式を加えて形式 D-Case にしていく過程は以下のようになる．初期の議論木全体を Agda 記述に変換すると，理論部分が空で各議論要素の Agda 式がすべて？である形式 D-Case となる．技術者は自然言語記述を分析して Agda 記述に必要となる語彙の宣言・定義を理論部分に加え，それらを用いて？を埋める Agda 式を構成し，各段階で型検査をして整合性を確認していく．たとえば図 6-3 中の自然言語記述 "identified risks"（C2 中）に対応して列挙型 Identified_Risk の宣言を加え，"~ is mitigated to its mitigated target"（G3 中）に対応する述語 Mitigated をエビデンス "Risk Analysys Report"（E1）のデータから定義したりする．これらは，G3 "Each identified risk is …" の Agda 式？を全称命題で，また S2 の Agda 式？を列挙型に対して用意された場合分け関数で埋めるのに用いられる．この時点で Agda は G4 から G8 の Agda 式？を整合的に埋める方法は 1 つしかないことを認識し，自動的に適当な式を生成し？を埋める．あるいは技術者は同じ値（型）を表すより理解しやすい式で？を自ら埋めることもできる．この場合，入力された式が期待された値（型）をもつことが Agda により検査される．このようにして，D-Case in Agda ツールによる整合性検査は，整合性を維持したまま形式 D-Case を構成していく correct by construction をサポートする．形式 D-Case の Agda 記述は，完成していても未完成でも D-Case 議論木の形に再変換できる．理論部分と各議論要素の Agda 式は，普段は D-Case Editor で表示されないデータとして議論木に格納される．

　D-Case in Agda ツールは，現在 D-Case Editor と接続されているが，D-ADD が持つ辞書機能や D-Case ノード・D-Case 全体の変更管理機能と証明支援系 Agda を連携させ，形式 D-Case の考え方で強化していく予定である．

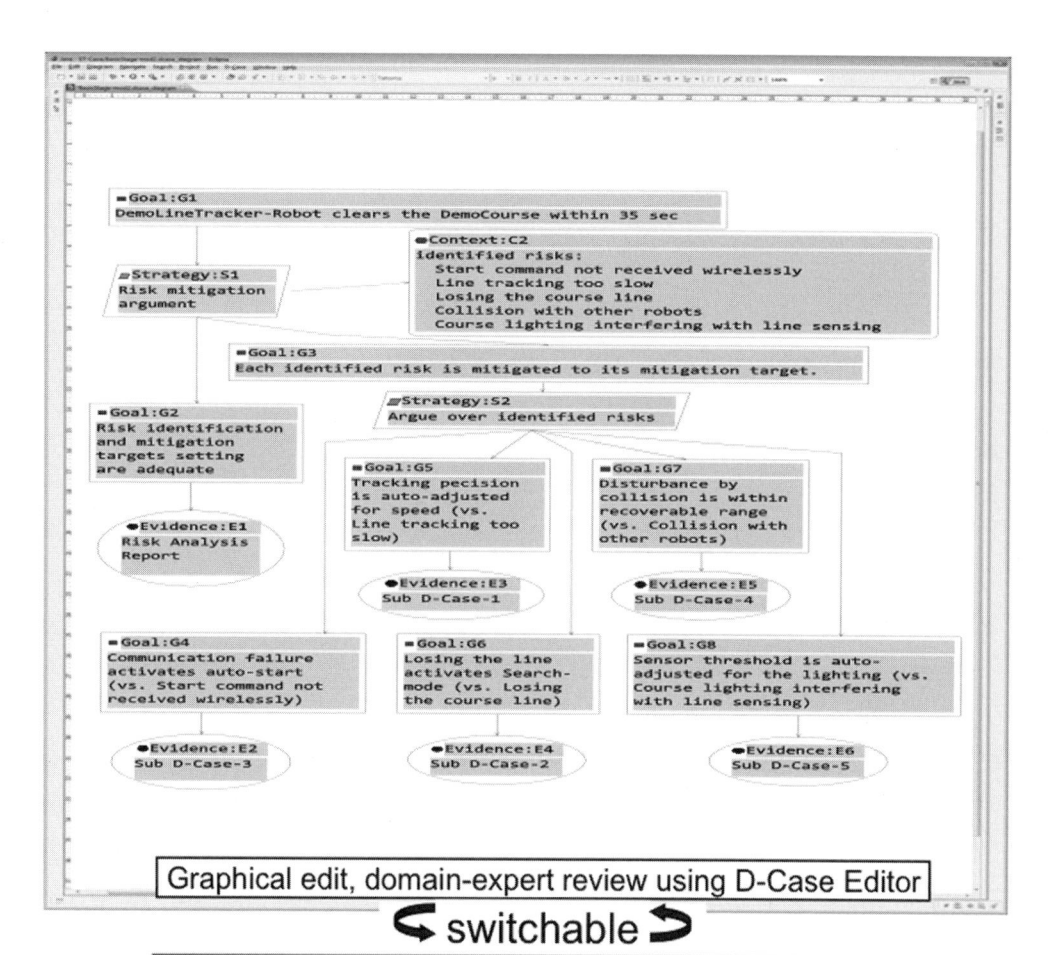

6.5 Agda による形式アシュランスケース記述例　109

図 6-4

6.5 Agda による形式アシュランスケース記述例

図 6-2 に図示されたアシュランスケース議論を Aga によって形式アシュランスケースとして記述する例を以下に示す．

```
module ExampleAssuranceCase where
open import Data.Sum
open import PoorMansControlledEnglish
------------------------------------------------------------
-- Theory part
------------------------------------------------------------
module Theory where
  postulate
    Probability-Type : Set
    impossible 1×10⁻³-per-year 1×10⁻⁶-per-year : Probability-Type
    _<_ : Probability-Type → Probability-Type → Set
  infix 1 _<_

  module C2-Control-System-Definition where
    postulate
      Control-System-Type : Set
      Control-System : Control-System-Type

  module C4-Hazards-identified-from-FHA where
    data Identified-Hazards : Set where
      H1 H2 H3 : Identified-Hazards
    postulate
      Probability-of-Hazard
        : Identified-Hazards → Probability-Type

  module C3-Tolerability-targets where
    open C4-Hazards-identified-from-FHA

    mitigation-target : Identified-Hazards → Probability-Type
```

mitigation-target H1 = impossible
mitigation-target H2 = 1×10⁻³-per-year
mitigation-target H3 = 1×10⁻⁶-per-year

Sufficiently-mitigated : Identified-Hazards → Set
Sufficiently-mitigated h =
  Probability-of-Hazard h < mitigation-target of h

postulate
  Eliminated : Identified-Hazards → Set

argument-over-each-identified-hazard :
        H1 is Eliminated →
        H2 is Sufficiently-mitigated →
        H3 is Sufficiently-mitigated →
        ∀ h → h is Eliminated Or Sufficiently-mitigated
argument-over-each-identified-hazard p1 p2 p3 H1 = inj₁ p1
argument-over-each-identified-hazard p1 p2 p3 H2 = inj₂ p2
argument-over-each-identified-hazard p1 p2 p3 H3 = inj₂ p3

module C1-Operating-Role-and-Context where
  open C2-Control-System-Definition
  open C3-Tolerability-targfets
  open C4-Hazards-identified-from-FHA

postulate
  Software-has-been-developed-to-appropriate-SIL : Set
  Acceptably-safe-to-operate : Control-System-Type → Set

  argument-over-product-and-process-aspects :
    (∀ h → h is Eliminated Or Sufficiently-mitigated) →
    Software-has-been-developed-to-appropriate-SIL →
    Control-System is Acceptably-safe-to-operate

-- References to evidence

```
module Evidence where
  open Theory
  open C4-Hazards-identified-from-FHA
  open C3-Tolerability-targets

  postulate
      Formal-Verification : H1 is Eliminated
      Fault-Tree-Analysis-2
        : Probability-of-Hazard H2 < 1×10⁻³-per-year
      Fault-Tree-Analysis-3
        : Probability-of-Hazard H3 < 1×10⁻⁶-per-year
```

-- Reasoning part

```
module Reasoning where
  open Theory
  open Evidence
  main =
    let open C1-Operating-Role-and-Context
        open C2-Control-System-Definition
    in
    Control-System is Acceptably-safe-to-operate
    by argument-over-product-and-process-aspects
      • (let open C3-Tolerability-targets
             open C4-Hazards-identified-from-FHA
         in
         (∀ h → h is Eliminated Or Sufficiently-mitigated)
         by argument-over-each-identified-hazard
           • (H1 is Eliminated
              by Formal-Verification)
           • (Probability-of-Hazard H2 < 1×10⁻³-per-year
              by Fault-Tree-Analysis-2)
           • (Probability-of-Hazard H3 < 1×10⁻⁶-per-year
              by Fault-Tree-Analysis-3))
      • (Software-has-been-developed-to-appropriate-SIL
         by ? )
```

参考文献

[1] Agda Team, Agda Wiki. http://wiki.portal.chalmers.se/agda/pmwiki.php. Accessed 5 October 2012
[2] N. Basir, et al., "Deriving Safety Cases from Machine-Generated Proofs". In Proceedings of Workshop on Proof-Carrying Code and Software Certification (PCC'09), http://eprints.soton.ac.uk/id/eprint/271267, Los Angeles, USA
[3] P. Bishop, R. Bloomfield, "A Methodology for Safety Case Development". Industrial Perspectives of Safety-Critical Systems: Proceedings of the Sixth Safety-critical Systems Symposium. Birmingham, 1998.
[4] J. Hall, D. Mannering, L. Rapanotti, "Arguing safety with problem oriented software engineering". In the Proceedings of High Assurance Systems Engineering Symposium, 2007, HASE'07, 10th IEEE, pp. 23-32.
[5] The GSN Working Group, "GSN Community Standard, Version 1", 2011.
[6] T. Kelly, R. Weaver, "The Goal Structuring Notation – A Safety Argument Notation", in Proceedings of the Dependable Systems and Networks 2004 Workshop on Assrance Cases.
[7] Y. Kinoshita, M. Takeyama, "Assurance Case as a Proof in a Theory: towards Formulation of Rebuttals", in Assuring the Safety of Systems – Proceedings of the Twenty-first Safety-critical Systems Symposium, Bristol, UK, 5-7th February 2013, C. Dale & T. Anderson, Eds. SCSC, pp. 205-230, Feb. 2013.
[8] Y. Matsuno, H. Takamura, Y. Ishikawa, "A Dependability Case Editor with Pattern Library", Ninth IEEE International Symposium on High-Assurance Systems Engineering (HASE'05), pp. 170-171, 2010.
[9] M. Takeyama, "D-Case in Agda' Verification Tool (D-Case/Agda)". http://wiki.portal.chalmers.se/agda/pmwiki.php?n=D-Case-Agda.D-Case-Agda.
[10] M. Takeyama, H. Kido, Y. Kinoshita, "Using a proof assistant to construct assurance cases", Fast Abstract in Proceedings of Dependable Systems and Networks (DSN) 2012.
[11] M. Tokoro, ed., "Open Systems Dependability – Dependability Engineering for Ever-Changing Systems", CRC Press, 2012.
[12] S. Toulmin, "The Uses of Argument", Cambridge University Press, 1958. Updated edition published in 2003 by the same publisher.

第7章
DEOS 実行環境 (D-RE)

7.1 設計思想と基本構造

　本章では，DEOS プロセスとアーキテクチャを実現する DEOS 実行環境（以下 D-RE と呼称）に関して設計思想と基本構造について述べる．D-RE はステークホルダ合意に基づくディペンダビリティを担保するサービスを提供するための実行環境であり，DEOS アーキテクチャ図（図 3-3）では右下部に示されている．その構成例を図 7-1 示す．複数の OS とアプリケーションをステークホルダからのディペンダビリティ要求に従って再構成可能な独立した実行環境内で稼働させている．そのために，D-RE では 5 つの必須機能と 4 つの選択的機能を定義した．これらは 7.1.1 節で説明する．次に必須機能を D-RE を構成する 5 つの抽象的コンポーネントとして定義した．それらを 7.1.2 節で説明する．7.1.3 節ではいくつかの D-RE 適用オプションを示す．

7.1.1　D-RE 機能

　過去のシステム障害事例（本書の付録 A.3 参照）を what-if 分析した結果，次の 5 機能を D-RE の必須機能として定義した．

- モニタリング（監視）
- 再構成
- スクリプティング
- セキュア記録
- セキュリティ

また，次の 4 機能に関しては選択的機能として定義した．

- リソース制限
- 取り消し
- マイグレーション
- システム状態記録

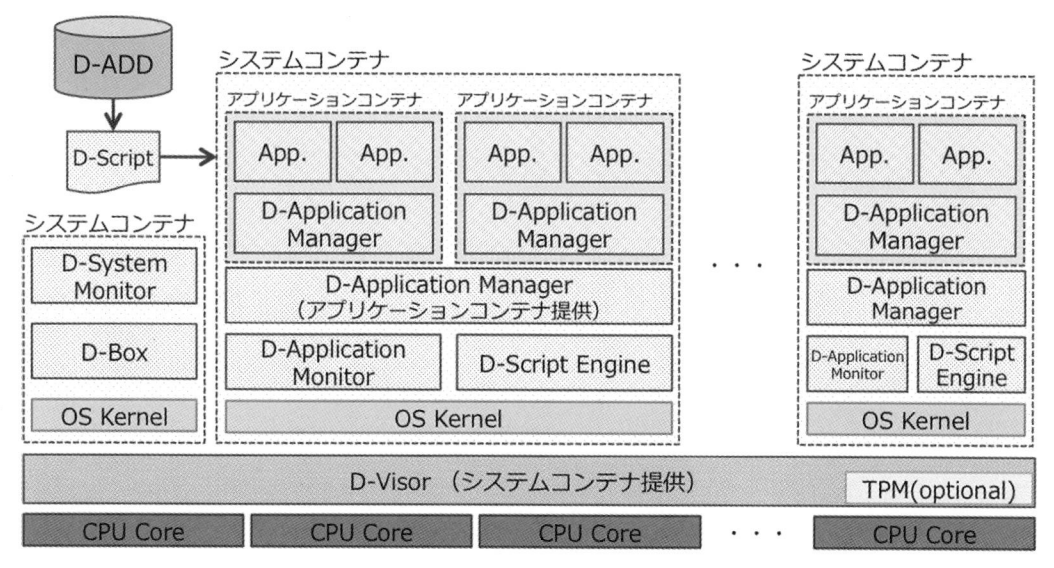

図7-1 D-RE構成例

1）必須機能

モニタリング（監視），再構成，スクリプティング，セキュア記録，およびセキュリティの5必須機能に関して述べる．

(1)モニタリング

モニタリングは，アプリケーションプログラムやOSを含む対象システムを構成する各種コンポーネントの状態を監視し，通常運用状態からの対象システムの逸脱を検知する．D-REは次のモニタリング機能を提供する．

- D-Application Monitor

  D-Application Monitorはアプリケーションプログラムの状態を監視し，D-Caseモニタリングノードに従ってログを収集する．D-Application Monitorはリソースの不正利用の監視とアプリケーション固有イベントのトレースという二つの機構を提供する．これらにより対象システムの通常運用状態からの逸脱を検知する．

- D-System Monitor

  D-System Monitorは主にキーロガーやルートキットというようなカーネルに対する影響を検知する役割を担っている．それは，D-System Monitorが備えるカーネルレベルの異常を検知する機能によって実現される．

(2)再構成

再構成（reconfiguration）とは対象システムの内部構成を変更する機能である．異常検出時，あるいは障害発生時に本機能が利用されることを想定している．再構成は1個の論理パーティション内のOSとアプリケーション間の分離，あるいはアプリケーションと別のアプリケーション間の分離の機能を必要とする．ここで論理パーティションとは適切なリソース割り当てポリシーを有す

る単位をいう．D-RE では分離単位として次の 2 レベルのコンテナを導入した．

- システムコンテナ：システムサービス間の影響を分離する論理パーティション
- アプリケーションコンテナ：アプリケーション間の影響を分離する論理パーティション

各システムコンテナは 1 つの OS を他とは独立に実行させることができる．各アプリケーションコンテナは 1 つのアプリケーションプログラムを他とは独立に実行させることができる．おのおののコンテナにはそれ自身のプログラムのための実行環境を含み，再起動はコンテナ単位で行う．コンテナの備えるべき属性（表 7-1）はステークホルダのディペンダビリティ要求に関係する．システム時計や計測のための単位を含むシステムの核となるサービスは D-RE 経由でアクセスされ，これらコンテナからは分離されている．

(3) スクリプティング

通常運用状態から対象システムが逸脱しそうな場合，あるいは逸脱した場合，D-RE では対象システムを通常運用状態に維持するために，スクリプティングとその実行環境を提供する．すなわち，スクリプティングの役割は，サービス継続シナリオに基づいた非機能要件に関するプログラムとして対象システムの運用を円滑に行うことである．スクリプトは自動的に，あるいはオペレータの操作によって実行される．D-RE ではそのために導入したスクリプティングを D-Script と呼んでいる．

D-Script の役割は，おもにオペレータ要因による対象システムのディペンダビリティ維持に関する負荷を低減することであり，1) 運用情報を集めること，2) システムの再構成を実行すること，を想定している．D-Script は合意の対象であり，その可読性の向上のため，D-Script パターンを導入した．そのパターンは「システムの異常状態」とそれを「正常状態に戻すアクション」から構成されており，D-Case 記述と統合可能である．また，可読性とコンピュータでの処理可能性とのバランスを鑑み D-Script タグを定義し導入した．D-Script の実行結果をエビデンスとして扱

表 7-1 コンテナ属性

属性	説明
アドレス空間	CPU が参照するアドレス空間の独立性
名前空間	ファイル名，プロセス ID 等の OS の ID の空間の独立性
物理メモリ	CPU が参照する物理メモリ空間の独立性
キャッシュメモリ	キャッシュメモリ領域の独立性
CPU スケジューリング	最大 CPU 利用率の保証可能性
CPU 割り当て	各 VM への CPU コアの割り当てに関する独立性
I/O バンド幅	最大 I/O バンド幅の保証可能性
バス・バンド幅	最大バス・バンド幅の保証可能性
割込み	最適な VM への割込みのルーティング可能性
Time-of-day	各 VM 独立な実時間の制御可能性
特権	異なった特権レベル間の独立性

うことができるように，D-Script の記述に「成功・失敗の記録」と「失敗時に行うリカバリアクションの記述」という最小限の規約を導入した．

D-RE では D-Script を D-RE 内で実行する環境として D-Script Engine を提供する．D-Script Engine は D-Script が対象システム内部の信頼できる実行環境の元で実行されることを保証する．D-Script Engine は D-ADD から D-Script を受け取り実行する．結果は D-Box（後述）に保存し，D-Script で処理不可能な状態になった際にはオペレータに通知する．D-Script と D-Script Engine の詳細は第 8 章を参照されたい．

⑷ セキュア記録

D-RE は過去のシステム状態のログ，障害発生前のシステム状態，および D-Script の実行のログを安全・確実に記録する必要がある．このようなログの記録域として D-Box を導入する．D-Box の記録が耐タンパ性を備えることにより，サービスの履歴やログという記録内容が真正な情報として D-RE はステークホルダに提示できる．そのために，D-Box は次の機能を備える．1) D-Application Monitor や D-System Monitor へのインタフェース，2) ステークホルダ合意に基づくログ（イベント，異常，ソフトウェアアップデート，など）の記録，3) D-Box へのアクセス認証と権限管理．D-Box は第 9 章で述べる D-ADD と協調し，対象システムの状態，特にディペンダビリティに関する状態記録の一貫性を保つ．

⑸ セキュリティ

D-RE は上記必須機能がセキュアに実行されることを保証しなければならない．そのため，D-RE は，アクセス制御，認証と権限管理，システムの乗っ取り防止，などの機能を備える．これらの機能は，ハードウェア，ソフトウェア，および手続きコンポーネントから構成される TCB (Trusted Computing Base)[1] を用いて，セキュリティ方針を執行するようにすることが推奨される．D-RE の TCB 部はサービス開始後に対象システム内部で唯一変更不可能な部分である．それは，システム導入時点で確実に構成されている必要がある．いくつかのセキュリティ機能の中で，D-RE では，特に，OS 自身のセキュアな実行に焦点を当てている．これにより，他のセキュリティ機構がこのセキュア OS 上に構築可能になる．後述するように，D-Visor や D-System Monitor がこのセキュア OS の実現を支援している．D-Visor は各 OS 間での影響を分離している．D-System Monitor によって，OS の通常状態からの逸脱を検出する．D-RE のセキュリティ機構の詳細は第 7.4 節で述べる．

2) 選択的機能

モニタリング（監視），再構成，スクリプティング，セキュア記録，およびセキュリティの 5 必須機能の他に，次の 4 機能を選択的に利用すると D-RE の利便性が向上する．ここでは，その 4 機能を説明する．

(1) リソース制限

　D-RE のコンテナでは，コンテナ内のプログラムが CPU 資源を使う割合（CPU 使用率）とメモリ資源を使う量（メモリ使用量）を，他のコンテナに影響を与えずに，制限することができる．この機能を使うことで，一部のコンテナ中のプログラムが暴走して CPU を占有し他のコンテナ中のプログラムに十分な CPU 資源が割り当てられない状況や，一部のコンテナによるメモリの大量使用によってシステム内のメモリ資源が枯渇してしまう状況を防止できる．D-RE によるリソース制限はコンテナ起動後に動的に設定できるため，システムやアプリケーションの監視の結果によってリソースを制限することで，障害にいたらないで，サービスが遅れながらも継続できるようにするために使われる．

(2) 取り消し

　システムに新しいサービスを追加したり，システムの不具合を直すために修正コードを追加したりすることはよくある．ところが，どんなに事前にテストを繰り返した追加コードや修正コードであっても，100% 完全に予想どおり動くということはない．最悪の場合，システムダウンを引き起こし，ユーザへのサービスを継続できない事態になる．このような場合，この作業を始める前の状態に戻せば，少なくともそれまでと同じサービスは提供できるので，取消し (Undo) は重要な意味を持つ．

　一度実行した処理を逆の順番にたどりながら個々に取り消していく操作は，一般的には容易ではない．そこで，処理開始前の時点の環境（データ）を保存しておき，その保存していた環境に戻すことで取り消し操作を実現することがよく行われる．D-RE では，システムコンテナやアプリケーションコンテナのおのおので，ある時点の環境を保存し，その環境から再開させる機能を提供している．

　コンテナの環境を保存する際には，コンテナを完全に停止させた状態で行う場合と，コンテナを一時的に停止させた状態で行う場合がある．コンテナを完全に停止させた場合には，コンテナ内のプログラムはすべて終了しており，再開は通常のプログラムの開始と同じである．コンテナを一時的に停止させた場合には，CPU 割当てが一時的に中断されているだけで，コンテナ内のプログラムは動作中でメモリも保持したままであり，再開は保持しているメモリを使用して一時停止中のプログラムの処理を続行することになる．D-RE では，前者の場合の保存・再開をスナップショットのセーブ／ロード機能と呼び，後者をチェックポイント／リスタート機能と呼んでいる．

(3) マイグレーション

　D-RE では，システムコンテナ内のゲスト OS を他のシステムコンテナにコンテナ単位で移動させることができる．いわゆる VM のマイグレーション機能である．同一ホストマシン上での移動はもちろん，ネットワークに接続された物理的には別のマシンとの間でもコンテナ単位で移動させることができる．ネットワークで接続された別マシンへ移動させる場合には，移動先のマシン上でもシステムコンテナが利用可能となっている必要がある．システムコンテナ上のゲスト OS をいったん停止してから移動させることだけでなく，ゲスト OS を稼働させたまま，移動させること，い

わゆるライブマイグレーションも可能である．ハードウェアに起因する異常を回避するためというより，そのハードウェアを入れ替えたり，修理したりする時に，システムを止めることなくサービスを継続するために利用できる．

(4) システム状態記録

アプリケーションのログだけでなく，障害発生直前にシステム内で起こっていたことを記録できれば，障害の原因究明に大いに役に立つ．しかし，障害がいつ発生するかは予測できないため，障害発生直前の記録を得るためには，航空機のフライトレコーダや自動車のドライブレコーダのように，常時記録し続ける必要がある．そのための仕組みが D-RE が備えるシステム状態記録である．

7.1.2 D-RE 構成要素

前節で述べた機能に対して，D-RE では次の 6 個の構成要素 1) D-Visor, 2) D-System Monitor, 3) D-Application Manager, 4) D-Application Monitor, 5) D-Box, 6) D-Script Engine を定義した．本節ではこれらの実装ガイドラインを示す．

1) D-Visor

D-Visor は，システムの構成要素の各々の独立性を担保する仕組み（システムコンテナ）を提供する仮想マシンモニタである．個々のシステムコンテナは仮想マシン（VM）であり，それぞれ独立したゲスト OS が動いており，1 つのシステムコンテナ内における異常や障害が他のシステムコンテナに波及することはない．

現在，D-RE では，D-Visor として Linux KVM[2]，ART-Linux[3,4]，SPUMONE[5]，D-Visor86[6] を用意している．これらはディペンダビリティ要求によって使い分けることができる．たとえば，Linux KVM を用いた場合，システムコンテナは Linux カーネルを拡張して生成された VM を利用する．表 7-1 記載の「アドレス空間」「名前空間」「CPU スケジューリング」「CPU 割当て」「割込み」「Time-of-day」「特権」の各属性を満たしたシステムコンテナを実現できる．

また，筑波大学が開発した D-Visor86[6] は，マルチコアプロセッサ用の仮想マシンモニタである．マルチコア（Hyper Threading を含む）の x86 CPU 上で，プロセッサコアごとに修正を施した Linux カーネルを動作させることができる．1 つのプロセッサコア上の Linux で D-System Monitor を稼働させることにより，他のプロセッサコア上の Linux を監視することができる．

また，D-Application Manager の API やコマンドは，Linux KVM を D-Visor として使用している．各システムコンテナではそれぞれ別のゲスト OS が稼働しており，1 つのシステムコンテナ上のゲスト OS の起動・終了などは他のシステムコンテナに影響を与えない．システムコンテナごとに異なるゲスト OS を稼働させることも可能なので，独立性が高く依存関係がないアプリケーションは異なるシステムコンテナ上で動かすことで，障害が発生した場合の影響を抑えることができる．

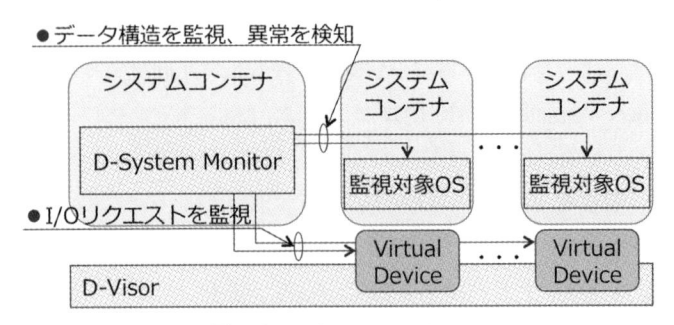

2) D-System Monitor

D-System Monitor は D-Visor と連携してシステムコンテナに対する監視機能を提供する．VM を外側から観察し，コンテナ内で稼働するゲスト OS に影響を与えることなく，ゲスト OS の改竄などによる異常な振舞いを監視する（図 7-2）．

D-Visor は，仮想マシンの I/O リクエストを監視する機能と，監視対象 OS のメモリを直接参照する機能を D-System Monitor に提供する．D-System Monitor 上で動く監視機構では，それらの機能から得られるデータを利用し，監視対象 OS の異常な振舞いを検出する．現在のところ，慶應義塾大学と早稲田大学が開発した以下の 3 種類の監視機構が用意されている．

- FoxyKBD：キー入力の際の OS の挙動を監視する．大量のキー入力を疑似的に発生させ，その時に発生する I/O リクエストとの関連から，キー入力を横取りするマルウェアを検出する．
- RootkitLibra：ファイルの隠蔽を監視する．NFS マウントしたディレクトリ上のファイルについて，システム上で見えているファイルと NFS パケット内のファイルの情報を比較し，ファイルの隠蔽やファイルサイズの改竄を検出する．
- Waseda LMS：プロセスの隠蔽を監視する．監視対象 OS のメモリを直接参照し，kernel データであるプロセスリストと実行キューのデータを比較することで，プロセスの隠蔽を検出する．

これらの監視機構はいずれも，筑波大学が開発した D-Visor86 上で稼働する D-System Monitor で利用可能である．また，D-System Monitor を組み込んだ QEMU-KVM も開発しており，KVM のシステムコンテナに対して上記 3 種類の監視機構が利用可能である．

3) D-Application Manager

D-Application Manager は，アプリケーションの独立性を担保する仕組みとしてコンテナを提供するとともに，アプリケーションプログラムのログ出力や終了処理を支援するための関数群をライブラリとして提供する．アプリケーションコンテナは VM ではなく OS 上の軽量コンテナである．D-Application Manager では，LXC（Linux Containers）[10]のコンテナを API やコマンド経由でア

図 7-2　D-System Monitor

プリケーションコンテナとして提供している．おのおののコンテナは 1 つの OS 上で動作しているため OS の障害は全コンテナに影響してしまうが，コンテナ内のプロセスは他のコンテナ内のプロセスから独立しており影響を受けない．アプリケーションコンテナによって複数のプロセスを一つのグループとして扱うことができ，そのグループごとに CPU 使用率やメモリ使用量を制限することができる．同一 OS 上で稼働するアプリケーションを，異なるアプリケーションコンテナ上で動かすことにより，CPU やメモリ等のリソースを分離することができ，障害発生時の他のアプリケーションへの影響を少なくすることができる．アプリケーションコンテナに対しても，スナップショットのセーブ / ロード機能が提供されている．しかし，LXC のチェックポイント / リスタート機能が未実装のため，アプリケーションコンテナのチェックポイント / リスタート機能は D-RE でも提供されない．

　システムコンテナとアプリケーションコンテナはともに，生成（create）→開始（start）→停止（stop）→破棄（destroy）という手順で使用される．その指示はコマンドや関数から実行でき，dre-sys, dre-app コマンドや libdresys, libdreapp ライブラリとして提供している．また，チェックポイント / リスタート機能やスナップショットのセーブ / ロード機能もそれぞれのコマンドやライブラリから使用可能である．

　D-Application Manager は，アプリケーションプログラムを作成する際に利用できる libdaware ライブラリとして，ログ出力や終了処理を支援する機能を提供している．ログ出力のためには，syslog へのログ出力のフォーマットを簡単に指定するための関数やマクロ定義を含んでいる．また，アプリケーションプログラムの終了前に終了を通知するシグナルを送ることにより重要なデータの退避や再開時に必要なデータの保存を実行することが可能になる場合があるので，その終了処理の実装のための関数を提供している．さらに，1 つのアプリケーションコンテナ内で使用されるプロセス ID はアプリケーションコンテナの外から見えるプロセス ID とは異なっているので，アプリケーションコンテナ外から上記の終了を通知するシグナルを送るためにプロセス ID を知る必要がある場合を考慮し，アプリケーションコンテナ内外でプロセス ID を対応付ける仕組み（/proc/daware）を提供している．

4) D-Application Monitor

　D-Application Monitor は，D-Application Manager と D-Box の間に存在し，D-Application Manager からの複数のイベントの相互関係を検査し，それらのイベントが全体として意味する（異常な）事象を発見（Event Correlation）し，その事象に対して適切な処置（アクション）を行うことを目的としている．

　D-Application Monitor の構成は，図 7-3 記載の構成ブロック図（未実装も含む）で示される．D-Application Monitor は，内部に WEB サーバを内蔵する構成にし，REST（Representational State Transfer）API からアクセスされるプロセスとして実装した．最近は軽量な WEB サーバも複数実装され利用されるようになってきており，REST API をサポートすることで，D-Application Monitor の利便性も高まると考える．

D-Application Monitor は D-Application Manager からイベントを受け取る（図 7-3）．将来必要があれば，SNMP の通知（トラップ）や rsyslogd からも受け取ることができるよう拡張することができる．WEB サーバ，SNMP 通知や rsyslogd からのイベントは，Event Reorder Filter に送られる．Event Reorder Filter は，複数のイベントソースから遅延して届いたイベントをある一定の期間内で正しい時間順に並べ直す．時間順に並べ直されたイベントは，イベント間の関係を検査する（Event Correlation）を行うために，Event Correlator に送られる．Event Correlator は，イベントを受け付けて状態遷移を行う有限状態マシンとして実装された，オープンソースの Simple Event Correlator（SEC）を利用している．たとえば，図のような状態遷移とそれに伴うアクションを実装することができる（図 7-4）．アクションとしては，shell スクリプトの実行や他のプロセスへの送信などが可能である．SEC は，有限状態マシンと状態遷移に伴うアクションを記述した構成ファイルに基づき動作する．D-Application Monitor では，WEB サーバ経由で，構成ファイルをアップロードや編集することができる．

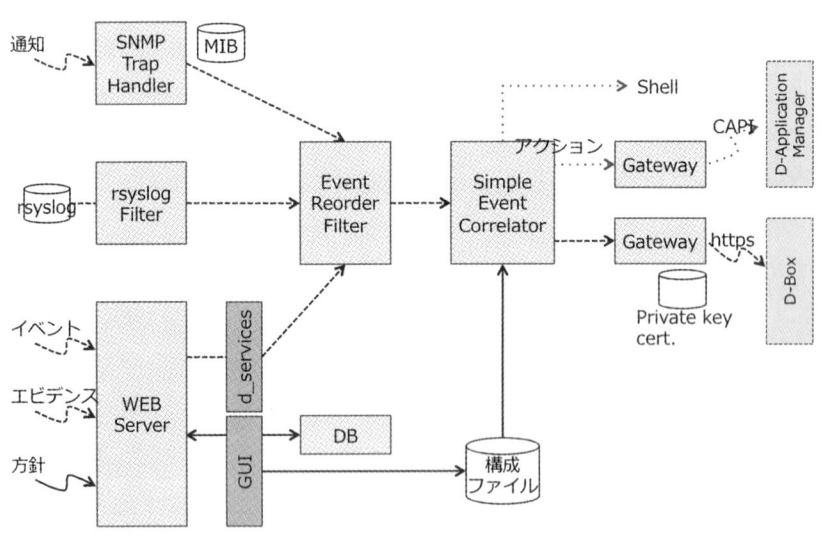

図 7-3 D-Application Monitor

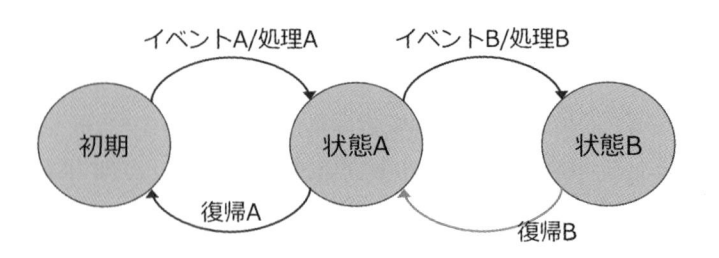

図 7-4 Event Correlation

また，D-Application Monitor は D-Box に障害発生直前のシステム状態を記録するためのシステム状態記録機能を備える．コンピュータシステム上で，システムやアプリケーションの動作をある時間（たとえば5分間）リングバッファーを使って常に記録することができれば，障害が起きた時その直前にシステム内で何が起こっていたのかを調べることができ，原因究明に大いに役に立つ．既存の VM（仮想マシン）の中には Record/Replay 機能を実装しているものがある．これを使えばシステム全体の実行結果を記録するだけでなく，再現実行もできるため有用である．再現実行はできなくても記録だけは取りたいという場合には，Linux 上では ltrace や strace コマンドを使って代用することができる．これらのコマンドを使えばライブラリやシステムコールの呼出しを簡単に記録することができ，アプリケーションの動作を解析する手掛かりを得ることができる．しかし，これらのコマンドは常時使用することを前提としておらず，長時間使用すると出力ファイルが巨大になったり，複数プロセスのアプリケーションに対して使用すると単一プロセスの ltrace や strace が処理性能のボトルネックになったりする場合がある．我々のシステム状態記録機能の実装は，該コマンドを変更し，これらの問題を回避している．

5）D-Box

D-Box は，公開鍵基盤技術（PKI）を用いて，ログ情報の改竄を検出するための情報を付加して，保存する機能を提供する．D-Box は，図7-5のようにルート認証局（CA）が発行した公開鍵証明書を基とする階層構造の下位部分に属することにより，D-Box 自体の公開鍵の正当性を担保している．

D-Box の初期化時に（D-Box の製造者により），D-Box 内に，各 D-Box に固有の D-Box Owner 鍵（PKCS#12）が導入される．D-Box の PKCS#12 は D-Box の製造者の秘密鍵で署名され，D-Box の製造者の公開鍵は，たとえば，DEOS センターの秘密鍵で署名され，最終的には，信頼されたルート認証局にたどりつく．その後，D-Box は運用時にログ情報を暗号化するための RSA 鍵の公開鍵と秘密鍵の対を生成する．この公開鍵と秘密鍵の対は，同じ秘密鍵が長期間にわたって使い続けられることを避けるために，適宜作成される．

D-Box は，https（TLS/SSL）経由でログ情報を受け取ると，ログ情報をバイト列（Octet String）として解釈して，MD5 によるハッシュ（Digest）を作成し，D-Box 内の最新の Sign 用秘密鍵でその Digest を暗号化する（図7-6）．D-Box からログ情報を取り出すプログラムは，取り出したログ情報から作成した MD5 によるハッシュ（Digest）と，D-Box から受け取った暗号化されたハッシュ（Digest）を D-Box の対応する Sign 用公開鍵で復号化したハッシュを比較することにより，ログ情報の改竄を検出することができる（図7-7）．D-Box は D-Application Monitor 同様に REST API を提供している（図7-8）．

6）D-Script Engine

D-Script Engine は D-Script を安全・確実に実行する役割を担っている．それ自体の実行は対象プログラムと同一の実行権限を有する．D-Script は D-RE の提供する API 経由でアプリケーション

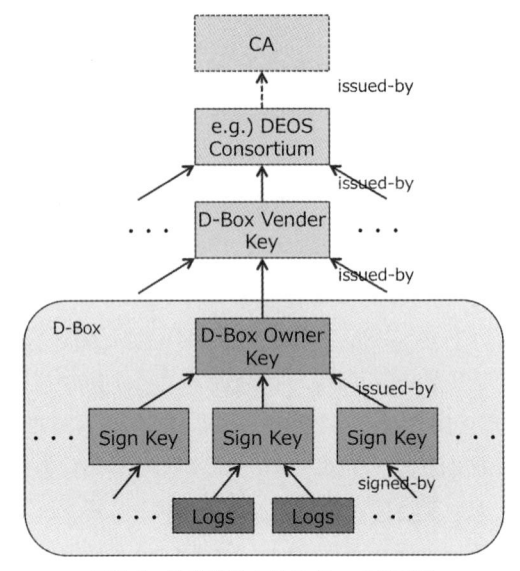

図 7-5　公開鍵による D-Box の正当性

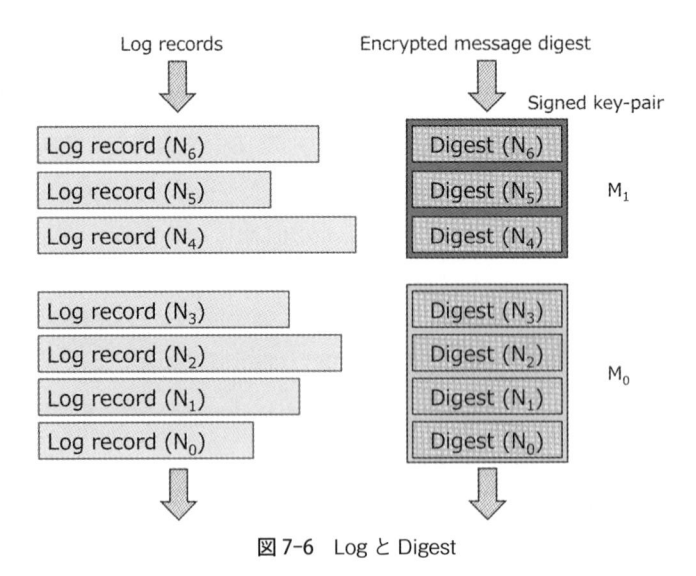

図 7-6　Log と Digest

を操作する．したがって，D-Script による操作は D-Script Engine が設置された D-RE の導入状況に制約を受ける．しかし，次の機能は必須機能として定義した．1) D-Script の実行結果を D-Box に保存する機能，2) D-Script で対応できない際のオペレータへの通知機能．

D-RE では D-Script Engine に D-Script を提供するのは D-ADD としている．D-Script Engine は，ステークホルダにより合意された D-Script のみを運用時に利用することを確実にする機能を実装している．D-Script Engine の詳細は第 8 章を参照されたい．

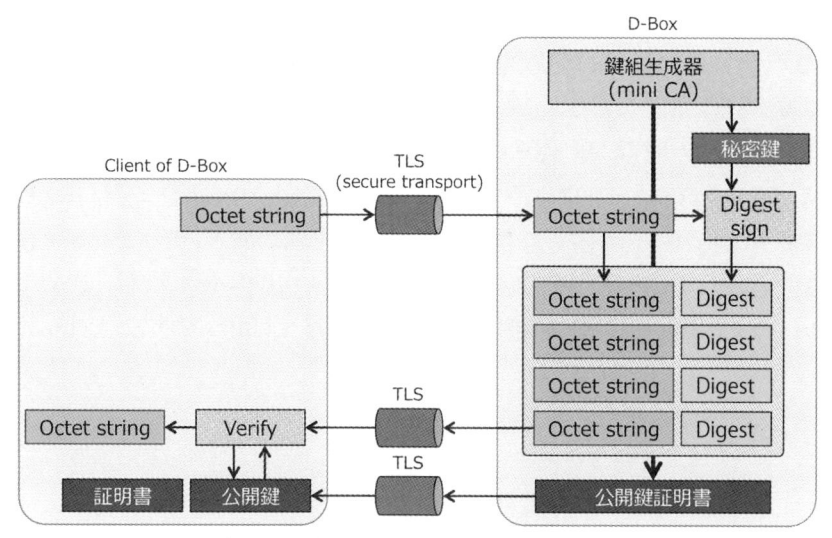

図7-7 D-Boxとその利用

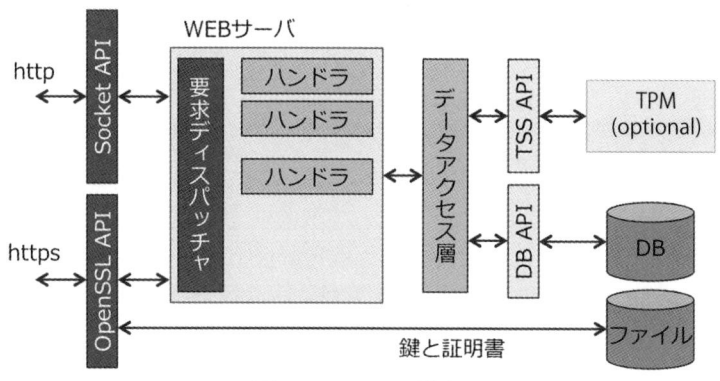

図7-8 D-Boxの構成

7.1.3 D-RE の対象システムへの適用

D-RE は実装アーキテクチャであり，対象システムへの導入に当たっては，ディペンダビリティ要求やシステム機能を基にした適用化（tailoring）が必要である．本節では，4つの適用事例を示す．おのおの異なったディペンダビリティ要求を満たしている．本節ではこれらを D-RE(1)～D-RE(4)として参照する．

- D-RE(1)：単純なアプリケーション向け構成
- D-RE(2)：マルチコア組み込み向け構成
- D-RE(3)：実時間アプリケーション向け構成
- D-RE(4)：完全構成

図 7-9 に D-RE(1)の構成を示す．ここでは，D-Visor と D-System Monitor は構成されていない．したがって OS 部分がディペンダビリティ要求の弱点になる可能性がある．D-Box は，下位の OS 機能を用いて，なんらかの特別な方法で構成される必要がある．D-Application Manager，D-

Script Engine，および D-Application Monitor は下位の OS の保護下で実行されるため，アプリケーションのディペンダビリティは OS カーネルのディペンダビリティに依存する．

図 7-10 は D-RE (2) の構成である．これは，マルチコアプロセッサを利用した組込みシステム向けに最適化している．D-RE は SPUMONE を D-Visor と D-System Monitor の最適化例として用いている．ここでは，下位のハードウェアの仮想化のための特別のハードウェアは要求していない．

図 7-11 に D-RE (3) の構成を示す．これはロボットなどの実時間アプリケーションを実行させるための構成であり，1 つのシステムコンテナを必要としている．D-RE (3) では，D-Visor や D-System Monitor，および下位 OS の最適化例として ART-Linux を利用している．ART-Linux は Linux

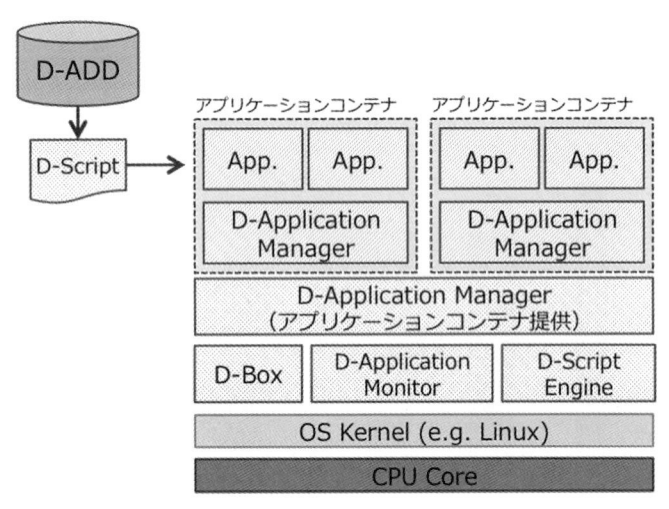

図 7-9　単純なアプリケーション向け構成

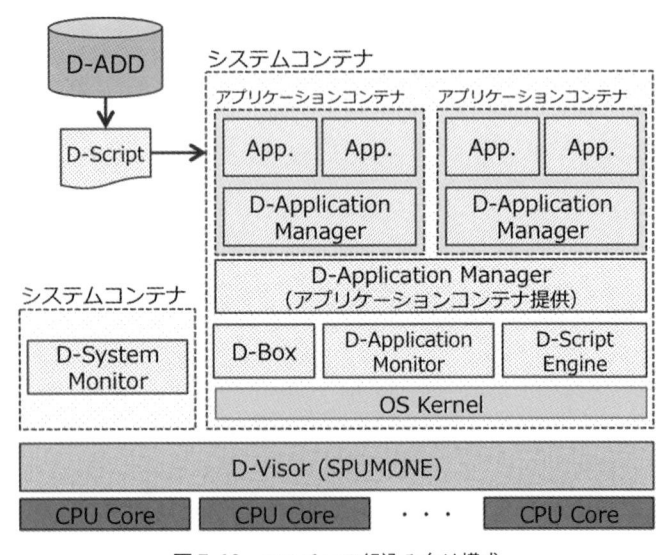

図 7-10　マルチコア組込み向け構成

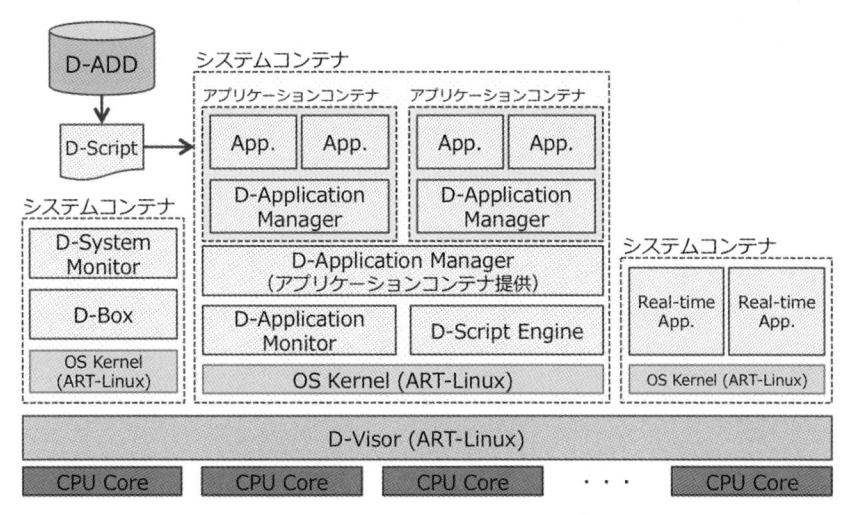

図 7-11　実時間アプリケーション向け構成

カーネルを拡張しており，Linux アプリケーションとのバイナリ互換性を有している．ART-Linux の詳細は第 7.3 節で述べる．

　D-RE (4) の構成は既出の図 7-1 である．これは D-RE 機能の完全な構成である．図中で最左のシステムコンテナは D-Visor と D-Box，D-System Monitor のために用意されている．セキュリティ要求次第で D-Visor，D-Box，および D-System Monitor 各々に個別のシステムコンテナを割り当ててもよい．他のシステムコンテナは，アプリケーション用 OS，D-Script Engine，D-Application Monitor，および D-Application Manager のためのコンテナである．D-Application Manager はアプリケーションのためのアプリケーションコンテナを提供する．アプリケーションコンテナ内部の D-Application Manager は D-Application Monitor や D-Script Engine 等の D-RE 構成要素へのプロキシとしても利用される．

参考文献

[1] DoD 5200.28-STD Trusted Computing System Evaluation Criteria (Orange Book), December 26, 1985.
[2] http://www.linux-kvm.org/
[3] 加賀美 聡，石綿 陽一，西脇 光一，梶田 秀司，金広 文男，尹 祐根，安藤 慶昭，佐々木 洋子，サイモン トンプソン，松井 俊浩，「複数コアを SMP・AMP 分割利用可能な ART-Linux の設計と開発」，第 17 回ロボティクスシンポジア講演論文集，pp. 521-526., 山口県萩市, 萩本陣, Mar., 2012.
[4] http://www.dh.aist.go.jp/jp/research/assist/ART-Linux/
[5] T. Nakajima, Y. Kinebuchi, H. Shimada, A. Courbot.,T-H Lin, "Temporal and Spatial Isolation in a Virtualization Layer for Multi-core Processor based Information Appliances", 16th Asia and South Pacific Design Automation Conference, 2011, pp. 645-652.
[6] http://www.dependable-os.net/tech/D-SystemMonitor/index
[7] K. Kono, "VMM-based Approach to Detecting Stealthy Keyloggers", http://www.xen.org/files/xensummit_tokyo/21_KenjiKono-en.pdf
[8] K. Kono, P..Rajkarnikar, H. Yamada, M. Shimamura, "VMM-based Detection of Rootkits that Modify File Metadata", 情報処理学会研究報告 . 計算機アーキテクチャ研究会報告

[9] H. Shimada, A. Courbot, Y. Kinebuchi, T. Nakajima, "A Lightweight Monitoring Service for Multi-Core Embedded Systems", In Proceedings of the 13th Symposium on Object-Oriented Real-Time Distributed Computing, pp. 202-210, 2010. doi: 10.1109/ISORC.2010.12
[10] http://lxc.sourceforge.net/

7.2 Webシステム応用事例

7.2.1 ソフトウェア・モジュール構成

このシステムは，ApacheとTomcat，MySQLを使った（図7-12），Web上でのCD販売サービス（CD Online Shoppingシステム）をシミュレートしたもので，ApacheとTomcat，MySQLはそれぞれ独立したSystem Container上で稼働している．また，このシステムでは，コンピュータシステムおよびネットワークの監視のためのアプリケーションNagios（http://www.nagios.org/）も使っている．

また，ネットワーク上の複数のBrowserからの複数の同時リクエストをシミュレートするために，ab（Apache HTTP server benchmarking tool）を使っている．

サービス・シナリオ

このシステムは，典型的なWeb/Application/DB Serverで構成されている．また，これらのサーバをOperator Consoleで常に監視している．ソフトウェア構成としては，各サーバは，D-RE（DEOS Runtime Environment）のシステムコンテナ上に実装されている．Operator Consoleでは，System Containerからのログをrsyslogに集約し，モニタモジュールとNagios Pluginsで，各サーバのリソースおよびパフォーマンスを監視する．モニタモジュールは障害を検出すると，GUIに表

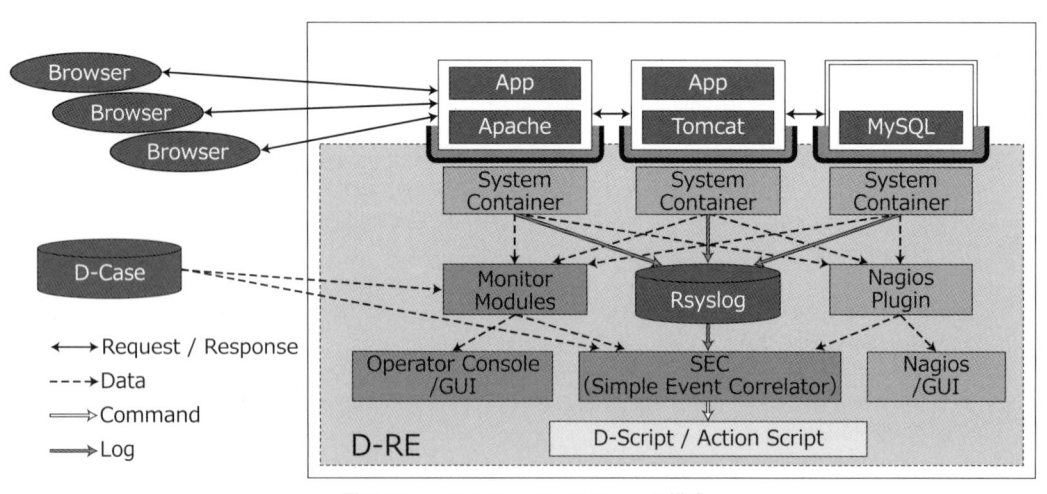

図7-12 ソフトウェア・モジュール構成

示し，同時に SEC（Simple Event Correlator）[1]に情報を渡す．SEC はそれに従って D-Script を実行する．以下のシナリオは，D-Case と D-RE がシステムの障害にどのように対処するかを示している．

シナリオ 1)

　新サービスを追加した結果，アクセス数が想定数を超過した．そこで，あらかじめ D-Case に記述されていた対処方法に従い，サービスの追加を Undo し，システムを正常な状態に戻す．

シナリオ 2)

　サーバーのレスポンスが急激に遅れた．そこで，あらかじめ D-Case に記述されていた対処方法に従い，不適切なバッチ・ジョブを停止し，システムを正常な状態に戻す．

シナリオ 3)

　メモリ使用量がシステムの許容値を超えた．そこで，あらかじめ D-Case に記述されていた対処方法に従い，サーバーを再起動し，診断モジュールを投入して原因を特定する．

シナリオ 4)

　日常点検の一環として，翌日のサービスが問題ないか確認したところ，サービスが実行できなかった．原因究明の結果，ライセンス切れであることが分かり，ライセンスを更新する．

7.2.2　システムのソフトウェア構造

D-RE を使った場合のソフトウェア構造を下図（図 7-13）に示す．

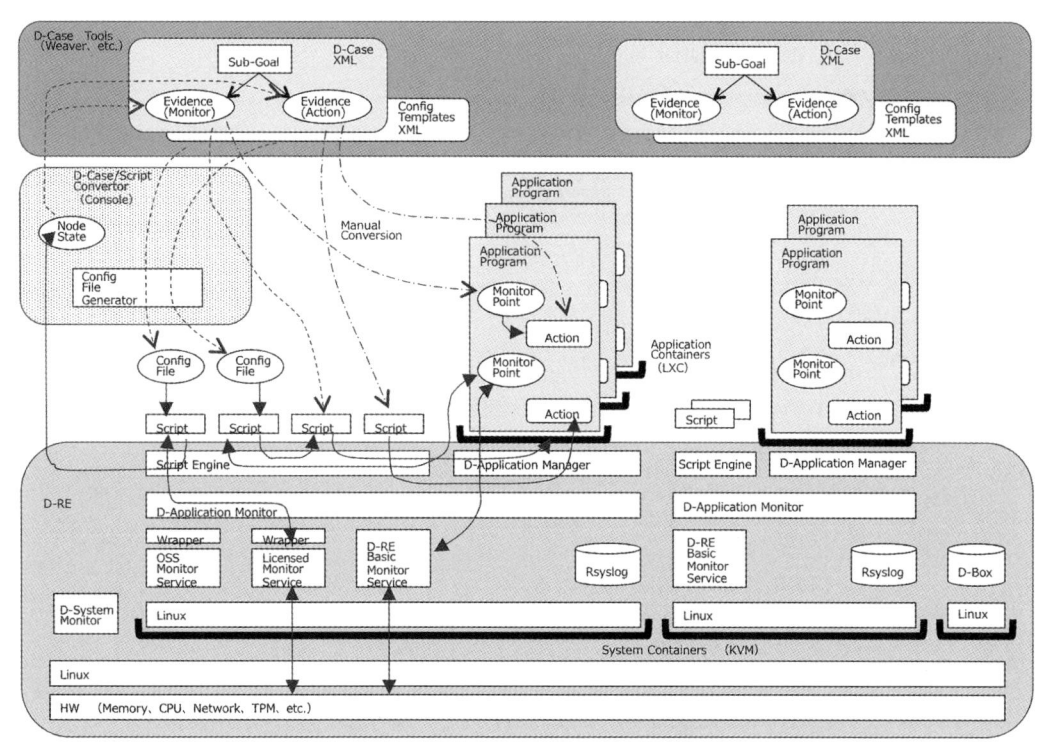

図 7-13　D-RE を使ったソフトウェア構造

監視系の実装は，D-Case の監視系（モニタ）ノードに対応するモニタモジュールのインスタンスにより行う．分析系の実装は，SEC（Simple Event Correlator）を使った状態マシンに監視系のモニタインスタンスが検知したイベントを送り，そこで複数イベントの相互関係を考慮したイベントの分析を行う．

7.2.3　DEOS プログラムの開発から実行までの流れ

DEOS プロセスを仕組みとして支える合意形成・確認手法・ツール（D-Case）と実行環境（D-RE：DEOS Runtime Environment）を活用した本システムは，以下のような流れで開発され，実行される．

1) サービス要求仕様の合意と確定（D-Case の確定）
　会社の経営理念やビジネス・モデルの確認
　BCP（Business Continuity Plan）の決定と合意
　SLA パラメータの決定と合意
　SLA に関する監視系（モニタ）ノードとアクションノードも作成
2) 監視系（モニタ）ノードのモニタ対象やパラメータの決定
　既存のモニタモジュールからの選択
　新規のモニタモジュールの仕様を決定
　監視用の D-Script Description File（外部仕様）を作成
3) 分析系・ノードの詳細決定
　Analyzers を状態マシンで実現する
　Events の相互関連を状態と状態遷移で表現
　　状態マシン記述用の文法の選択
　分析用の D-Script Description File（外部仕様，SEC 用の Config File のテンプレート）を作成
　　既存の Actions の呼出し（引用）
　　ユーザ固有の Actions の仕様を決定
4) アプリケーションの開発
5) アプリケーション開発と並行して，ユーザ固有のモニタモジュールの開発
6) アプリケーション開発と並行して，状態マシンの定義とユーザ固有の Actions の開発
7) D-RE 上でのアプリケーションの実行
　D-Case の監視系（モニタ）ノードとアクションノードからインスタンスが作成されて，実行される．
　以上の流れで，DEOS プロセスが支援される．

7.2.4　D-Case の監視系と分析系ノードの実行の仕組み

図 7-14 は，D-Case Weaver（DEOS-FY2013-CW-01J：「D-Case Weaver 仕様書〈付〉導入・使い方ガイド」を参照)[2]を用い，D-Case からモニタモジュールのインスタンスと SEC の構成ファ

イルが作成される仕組みを表している．まず，D-Case Weaver は D-Case 内の D_Case_Node テーブル（表）に，モニタモジュールを作成する．そのとき，D-Case Weaver は，ユーザに，監視系（モニタ）ノードに対応するモニタモジュールを D_Script テーブルから選択させ，そのインスタンス作成のためのパラメータ群を監視系（モニタ）ノードに追加する．すなわち，D-Case Weaver は，D-Case の監視系（モニタ）ノードと D-Script（モニタモジュール）とを結びつける．その後，D-Case Weaver は，監視系 Config Generator と分析系 Config Generator を呼び出す．

　分析系 Config Generator は，D-Case_Node 表と D-Script テーブルとを結合（Join）して，各監視系（モニタ）ノードに対して，それに対応するモニタモジュールを見つけ出し，そのモニタモジュールの雛型に監視系（モニタ）ノード内のパラメータ群を適用して，監視系（モニタ）インスタンスを作成する．分析系 Config Generator も同様に，監視系（モニタ）ノードと D-Script（SEC の構成ファイルの雛型）とを組み合わせることにより，SEC の構成ファイルの雛型に，監視系（モニタ）ノード内の具体的なパラメータ値を適用した，SEC の構成ファイルを生成する．

　監視系（モニタ）ノードと分析系ノードの作成については，次節以降に記述する．

監視系（モニタ）モジュールの実装

　各モニタは，あるモニタモジュールを特定のパラメータ群を用いてカスタマイズして生成したモニタインスタンスである．モニタモジュールは D-RE が提供する，Python で書かれた PluginBase クラスのサブクラスとして実装されている．したがって，モニタインスタンスとは，そのサブクラスのインスタンスを意味しており，モニタモジュールを表すサブクラスのコンストラクタに特定のパラメータ群を与えて生成したそのサブクラスのインスタンスである．

　図 7-15 は，置換可能なパラメータ群を含む D-Script として定義されたモニタモジュールと，D-Case 内の監視系（モニタ）ノードに記述されたそれらパラメータ群の具体的値から，特定のモニタインスタンスが生成される例を示す．

分析系モジュールの実装

　SEC を用いた状態マシンの実装において，各状態マシンや Actions も同様に，ある状態マシンや Actions のテンプレートを特定のパラメータ群を用いてカスタマイズして生成したものである．

監視系（モニタ）モジュールと分析系モジュールのテンプレート

　モジュール・テンプレートは，以下を含む XML 形式のファイルである．
- モニタモジュールや状態マシンのテンプレートを指定する識別子
- 機能の説明，著作者，設定可能なパラメータ群およびその説明
- パラメータを置換してモニタや状態マシン・Action のインスタンスを生成する基となるテンプレート

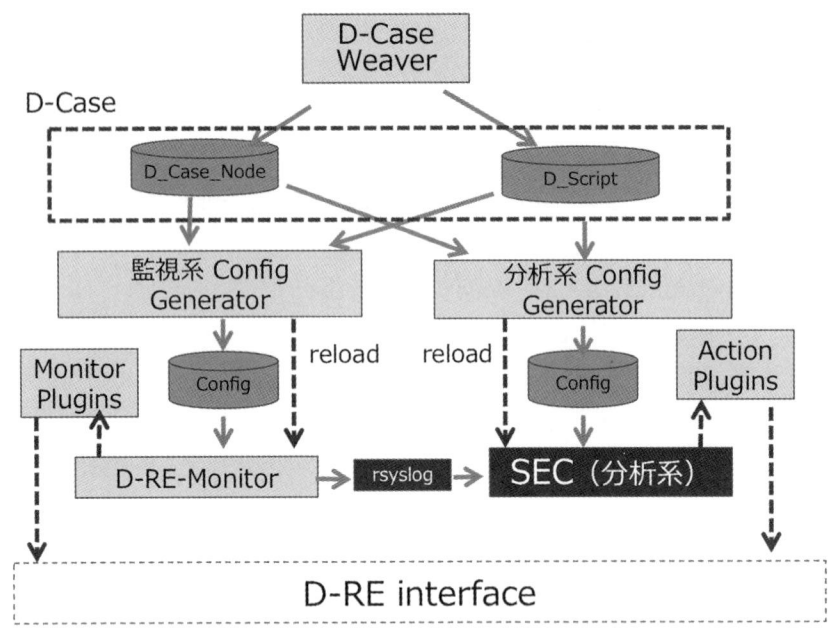

図7-14 D-Caseから監視系と分析系のインスタンスの生成

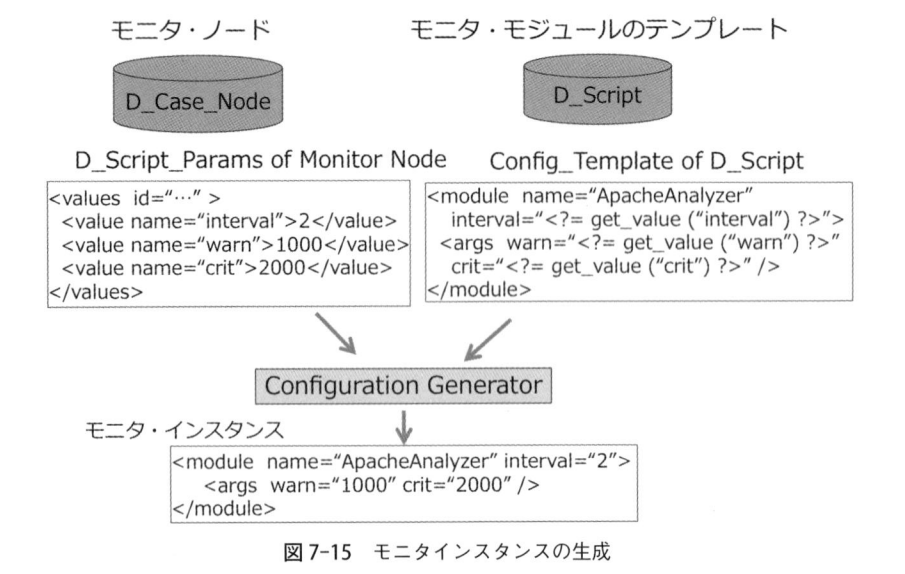

図7-15 モニタインスタンスの生成

7.2.5 D-Caseの監視系ノードの作成

D-RE上で実行するプログラムに対する監視は，D-Caseのモニタに関するエビデンス・ノードに記述される．通常は，プログラムの設計時のD-Caseの作成過程で，サービス要求仕様を満足するために必要なモニタに関するエビデンス・ノードが特定されてゆく．

各監視系（モニタ）ノードには，モニタモジュールの特定やそのモニタモジュールが実行時に必要とするパラメータ群の値を指定する．

7.2.6 D-Caseの分析系ノードの作成

　監視系のモニタインスタンスは特定の監視対象の状態を監視し，障害・異常やその予兆等を検出する．一般的に，同一の障害原因について，複数のモニタインスタンスがそれぞれの観点から障害を検出し，独立に報告する．また，あるモニタインスタンスが複数の種類の障害を報告した場合に，それらの障害報告を組み合わせることにより，障害原因の範囲を狭めることができる．したがって，分析系の実装においては，複数のモニタインスタンスからの障害報告（イベント）を総合的に解釈して，もっとも蓋然性のある障害原因を推定することが必要となる．

　本システムで実装した分析系は，（拡張された）有限状態オートマトンを用いて複数のイベントの相互間の関係を考慮した分析を行う．複数のイベントを総合的に解釈する方法として，イベントの検出に対して条件分岐（if文）を行い，それらの条件分岐を組み合わせて行うことも考えられるが，複数イベントの発生順序の組合せに対応して複数の条件分岐の実行順序を並べ替えた条件分岐列の数が指数関数的に増大する問題がある．さらに，複数イベントがある一定時間内に発生した場合にこれを検出することも，条件分岐文の組合せでは簡単ではない．一方，以下で説明するように，有限状態オートマトンを利用すると複数イベントの解釈を容易に行うことができる．

　図7-16は，初期状態においてEvent Aが発生すると，Action Aを実行して，状態Xに遷移し，状態XでEvent Bが発生するとAction Bを実行して，状態Yに遷移する状態遷移を含む有限状態オートマトンを示している．図7-17はEvent AとBの発生順序に関係なく，どちらも発生すると

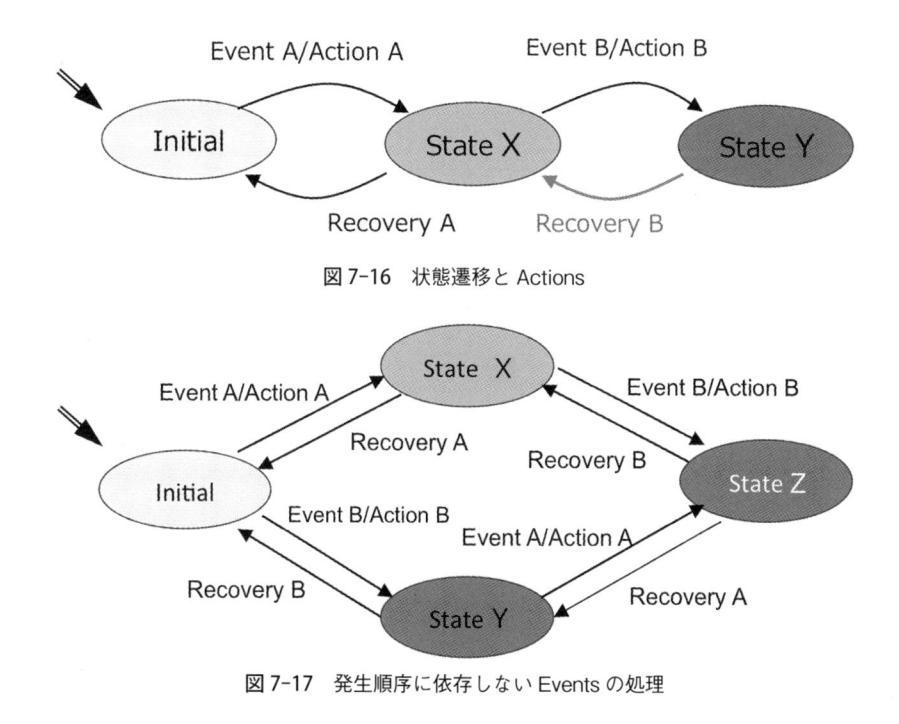

図7-16　状態遷移とActions

図7-17　発生順序に依存しないEventsの処理

状態Zに遷移する有限状態オートマトンを表している．また，各状態に，その状態にとどまることのできる時間の最大値を指定することにより，複数のイベントがある一定の期間内に発生したことを検出することもできる．たとえば，状態Xでの最大滞在時間を30秒とすることにより，Event Aの発生後，30秒以内にEvent Bが発生すると，状態Zに遷移して，ある処理を行うように指定することもできる．

有限状態オートマトンを使う分析系の実装において，各有限状態オートマトンは関連するイベント列を受け付け，対応する状態遷移を行うことにより，複数のイベントにより表わされる障害原因を絞り込んでいく．さらに，各D-Case Nodeに対応した有限状態オートマトンをD-Case全体として複数個を疑似的に同時並行的に動作させることにより，互いに独立したイベント列の分析を同時並行的に行うことができる．また，同じイベント列を複数の有限状態オートマトンが受け付けることにより，イベント列を複数の観点から同時に分析することができる．これは，イベント列の分析を条件文の組合せにより行うよりも容易であると考えられる．

図7-18は，ネットワーク上の障害のように，通常の運用時においても単発的に発生することがあるイベントが，障害発生時に連続して発生する場合を処理する例を示している．最初のイベントに対しては，記録のためにログに書き出す等の処理をしたあとBurst状態に遷移し，最大Timeout時間だけその状態にとどまる．その状態でイベントが発生した場合，N個発生するまでは，何もしないで，N個目のイベントに対して，恒久的な障害と認識して，管理者への通知などを行うとともに，Dormant（休眠）状態に遷移する．Dormant状態では，同イベントは無視される．

具体的には，SEC（Simple Event Correlator）を用い，D-CaseのAction NodesからSEC用の構成ファイルを生成する．

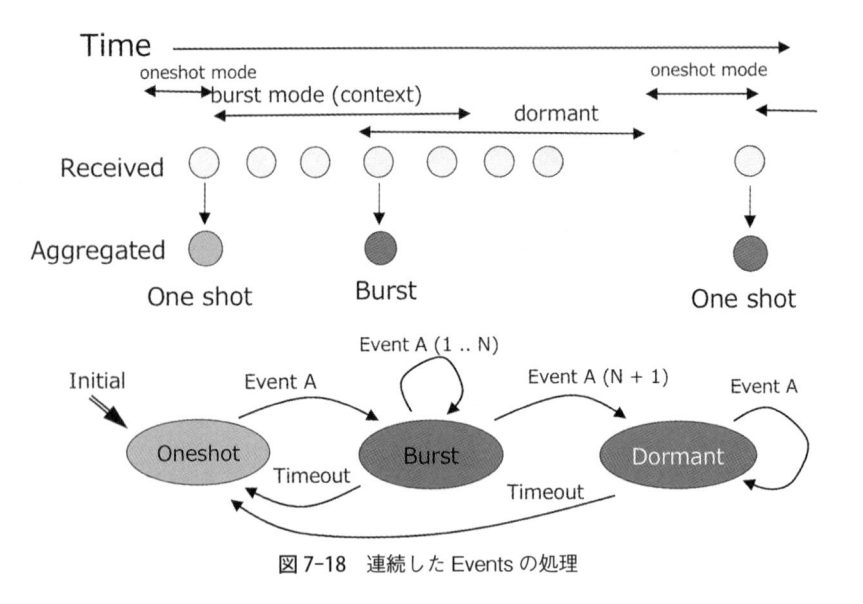

図7-18 連続したEventsの処理

7.2.7 Action系のコマンド例

このシステムでは，SECを用いて分析系を実装した．SECからのActionsの呼出しは，SECの構成ファイルの"action"識別子の値として，D-RE コマンド列を記述されている．SECから呼び出したActionsのリスト（アクションリスト）を表7-2に記す．

表7-2 アクションリスト

Actions	意味
shellcmd /usr/share/dre-demo/d-script/action/act_logging.sh	解析結果のログを書き出す
shellcmd usr/share/dre-demo/d-script/action/act_reboot_sys_container.sh	System Container の再起動する
shellcmd /usr/share/dre-demo/d-script/action/act_undo_sys_container.sh	System Container への変更の Undo する
shellcmd /usr/share/dre-demo/d-script/action/act_kill_batch_sys.sh	バッチ・ジョブの停止する
shellcmd /usr/share/dre-demo/bin/dcase-status	D-Case の監視系（モニタ）ノードの状態表示を変更する
event	SEC 内部イベントを発生する
create,delete	SEC の状態を変更する

参考文献

[1] Simple Event Correlator: http://simple-evcorr.sourceforge.net/
[2] D-Case Weaver: http://www.dependable-os.net/tech/DCaseWeaver/index.html

7.3 ロボット応用事例

7.3.1 D-RE 機能を提供する実時間 OS（ART-Linux）

実世界に対応するロボットでは，複数の固有周期を持つ実時間サイクルを少ないジッタで実行できる必要があり，非実時間の Linux のような OS では不十分である．もちろん Linux の Preemptivity はバージョンが新しくなるにつれ小さくなってきているが，典型的なロボットの制御ループは 1ms の周期を持ち，それに対してせいぜい数％のジッタしか許されない．このような目的のために，実時間処理に特化した組込み目的の OS として VxWorks や QNX のような専用設計の OS が存在する．さらに D-Case のモニタノードをシステム内に多数配置することにより，通常のシステムに比べてデータのコピーやモニタリングのオーバヘッドが発生する上に，異常検出のためにはモニ

タリングのレイテンシも最小に抑えたいという要求がある．

　実時間処理の制約を満たすために，我々はART-Linuxと呼ぶ実時間OSを1998年より開発してきている[6]．ART-LinuxはLinuxをベースとした実時間OSであり，ユーザ空間のプログラムに対して実時間システムコールを提供することにより，$10\mu s$オーダの実時間性能を提供している．DEOSプロジェクトでは，D-RE機能を提供するために，複数のCPUコアを，いくつかのコアにバインドされた実時間AMPと複数のCPUコアを利用する通常の非実時間SMPのLinuxが任意の割合で混在可能なART-Linuxを設計し，開発を行った．このようなシステムは，非実時間SMPシステムの側でオープンソースの汎用ソフトウェアやデバイスを利用できる一方で，実時間AMPの側では，専用のIOを利用しながら，制御系，安全系，監視系，高信頼のための二重系などのディペンダビリティ機能を，お互いに非干渉な形で独立に実装できるという利点がある．

　ART-Linuxを用いたD-System Monitorはシステムの持つ共有メモリを利用して，独立したCPUに配置された各サブシステムから，システムのデータをモニタリングしたり，記録を保存することが可能であり，即時性，耐事故性などに優れている．

　図7-19に，開発したART-Linuxにより可能となるシステムの構成例を示す．この図では現在利用可能なCPUの例として8個のコアがあるものを挙げ，そのうちの3個で通常の非実時間なLinuxが動作し，残りの5つのコアに対してそれぞれ独立に実時間OSであるART-Linuxが動作している例を示している．

非実時間SMP-Linux:
　図7-19では，P0～P2のプロセッサに非実時間のSMPシステムがアサインされている．図中

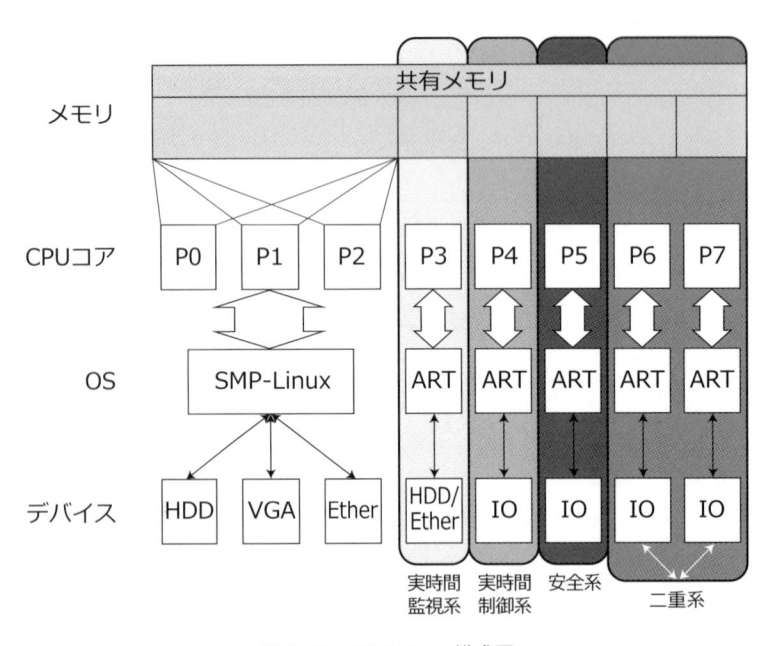

図7-19　ART-Linux構成図

に示すように，SMP の Linux にはデバイスとして通常のディスクやグラフィックス，ネットワークなどをアサインしている．このシステムの役割としては下記のようなものが挙げられる．

- ユーザインタフェースなど．
- グラフィックハードウェア，イーサネットをはじめとしてロボットの直接制御に用いない IO を行うハードウェアの処理．これらは多数の割込みを発生させることから実時間システムにとっての障害となりやすい．
- 長期のプランニング，地図作成，モデルマッチングによる認識処理などの，ロボットの知能処理のうちでも非実時間の処理を行う．これらの結果は，仮想ネットワークあるいは共有メモリを通じて，実時間制御系などに伝えられる．
- 実時間用途に開発されていない多くのオープンソースライブラリの利用．

非実時間 SMP-Linux はメモリアサインメント部を除けば，ほぼ通常の SMP-Linux であるために，通常の Linux のために開発されたものが，改変なしにそのまま動作するという特徴がある．

実時間監視 AMP-Linux:

図 7-19 では，P3 のプロセッサにアサインされた AMP 実時間システムとして示している．この実時間監視系はログを保存するためのディスクや外部のシステムに警告するための別のネットワークデバイスをアサインしている．

実時間監視系は他の SMP&AMP システムの内部状態を共有メモリを通じて監視し（他のシステムは自分で共有メモリに状態を書き出す必要がある），ログを残すとともに，他のシステムの異常をリアルタイムで検知し，のちに述べる安全系に知らせるなどの機能を果たす．

実時間制御 AMP-Linux:

図 7-19 では，P4 のプロセッサにアサインされた AMP 実時間システムとして示している．制御のために必要な IO ボードをアサインしている．そのため実時間制御系はオーバヘッドがなく，制御のみに専念することができ，低ジッタによる高い実時間制御性能や，リソース配分の簡単化によるシステム設計の容易さと障害の起きにくさが期待できる．実時間監視系のために，内部状態を共有メモリに書き出す．

安全系 AMP-Linux:

図 7-19 では，P5 のプロセッサにアサインされた AMP 実時間システムとして示している．安全系も独自の IO システムをアサインしている．前述の実時間監視系を通じて，あるいは共有メモリや仮想ネットワークを通じた他システムからの通知や他システムの監視，あるいは IO を介して得られるセンサーの値などから，システムの異常を検知し，モーター電源断を始めとする緊急停止などの安全策を行う．

このシステムを他のシステムから独立にすることにより，安全系システムが他の実時間システムに阻害されて動作しないなどの影響を避けることができる．また一方で，たとえばヒューマノイド

ロボットの歩行，また高速で走行している車，アームで人の上に重量物を持ちあげている，などのいきなり電源断すると被害が大きくなるような状況では，その状況を回避するための計算機能と能力を有している必要がある．そのような状況に備えて，実時間計算能力を他のシステムから独立に温存することが，安全系の目的である．

二重系用 AMP-Linux:
　システムの信頼性を確保する方法として二重系による方法がよく用いられている．ここでは二重系を図 7-19 の P6～P7 のプロセッサにアサインされた AMP 実時間システムとして示している．2 つのプロセッサは，それぞれ独立に IO ボードをアサインすることも，IO ボードへのアクセスを排他的に制御することも可能であり，柔軟な二重系を構成することが可能である．（ただし排他的アクセスには IO ボードの制限も存在する）

　システムが複雑になり，実世界において安全に行動するためには，二重系や多重系による信頼性の確保が重要になると考えている．

7.3.2　ロボットへの DEOS プロセスの応用事例

　ここでは，異なるステークホルダ間の合意について，サービスロボットを例に取り，DEOS にしたがって議論を進めながら合意形成を行うプロセスを示す．対象のロボットは，日本科学未来館の展示フロア用のサービスロボットであり，ロボットのサービスとしては，展示フロアの中を人や障害物を避けて巡回しながら，来館者との対話，デモの予定時刻と内容の宣伝などを行うことを目的としている．このサービスロボットにおいて，ロボットの設計者とサービス提供者が設計から実証にいたる合意形成を行うために，機能，運用，安全，説明責任，改善の 5 項目に関して作成した D-Case 木による議論と合意形成について述べる．

　図面に示したフロアは 3 階の展示部分約 30×130m の領域である．ここに 1 日当り 1 万人程度の来館者が訪れる．

　ロボットのハードウェアは 2 輪駆動のモバイルベース Pioneer3DX をプラットフォームに，多層型のレーザー距離センサー Velodyne HDL-32e と Microsoft® KINECT センサー，マイクロフォンアレイを搭載したものである．人が怪我をしないように，車体はセンサーを取り付けたバンパー部

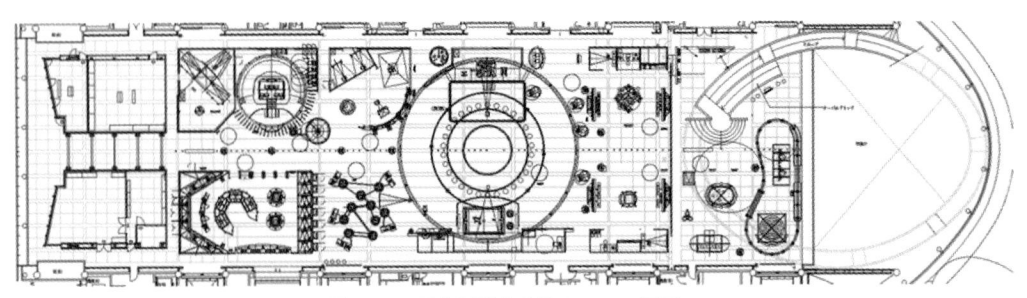

図 7-20　日本科学未来館のフロア図面

と，ウレタンフォームで覆われた車体，および透明なシールドにより覆った光学センサー部分から構成されている．

ソフトウェアは，ART-Linux 上に各種のセンサーや機能をロボット用ミドルウェア ROS で統合している．ソフトウェアのモジュールとしては，認識，計画，制御の各部に分かれている．認識部では，多層型レーザー距離センサーからの位置認識・地図作成と人などの移動障害物追跡機能，静止障害物発見と走行可能領域認識機能，KINECT センサーからは静止障害物発見と人の姿勢検出機能，マイクロフォンアレイからは音源定位・分離・認識機能などを行う．計画部では地図上で認識した自己位置から目的位置まで，障害物を避け，安全性を高く保ちながらなるべく早く目的地に移動できるような経路を計画する．計画部では移動する人の進路を監視し，必要な場合には適応的に回避する経路を計画する．制御部では計画した経路に沿うように車体を制御しながら，静止障害物や移動障害物との相対速度を監視し，速度を適切に制御する．

7.3.3　サービスロボットのための D-Case

サービスロボットのディペンダビリティ確保のために D-Case を作成した．作成した D-Case は，機能，運用，安全，説明責任，改善の5項目に関するもので，要素数はゴール 66，エビデンス 29，ストラテジ 28，コンテクスト 12，アンデベロップド 7，モニタノード 17 の合計 159 ノードである．

1) 機能に関する議論

認識・計画・制御部のそれぞれの機能についてロボットのサービスの観点からの議論を行った．認識部においては，下記の議論を行った．

- フロアの地図が精度よく作成できる
- 地図を用いてその中で精度よく位置認識でき，人に取り囲まれてセンサーの視界を一定程度塞

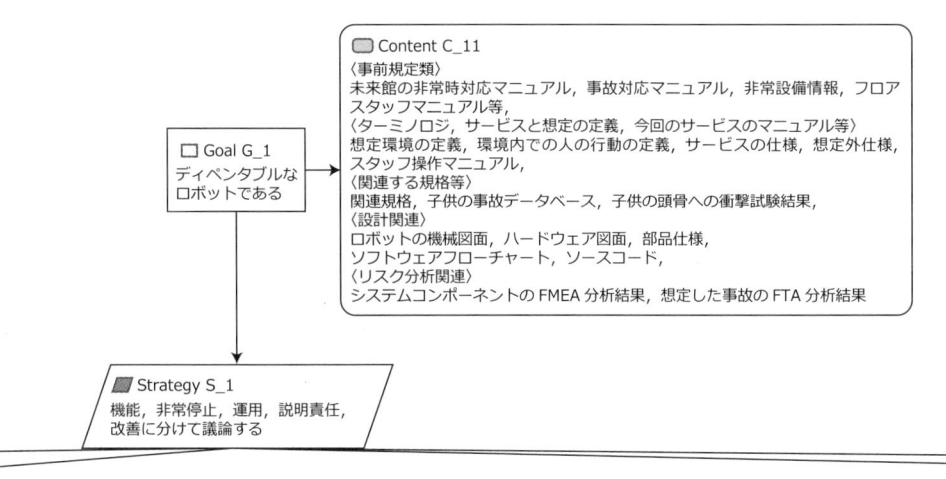

図 7-21　トップゴールとそのコンテクスト

がれていても位置認識の最大の誤差が許容範囲内である
- 静止障害物の定義とこれを精度よく発見し地図に記載でき，発見できない床面上の段差の最大値がロボットの挙動に異常を与えない
- 人などの移動障害物の定義が可能であり，これを精度よく地図上に記載でき，隠れが生じた時にもロバストに追跡でき，複数人が隣接しているときにも精度よく別々に推定できること
- 人の姿勢の定義とこれを精度よく検出できること，および見えない部位の推定結果の取扱いなど

計画部においては，下記の議論を行った．
- 得られた地図情報を入力として，与えられたゴールに対して，安全性が高くなおかつ可能な限り短い時間で到達可能な経路を少ない計算コストで導き出せること
- 安全と最短時間のコスト関数の設定方法
- 巡回経路にたいして，経由点に到達不可能な場合の新規のゴールの設定方法
- 移動障害物や静止障害物を新たに発見した場合にはそれを地図に登録しながら新たな経路をオンラインで計画できること

最後に制御部においては，下記の議論を行った．

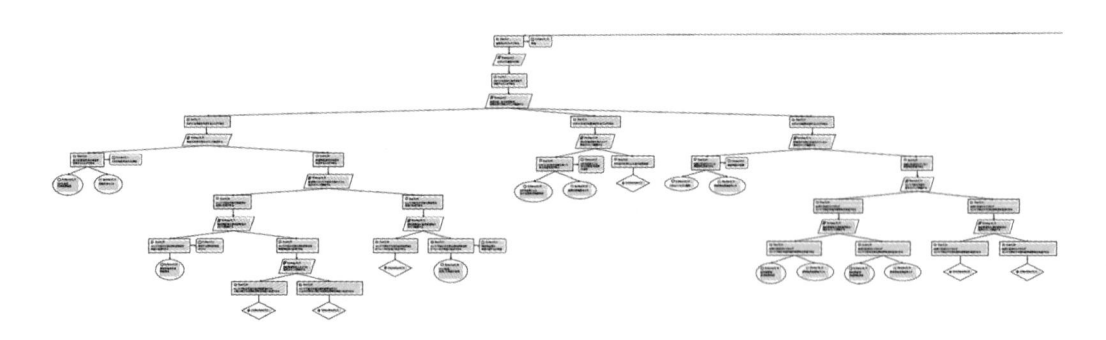

図 7-22　機能の議論

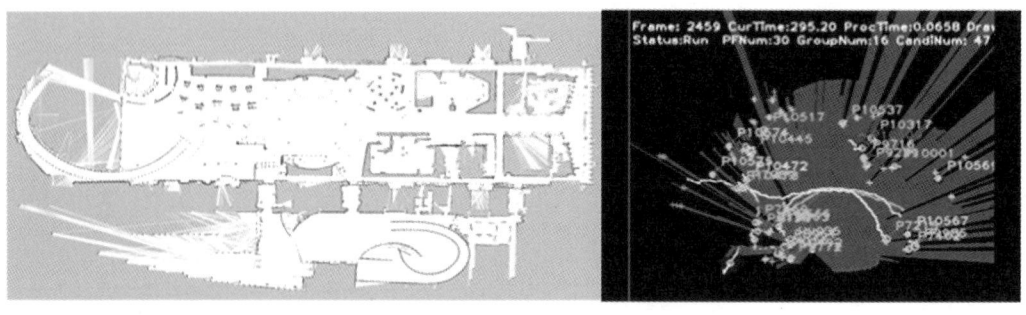

図 7-23

図 7-24

- 与えられた経路に対して，認識した自己位置とその誤差の共分散行列を基に，ロボットの旋回と前進の精度を決定し，精度よく追従すること
- 認識し，または地図に記載している静止障害物からの離隔距離を一定値以上に保つこと
- 認識した移動障害物の将来の進路を損なわないように，ローカルな回避行動を行えること

これらの機能の議論においては，その原理，ソフトウェアの仕様などがコンテクストとして示され，一方で実際の動作試験による性能評価結果などがエビデンスとして示されることにより，スコープの明示化が行われている．エビデンスを獲得するために毎週1回，閉館後の実際の環境を利用して実験走行を1年間行い，ソフトウェアの入力と出力をモニタノードを利用して記録した．ART-Linux の複数コア利用機能により，任意の数のモニタノードをシステムの性能低下を恐れずに配置することができる．これらのモニタノードは，実際の運用時には説明責任や改善の議論を行うために利用される．

一方で動きが速すぎるなどの原因により観測時間が短すぎたり，対象の光学特性が全反射に近かったり無反射に近かったりして観測が難しい対象について，発見不可能な対象物であるとして，スタッフにより地図への手動での登録を行うなど運用の議論により解決したもの，バンパーなどの安全の議論により解決したものなど，想定する設計外の定義とその対応の議論が存在した．同様に計画や制御レベルでの想定外の定義と，その対応に関する議論も行った．

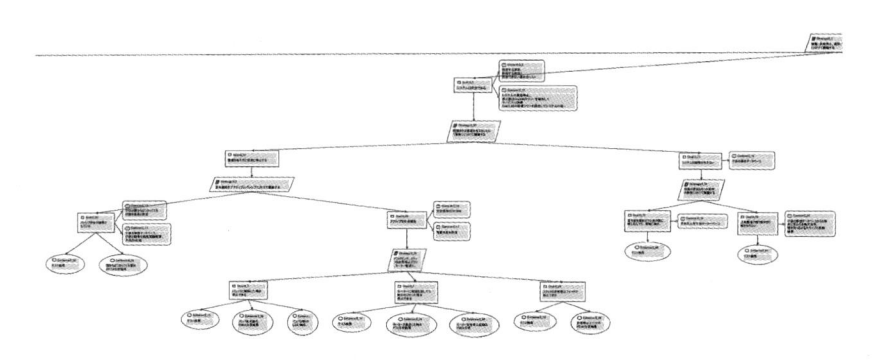

図 7-25　運用の議論

2) 運用に関する議論

　日本科学未来館では，フロアに専任のサイエンスコミュニケータとボランティアの説明員を配置している．これらのスタッフと，運用にかかわる担当者，および来館者が直接のステークスホルダーとなる．運用の方法を決定するために，運用に関する以下の議論を行った．

- 安全にかかわる部分および機能にかかわる部分における，システムの想定する，あるいは想定外のエラーに関して，サービスを継続するための介入のタイミングと方法
- 事故が生じた際の対応に関すること

　議論のスコープとして，コンテクストに記載した運用のマニュアルを作成し，これを引用することにより，議論とマニュアル間の対応を取った．またこのようなスタッフの介入に対してシステムがプリエンプティブに応答する仕様の議論を行い，実際にシステムの動作試験の結果がエビデンスとして付随するようにした．

　運用における重要な問題として，事故などの想定外が発生した場合や，サービスが継続できない場合には，変化対応サイクルでの改善を行う手順が必要となる．このような事象に関する議論もあわせて行い，こちらもマニュアルに記載した．

3) 安全性に関する議論

　ロボットの安全性については，パッシブおよびアクティブな安全性について議論を行った．特にパッシブな安全装置としては，衝突が避けられなかった場合に，システムが停止することについて議論した．これはバンパスイッチおよびモーターの電流センサーとエンコーダを用いた衝突検出システムを用いており，これらはロボットのソフトウェアシステムからは独立なハードウェアとして準備されている．電源の供給を前提に，ロボットが何かに衝突した際に人にダメージを与えずに安全に停止する．また衝突が起きた時に人間に及ぼす被害を最小化するためのエラスティックな緩衝材が存在する．

　この議論のコンテクストとして機能安全に関する基準や，ロボットの安全基準，想定されるリス

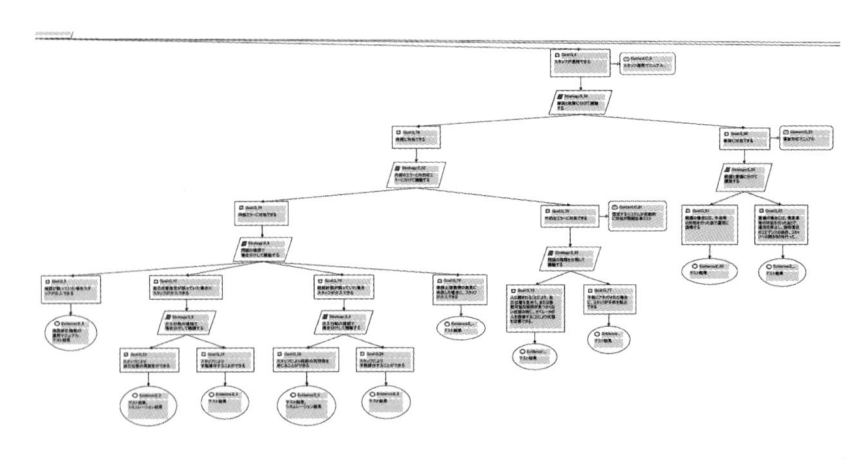

図7-26　安全性の議論

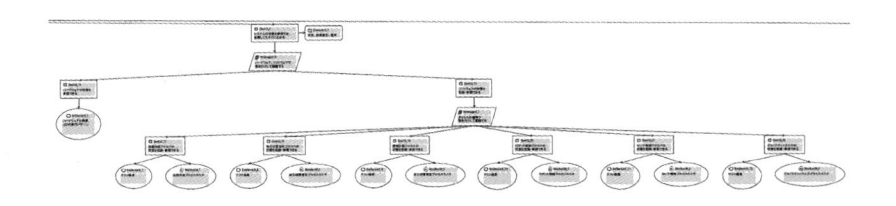

図 7-27 説明責任の議論

クと想定しないリスク（たとえば人がロボットの上に落ちてくるなど），子供の頭部への衝撃と障害の関係の知見などをスコープに入れて議論を行った．個々のシステムに関してはFMEA分析による故障モード解析の結果や，実際のシステムが設計通りに動作するかどうかの試験結果，緩衝材の硬さ試験の結果がエビデンスとして付随する．

4) 説明責任に関する議論

システムが正常に動作していること，想定外にかかわるなんらかの異常が発生したことなどを示すためには，システムの個々の要素の入力や出力の記録が実時間で記録され，保存されていることが重要である．ART-LinuxのD-RE機能により，モニタノードのデータを共有メモリにコピーするだけで，別プロセッサ上で実行されているロギングシステムがデータを保存する．このために必要に応じてデータを記録することができる．本ロボットでは，毎秒数十MBの圧縮データをロギングする．システムの個々の要素や，外界の現象において異常の発生を検知すると，モニタノードとして設定したデータ収集システムがアラートを発行し，システムは安全に停止状態に移行するとともに，その記録を保存することにより，何が起きたか，どの要素が異常を示したのかを示すことができ，改善のループに移行することができる．

このためにどのような異常を想定し，記録を行うかの議論を行い，すべてのセンサーやモーターへの入出力，各機能ごとの入出力，運用担当者の持つジョイパッドの操作入力など合計17か所のモニタノードを配している．またエビデンスとして各異常に対して正常に記録が取れることを示したテスト結果が付随する．

5) 改善に関する議論

システムが想定外の事故を起こしたり，事故にいたらないまでも異常な挙動を起こしたり，センサーやモーターなどのサブシステムが故障したりした場合において，現場の運用担当者によるオペレーションだけではサービスの継続が不可能な場合には，サービスを停止し，変化対応サイクルに入ることになる．故障，想定した設計外，想定しない想定外などの個々の事象について議論したあとで，故障と想定した設計外事象に対しては，前述のモニタノードにより何が起きたのか再現し，システムの改善等の対処を行う．一方で想定しない想定外に対しては，モニタノードが適切に配置

図 7-28 改善の議論

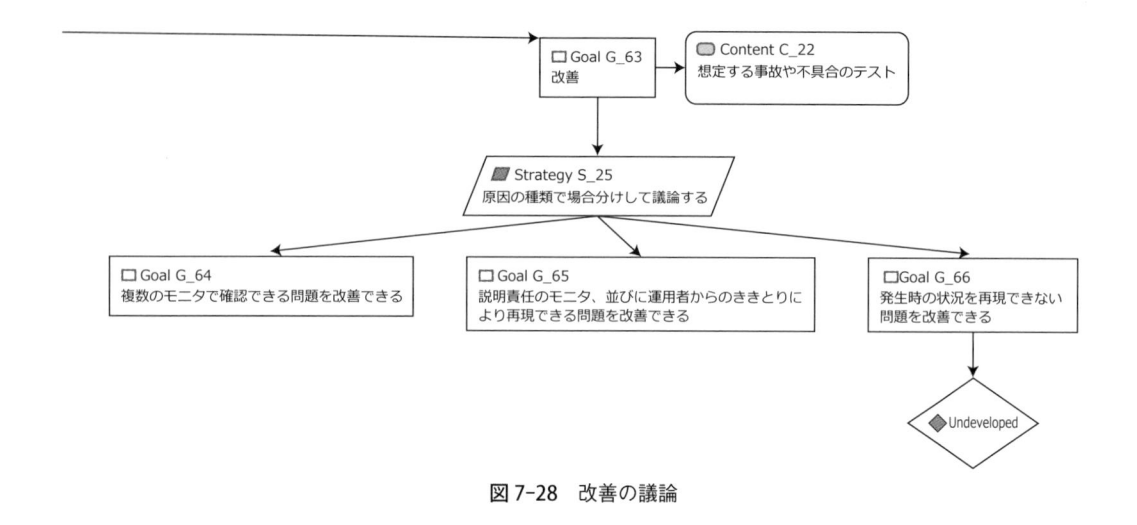

されているかどうかは不明である．各種センサーの記録，追従していたスタッフからの聞き取りなどから現象の再現を試み，改善を試みるという議論がなされている．

7.3.4 まとめ

本節では，DEOS プロセスを用いた具体的な事例として，日本科学未来館の展示フロアでサービスを行うロボットの障害対応サイクルと変化対応サイクルを司る機能，安全，運用，説明責任，改善の 5 つの要素の議論と，それを実現するロボットのシステム構成について，設計者と運用者の二者のステークホルダ間で合意を形成するために議論した D-Case について述べた．これらの議論は，詳細においては具体的なセンサーやアクチュエータなどの部品や，具体的なレギュレーションなどが表れてくるため，本書では議論の大枠を示すにとどめているが，スコープ，レギュレーション，エビデンス，設計書，試験結果，マニュアルなどを統合した議論が行えるという特性を示していると考えている．

またこれらの議論は，設計から運用まで，システムのライフサイクルを通じて常時更新されていくとともに，その動作の記録としてのモニタノードが常時記録され，不具合あるいは更新の対象の議論を行うことができるようになっている．

D-Case により議論を行いながら合意形成を行うことには，次のような利点が存在する．

- 問題全体のスコープの明確化
- 障害対応サイクルと変化対応サイクルの遷移条件の明示化
- 議論に用いる資料の明示化
- 個々の FTA, FMEA 等の望ましくない事象のリスク分析結果の統合
- 既存の安全や技術規格との適合判定との統合
- 個々のゴールに対する問題設定と合意条件の議論の記録
- モニタノードにより得られる説明責任情報の明示化

図 7-29　開発したロボットの運用実験

- 運用，整備などのマニュアルの明示化
- 想定する想定外の明示化
- ターミノロジやパラメータの定義の明示化
- 精度などの条件の明示化

　一方で，D-Case の議論の完全性，D-Case の部分改変における全体の一貫性の保証，各ゴールに誰が合意したか，上位のゴールに合意するための下位の木の理解，などは利用者に任されており，使用上の注意が必要である（このうちいくつかの課題は D-ADD により解決されている）．

　また今回のサービスでは運用と改善のフェーズ間の遷移はスタッフが行うことになっており，また障害対応サイクル内での対応はすべてプログラミングされており，これらを補助する D-Script を用いていない．D-Script を用いることにより柔軟な制御が可能になると期待されている．

参考文献

[1] M. Tokoro, ed., "Open Systems Dependability – Dependability Engineering for Ever-Changing Systems", CRC Press, 2012.
[2] 松野 裕，高井 利憲，山本 修一郎，「D-Case 入門 "ディペンダビリティケースを書いてみよう"」，ISBN 978-4-86293-079-8
[3] Y. Matsuno, J. Nakazawa, M. Takeyama, M. Sugaya, Y. Ishikawa, "Towards a Language for Communication among Stakeholders", In Proc. of the 16th IEEE Pacific Rim International Symposium on Dependable Computing（PRDC'10）2010, pp. 93-100.
[4] D-Case Editor: http://www.jst.go.jp/crest/crest-os/osddeos/index.html
[5] DEOS Project White Paper Version 3.0, DEOS-FY2011-WP-03J
[6] ART-Linux: http://sourceforge.net/projects/art-linux/
[7] 加賀美 聡，石綿 陽一，西脇 光一，梶田 秀司，金広 文男，尹 祐根，安藤 慶昭，佐々木 洋子，サイモン トンプソン，松井 俊浩，「複数コアを SMP・AMP 分割利用可能な ART-Linux の設計と開発」，第 17 回ロボティクスシンポジア講演論文集，pp. 521-526., 山口県萩市，萩本陣，Mar., 2012.
[8] 石綿 陽一，加賀美 聡，西脇 光一，松井 俊浩，「シングル CPU 用 ART-Linux 2.6 の設計と開発」，日本ロボット学会誌，第 26 巻，6 号，pp. 546-552, Sep., 2008.

7.4 セキュリティ

7.4.1 DEOSにおけるセキュリティ

　DEOSが想定するオープンな環境では，クローズな環境よりもセキュリティ上の脅威（threat）をあらかじめ想定しておくことがはるかに難しい．これは不特定多数のユーザからアクセスされ，さらにはベンダの異なるソフトウェア・コンポーネントが相互に連携して動作するためである．このような環境では，想定外の脅威や未知の脅威によって引き起こされるセキュリティ・インシデントに対し，できる限り迅速に対応できるセキュリティ・メカニズムを構築していくことが肝要である．言い換えると，あらかじめ想定しておくことが不可能な脅威に対しても，セキュリティを担保することが可能な仕組みが求められている．

　しかし，あらかじめ想定不能な脅威を事前に排除することは難しい．想定されていない脅威に対して，その対策を考えることは簡単ではないためである．すなわち，想定される脅威をあらかじめ列挙し，それぞれの脅威に対してどのような対策がとられているのかということを検証していく方式を採用することはできない．

　DEOSでは，想定される脅威に対して対策を取るというスタンスではなく，"システムの動作が期待されているものからずれていたら，セキュリティが破られている可能性がある" という考え方にたつ．どのような要因によってセキュリティが破られたのかという点については考慮せず，結果としてシステムの動作が期待とは異なるものになっていれば，それはセキュリティ上の問題が発生している可能性があるととらえる．逆に，システムが期待どおりに動作していれば，セキュリティ上の問題は発生していないであろうととらえる．たとえば，"ユーザAは情報Xにアクセスできない" ようにシステムを設計・実装した場合，ユーザAが情報Xにアクセスできるという状況が発生した時点で，なんらかのセキュリティ上の問題が発生していると考える．どのような要因によってそのような事態が発生したのかという点は考慮しない．

　このような考え方でセキュリティを担保していくために，DEOSでは次の3つのメカニズムを提供している．第1に，DEOSの枠組みの中で動作するシステムが，期待どおりに動作しているかどうかを検証する枠組みが必要である．上記の例でいえば，"ユーザAの権限で情報Xにアクセスを試みる" という動作を定期的に行うことで，システムが期待どおりに動作しているのかどうかを検証することができる．本プロジェクトでは，このような考え方に基づいてオペレーティングシステム（OS）のセキュリティを担保する．この仕組みはD-System Monitorに組み込まれており，その詳細は7.4.3節で述べる．

　第2に，なんらかの脅威によってシステムの動作が期待するものからずれたとき，システムの状態を健全な状態へと回復する仕組みを提供する必要がある．システムの状態を健全なものに戻す方法は，攻撃の種類，攻撃を受けたアプリケーションの性質等によって決定する必要がある．その

ため，D-RE 単体では適切な回復手法を決定することはできない．そこで，D-RE は健全性回復のためのさまざまなプリミティブを提供し，適切なプリミティブの選択は D-Script によって決定する．D-Script は D-System Monitor が取得したモニタリング情報に基づいて健全性回復プリミティブの選択を行う．D-RE にはさまざまな健全性回復機能を組み込むことが可能であるが，現時点では，比較的適用範囲の広い手法である再起動ベースのプリミティブを提供している．その詳細は 7.4.4 節で述べる．

第三に，脆弱性そのものを修正するために動的アップデート機構が必要となる．7.4.2 節で述べるように，多くの脆弱性はソフトウェア上の誤り（フォルトまたはバグ）に起因することが多い．そのため，脆弱性が発見された場合，その要因となるフォルトを修正するパッチを適用しなければならない．動的アップデート機能では，稼働した状態のソフトウェア・システムを停止することなくパッチの適用が可能となる．この仕組みについては 7.4.5 節で述べる．

DEOS では，OS のセキュリティを担保することに重きをおいている．ソフトウェアの実行基盤である OS の脆弱性を突かれ，OS に不正コードを送り込まれた結果，OS の動作そのものが信頼できなくなる．そのような状況では，OS 自身がいかに高度なアクセス制御機構や暗号化通信機構などを備えていてもそれらはすべて無効化されかねない．ソフトウェア・システム全体のセキュリティを担保する上で，OS 自身が設計・実装された通りに動作していることを担保することがまず重要である．そのような観点から，OS が持つ脆弱性，すなわちセキュリティホールとなりかねないソフトウェア上のフォルト（システム・フェイリュアの要因）を対象とし，アクセス制御モデルなどは対象としない．すべての基盤となる OS が期待した通りに動作していることを実践的に担保する仕組みを用意しない限り，OS が提供するさまざまなセキュリティ機能（アクセス制御や暗号化通信といった古典的なセキュリティ機能）そのものを信用することができず，すべてが砂上の楼閣となってしまう．

オープンではないシステムに比べ，オープンなシステムでは未知の脅威に対する耐性が格段に重要になる．本方式の特徴は，「期待した動作からのズレ」としてセキュリティ異常をとらえることによって，特定の攻撃パターンや攻撃方法などに依存しにくい汎用性の高い検知機構を備えていることである．このようなとらえ方によって，キーロガー，ルートキット，アドウェア，偽アンチウイルスソフトなど，多様なクラスのマルウェアの検知を可能としている．同一の枠組みの中でこれだけの広い範囲のマルウェア検知を可能としている仕組みはない．

提案方式では「ある状況において OS の期待する動作」を定義しておかなければならないため，そのような動作が定義できない状況では不正コードへの感染を検知することはできない．そのため，マルウェアによる不正行為が，正常な OS の動作とは見分けがつかないような状況では適用することができない．OS の正常動作にうまく溶け込みながら動作するようなマルウェアが作れるとしたら本方式の脅威となる．そのようなマルウェアが技術的に作ることができるのかどうか，じっくりと考察していく必要があるだろう．

7.4.2 脆弱性とフォルト

DEOSにおけるセキュリティ対策の枠組みのもう1つの特徴は，脆弱性を広い意味でのフォルトの1つとしてとらえ，セキュリティ・インシデントも故障（フェイリュア）の一形態としてとらえているという点にある．OSの乗っ取りのような深刻な攻撃はOSのプログラミング上の誤り，すなわちフォルトに起因していると言ってよい．セキュリティホールとなるようなフォルトは発見が極めて難しく，事前のテストや検査で取り除くことは難しい．たとえば，整数のオーバーフローが深刻なセキュリティホールにつながる事例が多く報告されている．カーネル内では，メモリ割当てのために p = kmalloc（n * size）; という形のコードが頻出する．n の値が大きすぎると n * size の演算結果がオーバーフローを起こし，割り当てられるメモリサイズが小さくなってしまう．その結果，バッファ溢れが生じる．このようなフォルトは，対症療法的に検査手法を確立することは可能であるものの，新たな事例が次々と報告されているため対症療法的なアプローチでは追いつかない．

残念ながら，Linuxをはじめとする現代のOSの多くには多数のフォルトが含まれている．seL4のように厳密な検証が行われたOSも提供されるようになっているものの，seL4は機能が限定された組込みOSであり，コードサイズも小さく検証にものりやすい．一方，組込みシステムからスーパーコンピュータまで広く普及しているLinuxは，はるかに巨大かつ複雑な構成をとっており，形式的検証を行うことは現実的に難しい．そのため，形式的な検証はまったく行われていないか，ある一部のサブシステムに対する形式的検証にとどまっている．

図7-30にLinuxにおけるフォルト数の変遷を示す．これは静的解析によって比較的容易に発見可能なヌルポインタ参照やメモリ割当てサイズのまちがい等をカウントしただけである．競合状態やメモリリークなど複雑な条件で引き起こされるようなフォルトはカウントされていない．それにもかかわらず，どのバージョンを通じても平均して700個程度のバグが含まれていることがわかる（図中の最上段のグラフを参照）．

OSのセキュリティを高めるためにはOSの脆弱性を突かれ制御を乗っ取られた場合であっても，それを検知しその状態から迅速に回復できることが必要である．カーネル内のあるフォルトがセ

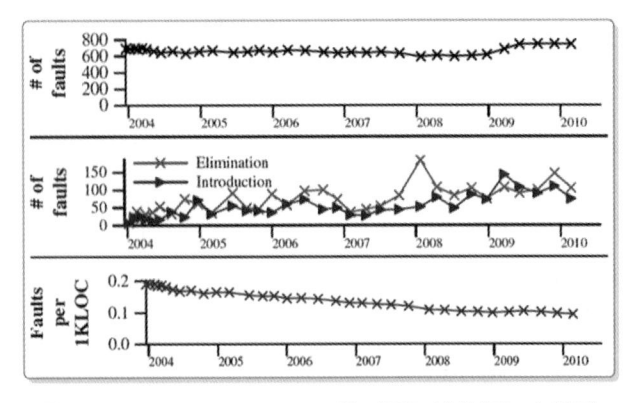

図7-30 Linuxにおけるフォルト数の遷移（文献[6]から引用）

キュリティホールにつながるものかどうかということを区別することは容易ではない．そこで，カーネルに内在する個々のフォルトがセキュリティホールにつながるものかどうかという議論はせず，カーネルに内在するすべてのフォルトをセキュリティホールにつながりうると見なした上で対策を立てていくことが重要であり，また現実的な解決策であると考えている．このような視点からも，フォルトと脆弱性を同一視し，同じ枠組みで取り扱っていくべきである．D-RE におけるセキュリティ・インシデントの検出やその対応策は，通常の障害検知，およびその対応策と完全に同列に扱えるようになっている．以下，7.4.3 節から 7.4.5 節では D-RE に組み込まれた DEOS のためのセキュリティ機構についてそのメカニズムを概説する．

7.4.3 不正コードの検知機構

OS カーネルに組み込まれた不正コードを検知するために，D-System Monitor ならびに D-Visor を活用する．D-Visor はハードウェアを隠蔽し，D-System Monitor の実行環境を与える．D-System Monitor は監視対象 OS とは隔離（Isolation）されており，監視対象 VM から D-System Monitor が有する計算リソースにアクセスすることは困難となる．この監視環境（具体的には監視対象 OS が動作する仮想マシンとは別の仮想マシン環境）から監視対象の OS の振る舞いを監視することにより，OS が健全に動作しているかどうかを検査する（図 7-31）．検査結果は D-Script で処理され，その結果によって適切な回復処置，つまり後述する Phase-based Reboot や ShadowReboot が呼び出される．

DEOS プロセスにおける障害対応サイクルを円滑に回すために，D-System Monitor では OS の振る舞いに着目する．D-Visor と連動することで，監視対象 OS が行う特権レジスタへのアクセスや，特権命令の実行，入出力やその内容などを正確に監視することができる．さらに，監視対象 OS に対して割込みを注入したり，システムコールを起動するソフトウェア割込みを注入することで，それらに対する OS の動作を逐一観察できるようになる．このような手法を用いることで，OS が期待どおりに動作していること，すなわち健全に動作していることを保証する．

たとえば，D-System Monitor の 1 つである FoxyKBD は，OS に不正に組み込まれたキーロガーを検知する機構である．FoxyKBD では，人間では不可能なほどの高速なキー入力をねつ造し，キー

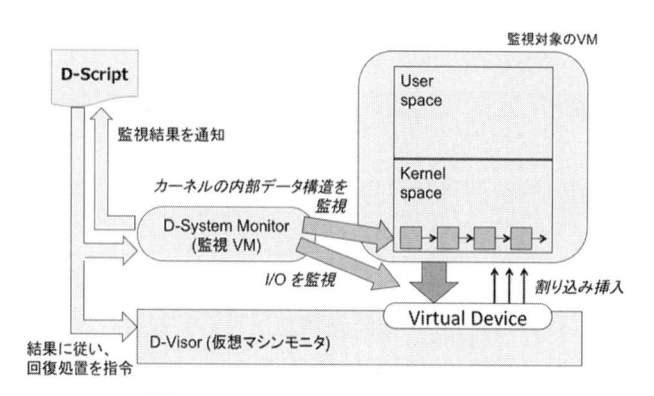

図 7-31　D-System Monitor と D-Visor

ロガーの動作そのものを増幅する．大量のキー入力を受けたキーロガーはそれらの入力を記録するため大量のディスク I/O を行う．キー入力のねつ造とディスク I/O の増加の間に統計的に有意な相関がみられれば，高い確率でキーロガーに感染しているといってよい．実際のキーロガーでは定期的にキー入力を収集するタイプのものも多いため，さらにタイマ割込みをねつ造することによってゲスト OS 内の時間の流れも高速化している．そうしたタイプのキーロガーでも検知できるようにする．実際にインターネットから回収した 56 種類のキーロガーに対して本本式を適用したところ，その種類に依存せずすべてを検知することができた．

　本方式の最大の特徴は，マルウェアの検体ごとに対策を施す必要はないという点である．マルウェアの行う悪質な行為に応じてマルウェアを分類し，その分類，すなわちマルウェアのクラスごとに対策を行えばよい．たとえば，キーストロークを盗むという悪質な行為を行うマルウェア，ファイルのメタデータを改竄するマルウェアといったようにマルウェアをクラス分けし，そのマルウェアのクラスごとに監視方法を提供すればよい．このようにすることで，特定の検体，攻撃ベクタ等に依存することのない汎用的な検知機構を構築することが可能となり，未知の攻撃に対しても高い耐性を持たせることができる．たとえば，ファイルの存在を隠蔽するマルウェアを検出するためには，I/O 処理の結果から得られるファイル名一覧と，システムコールの返値から得られるファイル名一覧の整合性とを検証すればよい．

7.4.4 不正コードからの回復機構

　セキュリティ上の脅威を未然に防止するためには，すべてのソフトウェア階層に潜む脆弱性を未然にふさいでおくことがもっとも望ましい．しかしながら OS カーネルの高機能化や複雑化に伴い，開発段階で脆弱性の原因ともなるバグを完全に除去することは困難である．そのため，運用面からバグの影響を緩和する方法が望まれている．緩和する処置は D-Script によってシステムの状況が判断され，適宜適切なものが呼び出される．

　OS カーネル内のバグによる悪影響は再起動によって緩和できることが広く知られている．バグによってカーネルクラッシュやメモリリークが起こった場合には，OS カーネルを再起動することで，バグの原因を調べることなくシステムの健全性を回復することができる．また，OS カーネルの脆弱性を狙ったマルウェアも，その隠蔽性を保つために多くの場合メモリ上に常駐する．OS カーネルを再起動すれば，メモリ内容を一度リセットするので，マルウェアを消すことができる．しかしながら，OS 再起動はその上で動作しているアプリケーションの再起動も伴い，長いダウンタイムを生じる．

　D-Visor は高速な再起動リカバリ手法である Phase-based Reboot[1]を提供する．Phase-based Reboot では OS の起動フェーズに着目する．ソフトウェアのアップデートに伴う OS 再起動とは異なり，障害復旧のために実行する OS 再起動では，システムの起動と再起動は同じ実行フェーズを実行する．そのため，以前に起動した直後の状態を復元することで，OS 再起動と同等の効果が得られる．

　短いダウンタイムで OS 再起動と同等の効果を得るために，システムの起動直後の状態を保存し

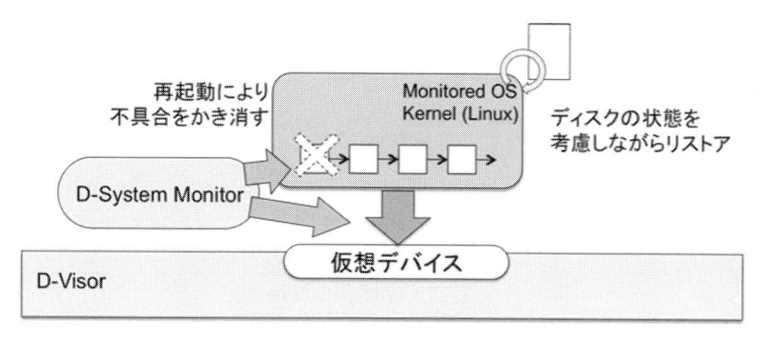

図 7-32　Phase-based Reboot

て，その状態を復元することで健全な状態を作り出す（図 7-32）．システムの状態を保存するためにスナップショット機能を用いる．ここで，スナップショットを復元するだけではディスクの状態も以前の状態に戻ってしまう．そこで，スナップショット復元直後に，現在のディスクを読み取り，メモリ中のファイルシステムオブジェクトを適宜更新して，ディスクの更新状態をシステム内に伝播させる．実際に OS 再起動が伴うダウンタイムを最大で約 93.6% 削減することを確認した．

また，VM が搭載するメモリ量が多い場合にもスナップショットから迅速に復元できるように，ソフトステートを保持するメモリ領域（たとえばページキャッシュ）をスナップショットとして保存しないといった工夫を施している．他にも D-Visor 自身の再起動リカバリ[2,3]の高速化や再起動時の性能劣化を防ぐ方式[4]も組み込まれている．

7.4.5　動的アップデートによる処置

障害が起きたあと，その対策手法をシステムに導入する際にはシステムを再起動することが一般的である．OS カーネルやアプリケーションにパッチを適用する際に伴う再起動が典型的な例である．D-System Monitor に対して新しいセキュリティ機構を導入する際も例外ではない．そのため，新たな障害対策手法を導入する際にはサービス自身やその監視機構が一時的に停止してしまう．一方ソフトウェアの複雑化によるバグの増大や攻撃手法の高度化により，頻繁に対策を取らねばならない．

D-System Monitor および D-Visor はそのような障害対策手法の導入を前提としており，容易にそれらを組み込むことのできるアーキテクチャとなっている．OS カーネルやアプリケーションの動的アップデート方式は広く研究されており，それらを組み込むことができる．これらの動的アップデート方式が適用できないものに関しては，従来は再起動を余儀なくされてきたが，D-Visor が提供する高速アップデート方式を活用することで，円滑に障害対策を施すことができる．

D-Visor はソフトウェアをアップデートする際のダウンタイムを短縮する ShadowReboot 方式[5]を提供する．ShadowReboot では，稼働しているアプリケーションから OS 再起動の動作を隠蔽する．具体的には，OS の再起動を行う際，同じ状態を持つ VM を複製し，そちらの VM 上で OS 再起動を実行する．複製の元となった VM では引き続きアプリケーションを稼働し続けられる．再

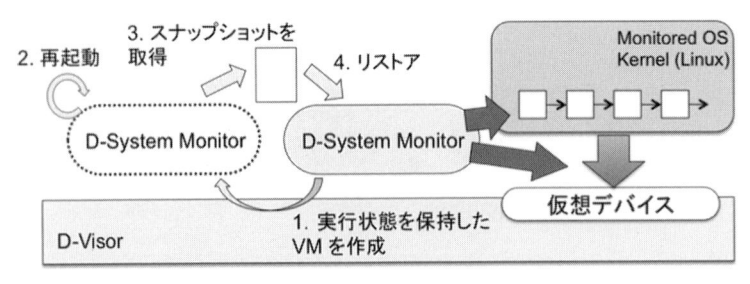

図 7-33　ShadowReboot

起動修了後に，VM のスナップショットを取得し，そのスナップショットを復元することでソフトウェアのアップデートを実現する（図 7-33）．仮想ディスクの更新内容をスナップショット復元時にも保持し続けることで，通常のアップデートを短いダウンタイムで行うことができる．本方式は，サービスが稼働している監視対象の VM 内のアップデートだけでなく，それを監視する D-System Monitor のアップデートにも適用可能である．現在のところ，プロトタイプ実装において，アップデートに伴うダウンタイムを 83〜98 ％削減できることが分かっている．

7.4.6　まとめ

OS カーネルはアプリケーションやハードウェアの進化に伴って，肥大化・複雑化を繰り返してきた．その結果，OS カーネルには高い信頼性が求められているにもかかわらず，OS カーネル内にはソフトウェアバグが存在したり OS カーネル自身を乗っ取る攻撃が登場したりといった報告がなされている．結果として，これらの影響でサービスが停止したり，最悪の場合，サービスの改竄や情報漏洩が起きてしまう．本節では OS カーネルの障害を前提とした実行基盤について述べた．本方式の特徴は「期待した動作からのズレ」として セキュリティ異常をとらえることによって，特定の攻撃パターンや攻撃方法などに 依存しにくい汎用性の高い検知機構を備えていることである．このようなとらえ方によって，キーロガー，ルートキットなど，多様なクラスのマルウェアの検知を可能としている．提案方式では「ある状況において OS に期待する動作」を定義しておかなければならないため，そのような動作が定義できない状況では不正コードへの感染を検知することはできない．そのため，マルウェアによる不正行為が正常な OS の 動作とは見分けがつかないような状況では適用することができない．OS の正常動作にうまく溶け込みながら動作するようなマルウェアが作れるとしたら本システムの脅威となるため，マルウェアが技術的に作ることができるのかどうか考察し，その対策手法を探ってゆく必要がある．

参考文献

[1] Y. Yamakita, H. Yamada, K. Kono, "Phase-based Reboot: Reusing Operating System Execution Phases for Cheap Reboot-based Recovery," in Proc. of the International Conference on Dependable Systems and Net-

works, 2011, pp. 169-180.
［2］ K. Kourai, S. Chiba, "A Fast Rejuvenation Technique for Server Consolidation with Virtual Machines," in Proc. of the International Conference on Dependable Systems and Networks, 2007, pp. 245-255.
［3］ K. Kourai, S. Chiba, "Fast Software Rejuvenation of Virtual Machine Monitors," IEEE Transaction on Dependable and Secure Computing, Vol. 8, No. 6, pp. 839-851, 2011.
［4］ K. Kourai, "Fast and Correct Performance Recovery of Operating Systems Using a Virtual Machine Monitor", in Proceedings of the ACM International Conf. on Virtual Execution Environments, 2011, pp. 99-110.
［5］ H. Yamada, K. Kono, "Traveling Forward in Time to Newer Operating Systems using ShadowReboot," in Proc. of the ACM Virtual Execution Environments, 2013. pp.121-130.
［6］ N.Palix, G. Thomas, S. Saha, C.Calves, J. Lawall, G. Muller, "Faults in Linux : Ten years later", in Proc. of the International Coference on Architectural Suppot for Programing Languages and Oprating Systems pp. 305-318.

第8章

D-Case 合意に基づく
システム運用の支援 (D-Script)

　DEOS では，システム設計・開発からシステム運用までのすべての段階において，またそのライフサイクルを通して，ステークホルダ合意に基づいてディペンダビリティを高める．D-Script は，ステークホルダ間で合意された運用手続を D-RE 上で実行する手段を提供する．

　DEOS プロセスでは，ステークホルダ合意は D-Case を用いて議論され，電子データとして管理される．D-Script は，これらの D-Case の議論に運用システムが実施すべき〈アクション〉として記述され，合意の一部に含める．これを実行可能なスクリプトとして D-RE に配送し，D-RE 上で D-Script Engine 上で実行し，その実行の成否をエビデンスとして得る一連の枠組みを提供する．

8.1 プログラムとスクリプト

　DEOS アーキテクチャは，DEOS プロセスに基づいてサービスを提供するシステムを抽象化した実行環境モデルである．サービスは，機能要求にしたがって開発されたアプリケーションプログラムによって提供される．通常，サービスは，複数のアプリケーションプログラムの連携で構築され，オープンな環境で実行されるため，個々のアプリケーションプログラムをどんなにしっかり開発したとしても，ディペンダビリティ要求を完全に満たすことは難しい．

　D-Script は，ディペンダビリティ要求をシステム運用時に追加的に実現する手段として提供される．D-Script は，アプリケーションプログラムとは異なり，機能要求で定義されるサービス自体を実行することはない．アプリケーションプログラムのライフサイクル管理，データ保護，他のアプリケーションプログラムとの負荷調整などを行い，オペレータを支援するツールとして，ディペンダビリティ要求を満たすようにアプリケーションプログラムの実行を助けることが目的である．

8.1.1 スクリプトに対するステークホルダ合意の意義

　スクリプトは，タイムシェアリングシステムが発明される以前から，バッチファイルという形で，運用を支援するときに用いられてきた．今日，エンタープライズシステムから組込みシステム

を含め，コンピュータサービスを構築する主流 OS となっている Linux においても，Bourne Shell や発展型のシェル（csh, zsh），さらによりプログラミング能力を高めた Perl や Python などのスクリプトが運用に用いられている．また，Amazon Web Service など，主要なクラウドプラットホームにおいても，スクリプトによってシステム運用が制御できるようになっている．

運用スクリプトは，はじめ手作業で行っていた運用手順を自動化するときに用いられてきた．運用スクリプトの開発は，従来のソフトウェア開発プロセスとは異なり，要求分析や障害分析が欠け，またソフトウェアテストも不十分であることが少なくない．このため，スクリプトの誤動作によるシステム障害，障害の重症化が少なくない．たとえば，

- 証券取引所システムでは，バックアップサーバ起動スクリプトが起動完了を正しく通知しなかったため，失敗と判断し，別のバックアップサーバが起動する事故が発生した．
- クラウドファイルサービスでは，オペレータが個人的に用意した個人情報削除スクリプトがまちがって起動され，バックアップファイルを含め，90 % 以上のファイルが消滅した．

このように，運用スクリプトは，運用システムのディペンダビリティ要求の実現に直結した部分で用いられるため，いったん，運用スクリプトが正しく動かなくなると，システム障害の重症化は免れない．しかも，このような影響力の大きい運用スクリプトが，ソフトウェア工学的な品質管理もされず，オペレータの個人的裁量で記述され，適用されているのが今日の現状である．

D-Script は，このような運用スクリプトをステークホルダ合意に基づいて管理し，適切な障害管理とライフサイクル管理を導入することで，ステークホルダ合意に基づくシステム運用を支援することを目指している．

図 8-1 は，D-Script の概要を示した図である．D-Script は，合意系と運用系の 2 重構造で利用される．合意系では，ステークホルダは D-Case に基づいて運用手続に関する合意形成を行い，スクリプト中にディペンダビリティ要求を満たすための計画されたアクションを追加する．これらの

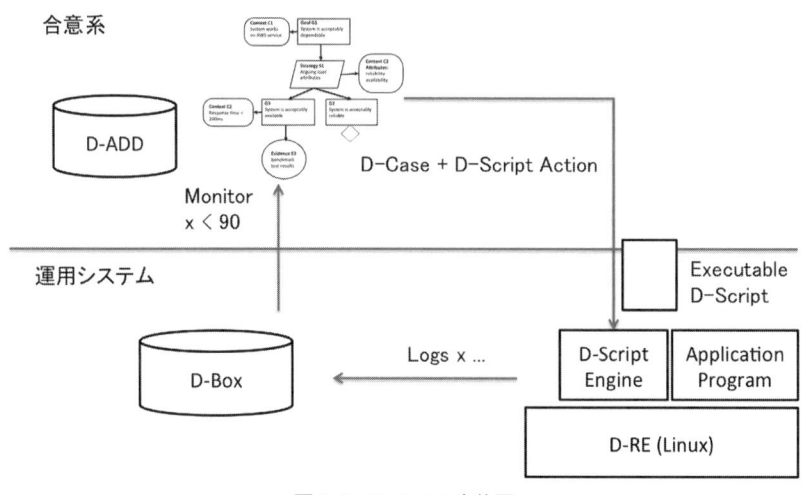

図 8-1　D-Script 全体図

合意記述は，D-ADDに安全に格納される．一方，運用系はD-RE上でアプリケーションプログラムを実行している．D-REにはD-Script Engineが存在する．D-Script Engineは，合意されたアクションとしてD-Scriptを実行し，アプリケーションプログラムの制御を行い，その実行結果をログとしてD-Boxに格納する．D-Boxに格納されたログは，再度，合意系に戻されて，エビデンスとしてさらなるD-Caseの議論に用いられ，運用手続きの改善や変化対応の根拠として利用される．

8.1.2 DEOSプロセスの中のD-Script役割

オペレータ（運用者）は，DEOSプロセスにおいて，ディペンダビリティを実現する重要なロール（役職）である．D-Scriptは，オペレータが手作業で実施する運用手続きを自動化するために記述した機械実行可能な運用手続といえる．一般に，オペレータの操作ミス（ヒューマンエラー）はごくありふれた障害要因であり，運用手続をあらかじめ機械実行可能なスクリプトに置き換え，事前に検証することはディペンダビリティ向上につながる．

DEOSプロセスでは，D-Scriptで処理する内容は，ディペンダビリティ要求（非機能要求）を満たすための処理となる．たとえば，D-Caseにおいて，「データ整合性を保証する」というゴールが存在すれば，その要求を満たすためのバックアップの運用手順が必要となり，D-Scriptはそれらの内の機械処理できる部分を記述したものである．したがって，D-Scriptは必ずディペンダビリティ要求に由来している．

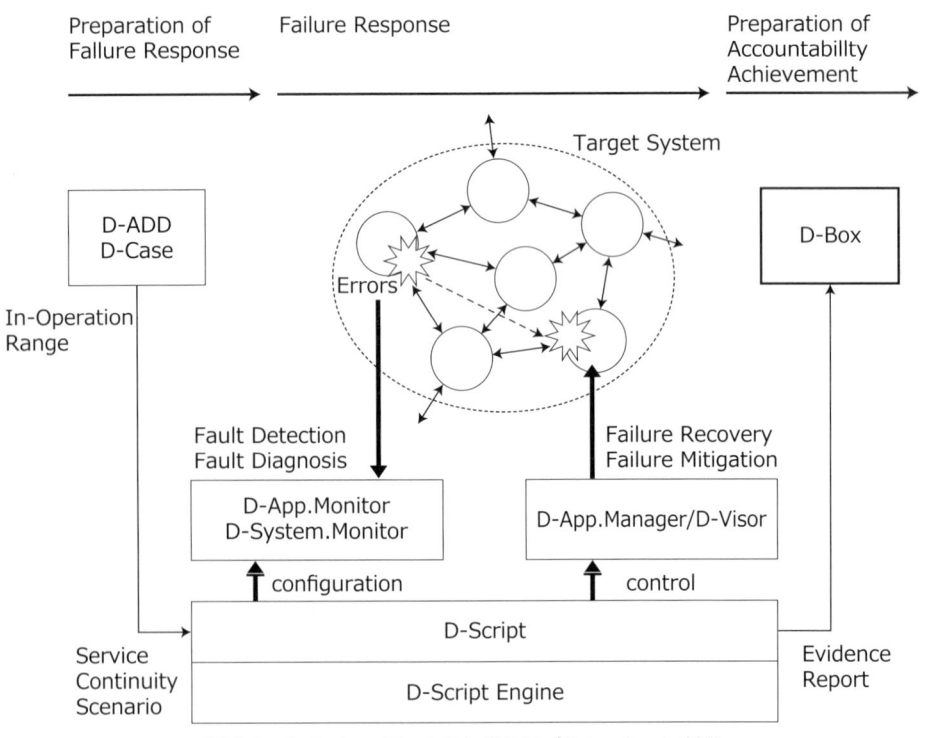

図 8-2 D-Script：モニタリングとアプリケーション制御

DEOS プロセスにおける D-Script の主な役割は以下のとおりである．

(1) オペレータの代わりに，システムの運用情報を集める．情報収集は，D-System Monitor や D-Application Monitor のように常駐しているプログラムだけでなく，システムの定期検査や常駐モニタが異常を検出したときの詳細な診断などの運用手続にしたがって行われる．
(2) オペレータの代わりに，システムの構成，利用可能なコンピュータリソースの増減，システムの再起動，システムプログラムの更新や更新取り消しなどの作業を行う．

運用スクリプトは，これらの役割を組み合わせて，(1)，(2) の作業を忘れることなく実行し，さらに連動させることが可能である．高度に複雑化した連続した手順や，オペレータの反応速度では連携が難しい作業もあり，スクリプトによる処理はそれらの連携に適している．図 8-2 は，D-Script の運用イメージである．

一方，DEOS プロセスはすべてのオペレータ作業を D-Script に置き換えることを目指していない．想定外の事態は，オペレータに判断が委ねられ，手作業で実行することが求められる．ただし，オペレータを呼び出す状況もあらかじめ合意し，D-Script として記述しておくことが求められる．

D-Script は，障害対応中にアプリケーションプログラムを変更し新しい機能を追加したり，新しい運用モードを追加することはしない．たとえば，障害発生時にサービス・デグレードを行いたいとき，サービス・デグレードの機能をあらかじめアプリケーションプログラムに実装しておく必要がある．このように，アプリケーションプログラムを設計するときは，運用手順を含めて十分に要求分析を行い，必要な運用を支援する機能を実装し，それらを操作する API を D-Script に対し公開する必要がある．

同様に，D-Script からアプリケーションごとの固有な内部情報を獲得したい場合は，それらを獲得するモニタポイントを用意しておく必要がある．D-Script は，アプリケーションプログラムを書き換えて新しいモニタポイントを設定することは行わない．実装済のモニタポイントをオフにしたり，必要に応じてオンにすることで，必要な情報を取り出すことができる．

もし，アプリケーションプログラムにおいて，D-Script から参照したいモニタポイントやサービス・デグレード機能が不足していたら，変化対応サイクルにおいて，修正を行うことになる．

8.1.3 D-Script Engine

D-Script Engine は，アプリケーションプログラムの実行プラットホームとなる D-RE 上で D-Script を実行するためのスクリプト処理系である．まず，D-Script Engine は，D-ADD からステークホルダ合意が更新されたとき，実行可能なスクリプトを受け取る．スクリプトが実行条件を満たした時に実行し，その実行結果を D-Box に格納し，エビデンスとして D-ADD にフィードバックすることを保証する．D-ADD と D-Script Engine の同期方法は以下の 3 種類が定義されている．

- プル型：D-Script Engine は，定期的に D-ADD に問い合わせを行い，更新情報の問い合わせを行う．組込み製品など，不特定多数のコンピュータ・システムと同期をとるときに有効である．しかし，ステークホルダ合意の更新（D-Case の更新）とその内容が運用システムに反映

されるまでの間にタイムラグが発生する.

- プッシュ型：D-ADD から D-Script Engine に D-Case コンテクストとアクション関数の定義を送信し，強制的に同期をとる．タイムラグが少なく，D-Script Engine 間の振る舞いも同期させやすい．ただし，完全にアプリケーションプログラムの実行の状態を把握する必要と通信手段の確保が求められる．また，D-Case の偽造防止など，より高度なセキュリティ対応が求められる．
- 統合型：D-ADD ストレージとアプリケーションが統合された場合，両者が同じ場所に設置されることもある．

D-Script Engine は，D-RE 上ではその制御対象となるプログラムと同じ権限で動作するプログラムであり，特別な権限で実行されるわけではない．D-Script は，D-RE が提供する API を通して，アプリケーションプログラムの制御を実行する．アプリケーションプログラムの実行イメージに対して，直接，変更を加えるような操作を行わない．

D-Script によって操作できる処理は，D-Script Engine が設置された D-RE が提供する API によって制約を受ける．DEOS 参照実装 Linux 版 D-RE はアプリケーション単位の監視やライフサイクル制御が可能である．一方，Amazon Web Service クラウド環境を D-RE としたとき，そこでは OS イメージ単位の監視，ライフサイクル制御しかできない．

逆に，D-Script を実行する上で，必須の API がある．次は，D-Script Engine が備える API である．

- D-Script アクションの実行結果を D-Box に保存する API
- D-Script で自動処理できない場合のオペレータへの通知

これらの API は，D-Script Engine 自体が提供してもかまわないし，D-RE がライブラリとして提供してもかまわない．以上の条件を満たせば，bash や Perl など，既存のスクリプト言語処理系も D-Script Engine の実行基盤として用いることができる．ディペンダビリティ技術推進協会（DEOS 協会）では，D-RE 参照実装の一部として，高信頼 D-Script Engine D-Shell をオープンソース公開している．D-Shell については，D-Case/D-Script 統合ツールの節で述べる．

8.1.4 D-Script のセキュリティ

運用スクリプトの実行は，サービスの停止やデータの破壊が行えるため，セキュリティ上のリスクが存在する．しかし，D-Script Engine では，D-ADD に登録された D-Case からスクリプトを抽出するため，スクリプトの出生が信頼できる点で，セキュリティ・リスクは少ないといえる．ただし，スクリプトは運用システム上では編集可能なテキストファイルとして保管されるため，オペレータが自由に書き換えられる点で，（すべての変更は記録されるが）ステークホルダ合意を無視して運用されるリスクが残っている．

D-Script のセキュリティ・リスクを検討する上で，D-ADD は十分にセキュアな状態で運用され，D-ADD に蓄積された D-Case も不正な改ざんから守られていなければならない．また，運用システムは，運用者権限が認められたオペレータのみアクセスできるものとする．もし，これらの前提

が破られたときは，D-Script Engine レベルでは，セキュリティを保証することはできない．

　D-Script は，単一代入形式（SSA）変換を用いたスクリプト難読化技術を導入し，スクリプトの動作を変えることなく，バイナリコードと同等の難読化を実現するオプションを提供する．これにより，オペレータがスクリプトを書き換えるのは，バイナリコードを書き換えるのと同等に難しくなり，ステークホルダ合意を無視した運用を防ぐことができる．一方，想定外の障害発生時には，事前に権限が与えられたオペレータが現場で緊急対応することもある．ディペンダビリティ要求やアクションの種類にあわせて，運用を調整できるようになっている．

8.2 D-Script：論理的な言語設計

　従来からスクリプトは，システム運用で広く用いられてきたが，仮にテキストでソースコードが可読な状態であっても，どのようなディペンダビリティ要求のゴールに対し処理しているのか，プログラミングの専門知識がない者がスクリプトから意図を読み解くことは困難であった．D-Script は，さまざまな知識レベルのステークホルダに対し，システムの運用，特にディペンダビリティを保証する運用手続に対する合意形成が行えるレベルの抽象的な記述構造を導入した．

8.2.1 D-Script パターン

　監視カメラシステムからクラウドサービスまでさまざまな応用領域で用いられる運用スクリプト（モニタリング，バックアップ，保守管理から障害回復（再起動，サービス・デグレード））を分析した結果，運用スクリプトは必ずシステムの異常状態もしくは望ましくない状態に対するアクションとして出現する．アクション単体で出現することはない．表 8-1 は，オンライン教育サービス ASPEN 上の運用スクリプトを〈望ましくない状態〉と〈アクション〉の対応表としてリスト化したものである．

　D-Script では，実際に障害が発生し，あるいは障害の発生につながるシステムの状態（望ましくない状態）の表われを，兆候（Sign Of Failure, SOF）と呼ぶ．D-Script パターンは，兆候の出現に対し，正常状態に戻すアクションという形式を持つ．

表 8-1　ASPEN システムの D-Script の一覧

	望ましくない状態	アクション
1	サービス停止	プログラム起動
2	メモリ老化	プログラム再起動
3	アクセス増大	Web ゲートウェイの増設
4	データ消滅	バックアップ
5	アクションの失敗	管理者への通知
6	上述以外のエラー	管理者への通知

D-Script パターン：
　　兆候の出現→正常状態に戻すアクション

兆候の出現とは，運用システムにおいて，実際に兆候として予想されていた異常状態になった，もしくはなりつつある状態のことである．

8.2.2 兆候とシンボル化

コンピュータ・システムの状態は，各種パラメータがあり，無数の状態がある．もし「ガベージコレクションの発生頻度が毎秒45回以上，同時のOSのスワップが毎秒200ページ以上」のように兆候の出現を表現されても，議論を深め，どのような行動をとるべきか判断するのは難しい．そのため，D-Scriptでは，兆候をシンボル化（記号化）して識別する．医者が病名で患者に症状を説明するように，記号化された名前，たとえば「メモリ老化」のように記号化された状態を用いて記述する．

なお，「メモリ老化」の表す意味はなにか，もしくはどのような状態を「メモリ老化」と呼ぶかは，SBVRなどのD-Caseの語彙定義機能によって厳密に定義することができる．さらに，D-Scriptでは，コンピュータで実行可能なスクリプトに変換することで，「メモリ老化」の意味をある診断プログラムの結果という形で意味づけすることもできる．

8.2.3 フォルトとエラー vs. 兆候

ディペンダビリティ工学の理論では，システム障害発生のメカニズムをフォルト（fault），エラー（error），失敗/障害（failure）の3段階に区別している．ここで，フォルトは障害要因となりうるイベント，エラーはフォルトによって出現する正常状態から逸脱した状態（誤差）と定義されている．システム障害は，図8-3の示すとおり，エラーは放置すると，失敗，つまりサービスが提供できない事態につながると定義されている．また，1つの失敗・障害は次のフォルトとなり，次の失敗・障害を引き起こす可能性がある．

障害対策では，システム障害そのものより，その原因となるフォルトに着目し，フォルト予測（fault forecasting），フォルト除去（fault removal），フォルト寛容（fault tolerance），フォルト回避（fault prevention）のように，すべてフォルトに対する処理となる．

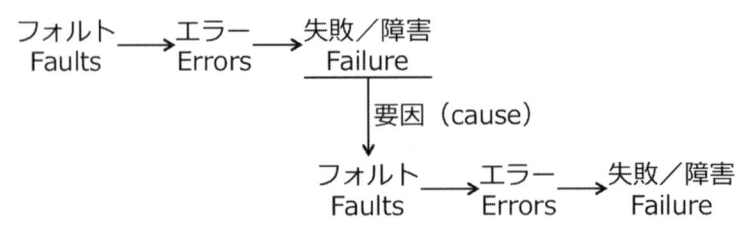

図8-3　フォルトとエラーによる障害発生モデル

D-Script パターンは，より正確にディペンダビリティ工学の定義にしたがえば，フォルトに対してアクションを定義することが望ましい．しかし，以下にあげる理由から，フォルトに対するアクションではなく，より広範な意味をもった兆候という用語に用いている．

- 産学合同で行った D-Case/D-Script 記述実験の結果，フォルトとエラーを厳密に区別して記述するのは現場にそぐわないこと．
- モニタ（D-System Monitor, D-App Monitor）は，システムの状態を監視するものであり，正常値からの逸脱という形でエラーを検出できるが，その原因となるフォルトは検出できない．原因を無視して D-Script アクションを連携させると，障害対応としては望ましくないこと．

D-Script では，診断スクリプトをアクションとして記述することで，広義な兆候（原因不明なエラー）からより原因が絞られた兆候（フォルト）として診断することができる．これにより，D-Case 上の兆候に対する議論の詳細さに応じた D-Script による障害対応を書くことができる[注1]．

8.2.4　D-Case ボキャブラリ層

D-Case は，自然言語をベースとした記述である．そのため，そこで用いられる用語定義や意味が重要になる．D-Case では，文書上に現れる記述とは独立して，用語の定義を行うためのボキャブラリ構造を持っている．ボキャブラリは，図 8-4 に示すとおり，D-Case とは独立した定義言語（Agda や SVBR）などを用いて意味づけできるようになっている．

D-Case 上に現れる D-Script の記述は，「兆候」のシンボル名であったり，アクション名（D-Script 関数名）であったり，あくまでも D-Case を読むときに妨げにならない情報のみ記述するように設計されている．シンボル名やアクション名の意味は，ボキャブラリ層において定義される．意味は，実行可能なスクリプトとしての妥当性として検証することができる．

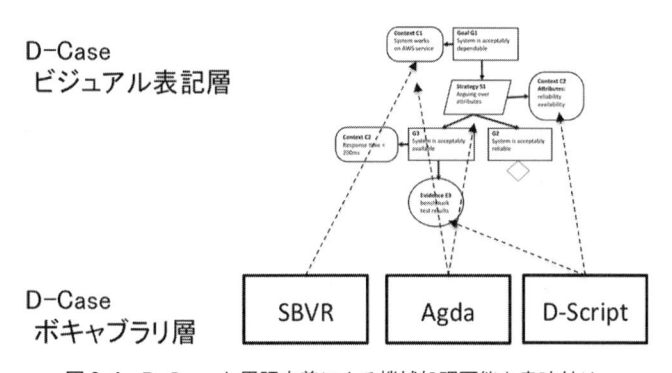

図 8-4　D-Case と用語定義による機械処理可能な意味付け

注1：フォルトとエラーは本当に原因が分かったときに，はじめて区別される．

8.3 D-Case と D-Script の記述

D-Case は，原則として，システムの正常状態を議論する文書である．したがって，明示的には，「D-Script パターン：兆候の出現→アクション」に相当する構造は現れない．

8.3.1 モニタノードとアクションノード

D-Case は，モニタノードとアクションノードを拡張し，システム監視とアクションの役割を拡張している．この中で，以下の D-Script のパターンは典型的に出現する．

- D-Case モニタノードは，D-RE 上の D-System Monitor/D-App Monitor と連動し，運用システムが正しい状態にあるか（In-Operation Range）そうでないか検出する．
- D-Case アクションノードは，計画されている運用手続を記述し，アクションの成功結果により，ゴールが示すディペンダビリティ要求を達成することを可能にする．

D-Case の議論は，ディペンダビリティのゴール展開にそって進むため，モニタリングとアクションが同一のゴールの下に置かれることはない．また，モニタリングの異常値であっても，対応すべきアクションは原因ごとに異なるため，単純にモニタノードとアクションを並べることはできない．図 8-5 は，ディスクの状態を関するモニタノードとそのディスク不足を解消するアクションノードがそれぞれ別の D-Case ツリーに出現した例である．人間は自然言語の記述から関係性を読み解くことができるが，このままでは機械処理することは難しい．

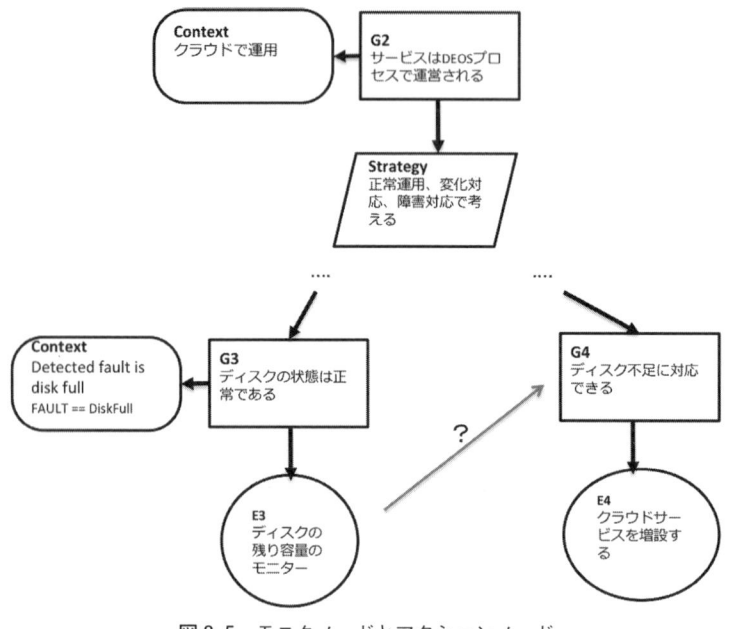

図 8-5　モニタノードとアクションノード

8.3.2 D-Script タグ

　D-Script タグは，自然言語ベースの D-Case の記述において，可読性を落とすことなく，D-Script で機械処理を正確に行うための最小限の情報を埋め込むための記法である．D-Script タグは，タグ名とタグの値から構成され，タグ名とタグの値は，2つのコロン :: で区切る．図 8-6 は D-Case 上の D-Script タグ（AdminName:: と Action::）の使用例である．D-Script の解釈では，タグ以外の自然言語の記述は無視されるため，今までどおりの D-Case に埋め込むことができるように設計されている．

　D-Script タグは，原則，D-Case のコンテキストに書かれる．ユーザは，コンテキストに独自の D-Script タグを設定し，D-Case パラメータノードとして D-Case の議論を展開することができる．たとえば，あるコンテキストに記述された AdminName:: タグの値は，その子ノードすべてから参照される．これらのタグの値は，Action:: タグに記述される D-Script のアクション関数からも参照可能である．したがって，D-Case コンテキスト上で D-Script タグの値を変えることで，D-Script のアクションをカスタマイズすることができる．

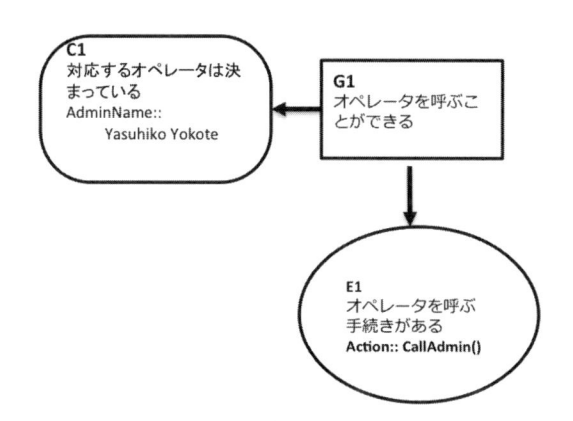

図 8-6　D-Script タグを用いた D-Case の記述

表 8-2　予約された D-Script タグ

予約タグ	意味
SignOfFailure::	D-Case 上で識別された兆候 e.g., DiskFull, SystemFailed
SignOfFailureCase:	出現した兆候（を観測したとき）
Action::	実行すべきアクションの関数名 e.g., CallAdmin(), RestartServer()
Location::	アクションが実行される論理的な場所 e.g., WebServer, DataStore
When::	アクションを実行すべき特別なタイミング
Presume::	アクションを実行する前に満たす前提条件
Range::	In-Operation Range を記述する

D-Script では，いくつかあらかじめ意味が定義されたタグを予約している．これらを予約タグ（reserved tag）と呼ぶ．正確な実行可能スクリプトを生成するための必要最小限なタグである[注2]．

8.3.3 SignOfFailure：兆候と合意に関する議論

モニタノードによって得られる動的なエビデンスには，システム障害につながる兆候が含まれていることがある．D-Script では，兆候を識別し，エビデンスに対するコンテクストとして付加する．このとき，SignOfFailure:: タグを使って識別した兆候を記述する．図 8-7 は，SignOfFailure タグの例である．このように複数の兆候を書いてもかまわない．

8.3.4 SignOfFailureCase：出現した兆候に対するアクション

SignOfFailureCase:: タグは，D-Script パターン「出現した兆候→アクション」の関係を記述するもっとも基本的なタグである．図 8-8 は，モニタノードで識別された兆候の 1 つ（DiskFull）に対し，そのアクション（UpgradeEDS）を記述した例である．アクションノードのコンテクストにおいて，SignOfFailureCase:: タグで DiskFull を指定し，何の兆候の出現に対するアクションであるかを明記し，その関係性 DiskFull → UpgradeEDS() を表している．

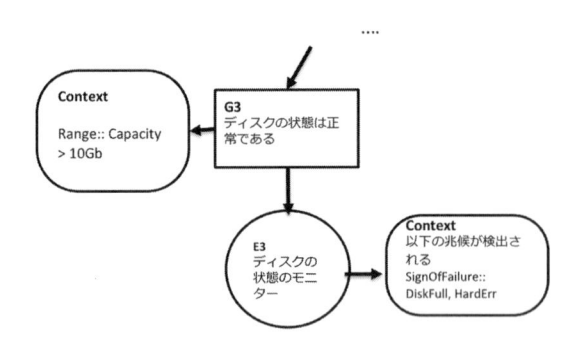

図 8-7　SignOfFailure タグによる兆候の識別

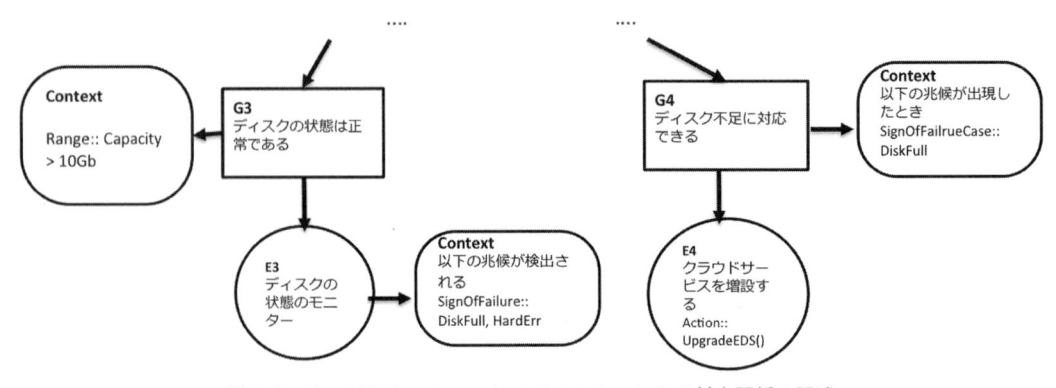

図 8-8　SignOfFailureCase:: によるアクションとの対応関係の記述

注 2：D-Case モニタノード内に Action:: タグおよび Range:: タグを記述し，D-Case アクションノード内に Action:: タグを記述することによって，アクションノードやモニタノードの機能を実現できる．

重要な点は，SignOfFailure:: タグによってあらかじめ兆候が D-Case 上に識別されている点である．これにより，D-Case 上で議論された兆候が適切に対応されているかどうか確認することができる．

なお，D-Script では，オープンシステムディペンダビリティに基づき，すべての障害原因が事前に特定できるとは想定していない．想定外の失敗や異常が発生した場合は SignOfFailureCase:: Unidentifed として，識別されていない兆候に対するアクションを記述することができる．

8.3.5 定期的なアクション：検出しにくいエラーの場合

モニタノードは，運用システムの状態をモニタリングして，運用システムのディペンダビリティをチェックする DEOS 独自の機構である．しかし，実際の運用システムにおいて兆候の出現を正確にモニタリングし検出するのは非常に難しい仕事である．たとえば，代表的なソフトウェア障害の1つであるメモリリークは，メモリ利用量から単に大きなデータを扱っているだけの正しい状態なのか，それともメモリリークを発生させているか判断するのは難しい．このような場合は，運用経験に基づいて定期的に予備的なアクションを取ることで，障害を防ぐことができる．たとえば，メモリリークによる性能低下が顕在化する前に定期的にコンピュータを再起動させる場合である．

D-Script では，SignOfFailureCase:: タグに加え，When:: タグを用いて周期的なアクションの実行を記述することができる．When:: タグは，スクリプトをロードした瞬間に実行するというような，now の設定も可能である[注3]．図 8-9 は，When:: タグを用いた定期的な再起動を記述したものである．

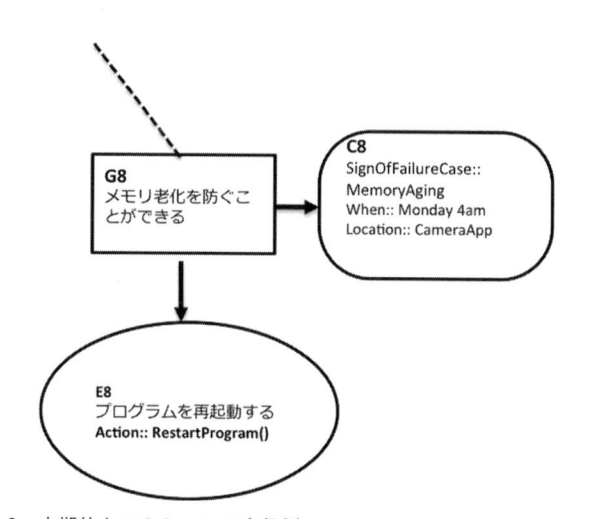

図 8-9 定期的なアクションの実行例 (MemoryAging → RestartProgram())

注3：D-Script パターンを守るために，運用時刻に依存して実行されるアクションであっても，必ず SignOfFailureCase:: タグを用いて，どのような兆候を想定してのアクションであるか記述する．これにより，兆候に対応しないアクションの記述を防ぐことができる．

8.3.6 複数のコンピュータからなるシステムの記述

　D-Script は，複数のコンピュータからなるシステムに対して，Location:: タグを用いてどのコンピュータで実行すべきアクションか指定する．Location:: タグで指定するのは，論理的なコンピュータの位置，コンピュータの種類である．D-Script では，実行する箇所を明確にするため，Location:: タグは必須である．Location:: の設定されていないアクションは実行されない．

　Presume:: タグは，D-Case 水平分解パターン（図 8-10）を用いて，アクション処理の前後の制約条件を記述する．SignOfFailureCase:: は兆候が発生したときの前提にした実行手順であったのに対し，Presume:: はアクションの成功を前提とした実行手順の記述に用いる．

　Location:: タグと Presume:: タグを組み合わせることで，複数のコンピュータからなる分散システムに対しても運用手続きを記述することができる．

8.3.7 D-Case の Assuredness との関係

　D-Case は，あるディペンダビリティ要求をゴールとして設定し，そのディペンダビリティ要求を満たしている根拠として，テスト結果などのエビデンスを追加する構造で記述される．D-Script は，アクションという未来に実行されるべき計画された行動を加えることになる．アクションは必ず成功するとは限らない．アクションを加えることで Assuredness を下げることなく，D-Case の議論を展開する必要がある．そのために，以下の最低限の規約を設けている．

- D-Script によって実行されたアクションは，エビデンスとして成功・失敗を必ず記録し報告すること．失敗した場合は，失敗時の実行時環境のログ，さらに D-Case で識別された兆候も付記すること
- D-Script のアクションは，失敗する場合を想定し，失敗時のリカバリーアクションを記述すること

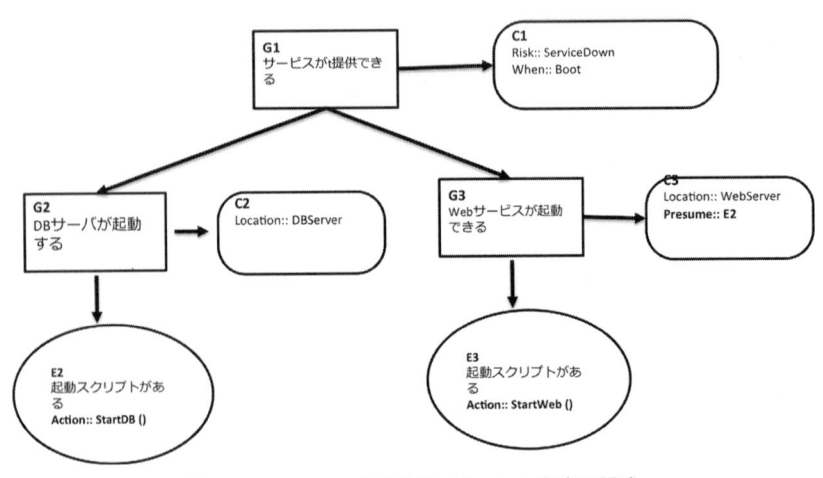

図 8-10　D-Case 水平分解パターンと順序の記述

D-Script は，上述の性質を満たすように記述されなければならない．D-Script Engine は，Action:: タグから起動されたアクションのすべての実行結果を記録する．D-Case モニタノードに Range:: タグを記述することにより，記録したいパラメータを指定することができる．

8.4 AssureNote：D-Case/D-Script の合意運用の統合ツール

AssureNote は，D-Case の合意形成からスクリプト生成，運用システムへのスクリプトの適用，スクリプトのテスト結果の収集まで，開発から運用まで統合された支援ツールである．Web ブラウザがあれば，特別なインストールをすることなく，D-Script を記述し，D-Script を運用システムにデプロイすることができる．

AssureNote は，D-Case Editor や D-ADD，さらに D-RE 参照実装など，DEOS プロジェクトで開発された各種ツールと互換性をもち，Zabbix や Amazon Cloud Watch など一般的なモニタシステムと連携できるように設計されている．オープンソース製品として，www.assurenote.org から公開されている．

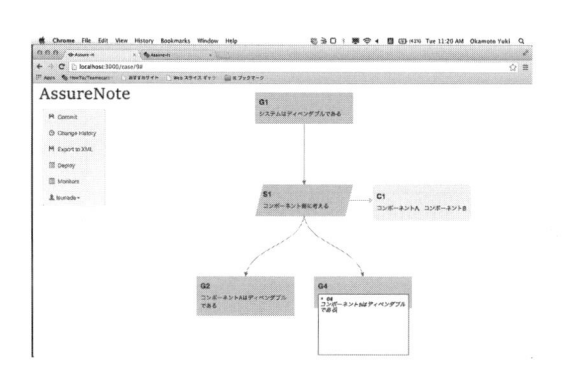

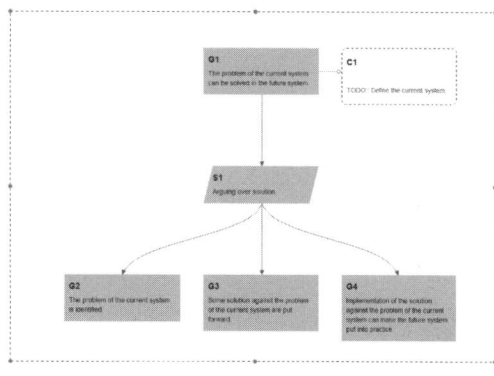

図 8-11　Assure-Note による D-Case の編集とパターンライブラリ

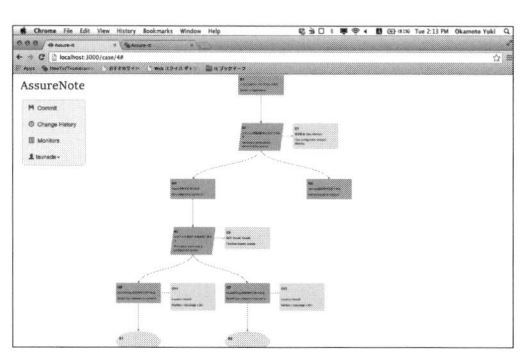

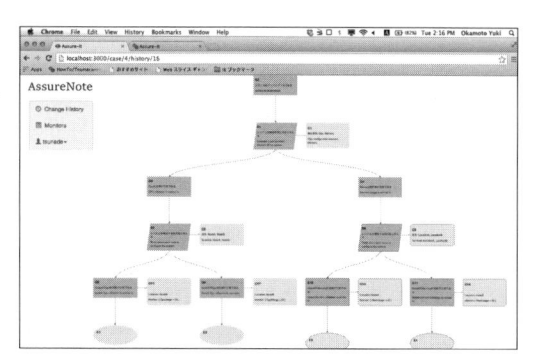

図 8-12　時間軸にしたがった D-Case の変化履歴の記録

8.4.1 D-Case オーサリング機能

AssureNote は，ステークホルダ管理に基づく簡単な D-Case オーサリング機能をサポートしている．ステークホルダ管理とは，ユーザはステークホルダの役割を与えられ，記述内容はすべてステークホルダとして記録されるように管理することである．AssureNote で記述された D-Case は，常に誰がいつどのステークホルダとして記述したのか識別することができる．加えて，図 8-12 が示すとおり，D-Case の時間軸にしたがった成長を記録する履歴機能を備えている．履歴機能により，過去のどの時点の D-Case も自由に閲覧することができる．

8.4.2 D-Script アクション関数の定義

D-Script アクションは，D-Case 上では「出現する兆候に対する」アクション名として表現されていた．AssureNote は，D-Shell 言語と呼ばれる静的型づけされたシェル言語を用意し，実際のアクション関数を定義することができる．

図 8-13 は，D-Shell 言語によるアクション関数の例である．アクション関数は，D-Script Action タグと同名の関数で定義する．D-Script アクション関数の返り値は，DFault 型である．これ

```
DFault CallAdmin() {
  if(!(mail -s "urgent" AdminName < ErrorLog.txt)) {
    return UnavailableAdmin;
  }
  return Nothing;
}
```

図 8-13　D-Shell 言語によるアクションの定義例

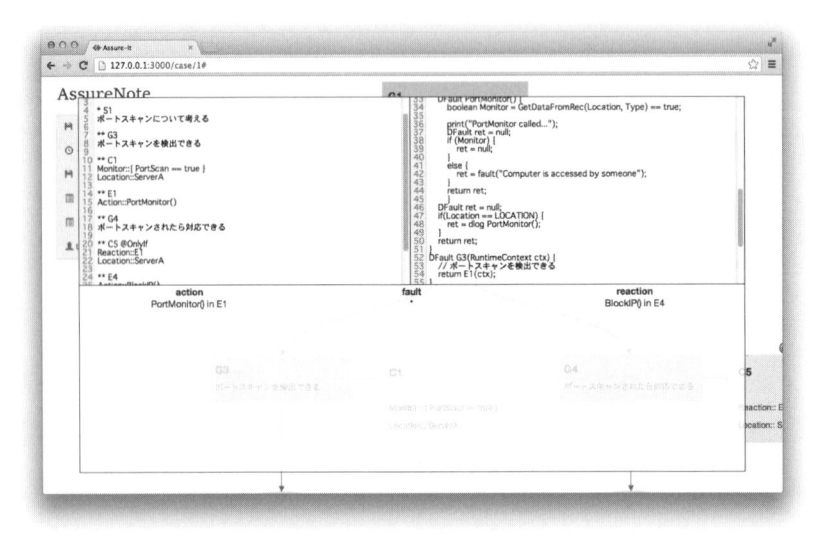

図 8-14　D-Shell 言語への変換

は，D-Script 関数の実行に失敗したとき，その原因となるエラーやフォルトの情報を返す．失敗しなければ，Nothing が返される．

D-Shell 言語は，図 8-13 で示したとおり，シェル言語として世界で最初の静的型付けされた設計であり，実行する前にエラーを検出することができる．たとえば，AdminName というパラメータ（グローバル変数）が利用されているが，D-Case のコンテクストにおいて，D-Script タグのパラメータとして定義されている必要がある．もし，D-Case において，AdminName が設定されていなければ，AdminName は未定義の名前として型エラーとなる．静的型チェックの機能により，AssureNote 上は D-Script タグの不整合をチェックし，記述のミスを探すことができる．

AssureNote は，D-Shell 言語で定義された関数と D-Script タグ（SignOfFailureCase:: や Action:: ）の対応関係から，D-RE 上で実行するスクリプトを合成することができる．また，D-RE に合成したスクリプトを送信し，実行することもできる．図 8-14 は，D-Case/D-Script から D-Shell 言語に変換したスクリプトを表示している例である．D-RE と配布されている D-Shell 処理系（後述）の上で実行することができる．

8.4.3　D-Shell：ディペンダブルなスクリプト処理系

D-Shell は，DEOS センターの D-RE 参照実装上で動作することを前提に開発された，より高信頼なシェルスクリプト処理系である．D-RE 参照実装やそのベースとなる Linux オペレーティング・システムは，/proc ファイルシステムによる OS 内部情報の取り出しなど，コマンドやファイル操作が行いやすい．D-Shell は，静的型付けのスクリプト言語 Konoha をコンパクト化し，コマンドやファイル操作の記述性を向上させた，世界で唯一の静的型付けされたシェル言語である．従来のシェル言語がサポートしていなかった例外処理機構を備え，シェル実行時のエラーをハンドリングできるようになっている．

我々は，DEOS D-RE 参照実装と同時に D-Shell の実装をオープンソース公開している．それと同時に，D-RE や Amazon Web Service を利用した障害対応アクションのサンプル記述を公開している．

8.4.4　既存のスクリプト処理系の活用

現在，運用スクリプトを用いていない運用システムは存在しない．また，スクリプト言語処理系は，Bourne Shell に始まり，C Shell や Korn Shell，Perl, Python など様々な言語が開発され，運用システム上で使われている．ただし，さまざまな言語の運用スクリプトが混在する環境は望ましくなく，スクリプト処理系によっては安定性の課題もある．そのため，ディペンダビリティ要求のひとつとして，運用スクリプト言語を制限している例が多い．そのような環境では，D-Shell を採用することは難しい．

AssureNote は，D-Shell 言語を D-Script の母語として，Bourne Shell や Perl，さらにコンパイルされた C バイナリプログラムに変換し，D-Case で議論された D-Script をスクリプト実行環境に依存せず，広く適用可能にするマルチスクリプト変換器（図 8-15）を備えている．もちろん，変

換されたスクリプトは，例外処理の正確さや実行結果のログ報告の一貫性などの点で，D-Shell 処理系に劣るものであるが，DEOS プロセスに基づく運用スクリプトが，より多くの運用システムで活用できるように作られている．

8.4.5　D-Case モニタノードと運用支援

図 8-16 は，D-Case モニタノードや D-Box と連動し，スクリプト実行結果の確認を行う様子である．AssureNote は，エビデンスを収集しているモニタの一覧を閲覧することができ，過去のログをエビデンスの一部として閲覧することができる．

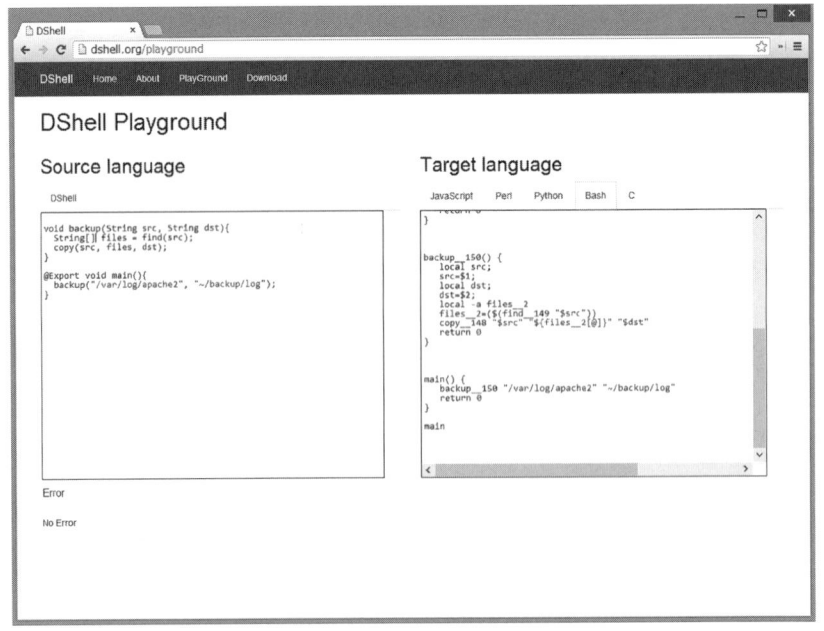

図 8-15　マルチスクリプト変換器

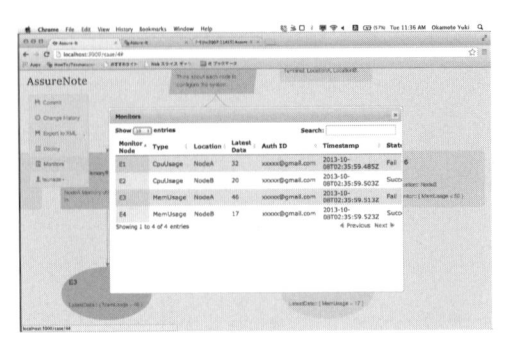

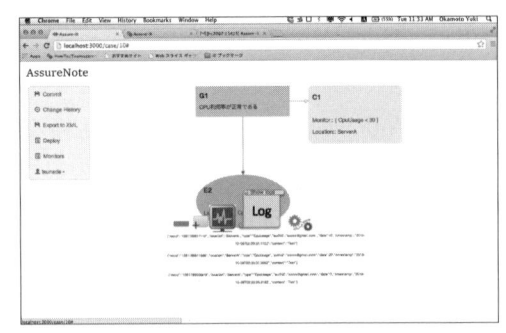

図 8-16　AssureNote によるモニタ監視とモニタノード

8.5 ケーススタディ：ASPEN オンライン教育システム

　ASPENは，横浜国立大学で開発・運用されたオンライン・プログラミング演習システムである．ASPENはDEOSプロセスにもとづいて，産学連携合同のASPEN開発チームによって設計・開発が行われ，早稲田大学・横浜国立大学など，さまざまな大学の授業・演習で利用されている．ASPENは，2012年度から2年間にわたりサービス提供が行われ，その間，障害対応やステークホルダ合意，変化対応などのさまざまなプロセスを得ることで，DEOSプロセスの興味深いケーススタディとなっている．ここでは，D-Caseのディペンダビリティ要求の議論から，どのように必要なD-Script作られて運用に利用されるかを中心にという点を中心に紹介する．

8.5.1　ASPEN：システムとサービス概要

　ASPENは，オンライン・プログラミング演習システムである．システム構成は，標準的なウェブベースのシステムとなっており，ユーザはウェブブラウザを用いてプログラミング課題に取り組み，プログラムを実行し，プログラミング課題を提出することができる．図8-17は，システム構成である．

　ASPENは，サービス提供が行われて以来，障害対応やステークホルダ合意，変化対応などのさまざまな経験を得た．ASPENの運用記録は以下のとおりであった．

- 2012年ASPEN1の企画：春学期から運用
  横浜国立大学，（急きょ追加：早稲田大学）
- 2012年6月頃，障害対応
- 2013年ASPEN2へ移行：変化対応 AWS，オープンソース化

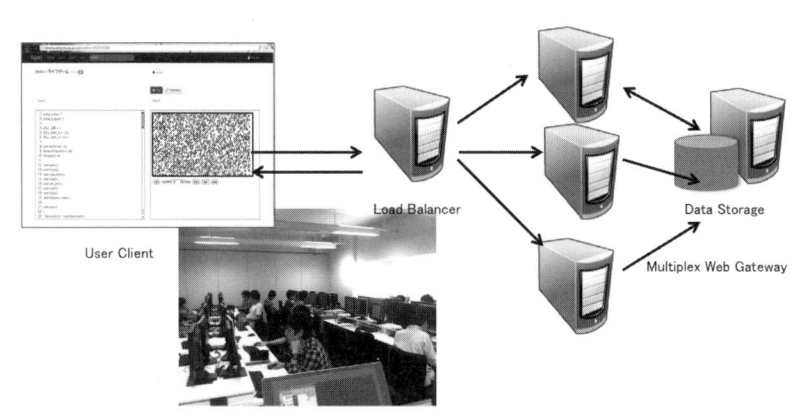

図8-17　ASPENシステム構成図

8.5.2 DEOS プロセスと D-Case の成長

ASPEN の利用者は，実際のプログラミング授業を履修している学生である．開発チームや運用チームには，民間企業からエキスパートやコンサルタントを入れ，記述内容の検討を行った．

ASPEN 実証実験は，DEOS プロセスパターンを採用し，AssureNote を用いながら，サブプロセスごとにどのステークホルダがどのような議論を行うか記録しながら，D-Case を記述した．

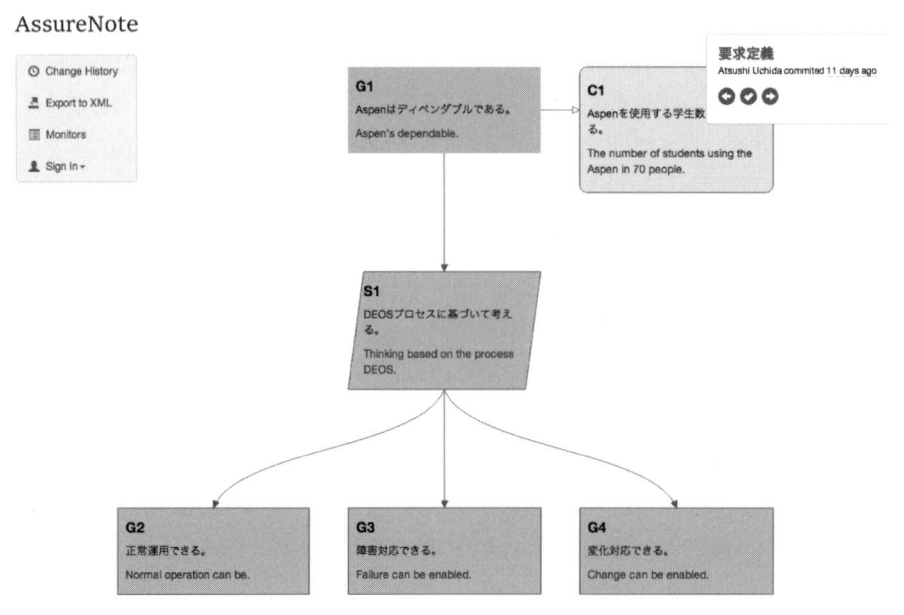

図 8-18　DEOS プロセスパターン

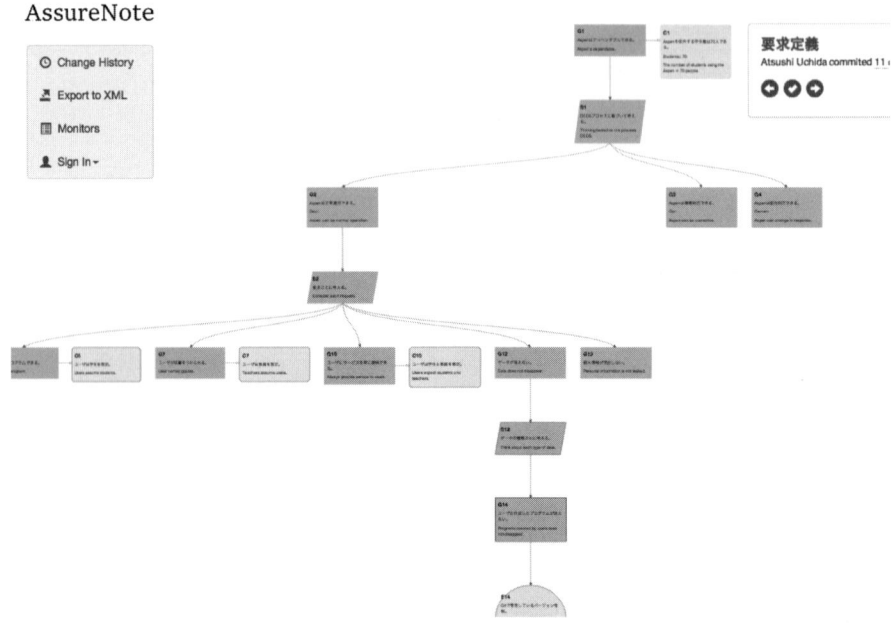

図 8-19　ディペンダビリティ要求に記述する

ASPEN 実証実験のステークホルダは以下のとおりである.
- オーナー：サービス（サービス全般の最終決定者）
- 開発者：開発とテストを行う
- 運用者：システム運用（障害対応）を行う
- ユーザ：大学教員（ASPEN 利用の可否を決定できる）

まず，ASPEN はディペンダブルであるというトップゴールを設定し，コンテクストにおいて前提条件（プログラミング入門クラス，期間半年，70 名）を明確にし，DEOS プロセスの正常運用，障害対応，変化対応の各フェーズに議論を分解した（図 8-18）.

オーナーは，正常運用に求めるディペンダビリティ要求として，以下の 4 つのディペンダビリティ要求を設定した（図 8-19）.
- 可用性（Availability）：ユーザ（学生）に対し，いつでもサービスを提供できる．アクセスに対し，十分なリソースを提供できる
- 信頼性（Reliability）：ハードウェアやソフトウェアが故障なくサービスを提供できる
- 整合性（Integrity）：ユーザが提出したプログラム課題が消えない
- プライバシ（Privacy）：個人情報が流出しない

8.5.3 ディペンダビリティ要求と説明責任

開発者は，オーナーが設定したディペンダビリティ要求を満たすことをテスト結果などのエビデンスを加えながら議論を行った．図 8-20 は，開発者が追加した D-Case の外観である.

ASPEN プロジェクトでは開発者が記述した D-Case に対し，運用者とユーザの立場でレビューを行った．その結果いくつかのエビデンスの不足，曖昧な箇所のコンテクスト追加が行われた.

D-Script として重要な点は，開発者と運用者の間で，開発段階において，運用における兆候に

図 8-20　開発者に関するエビデンスの追加

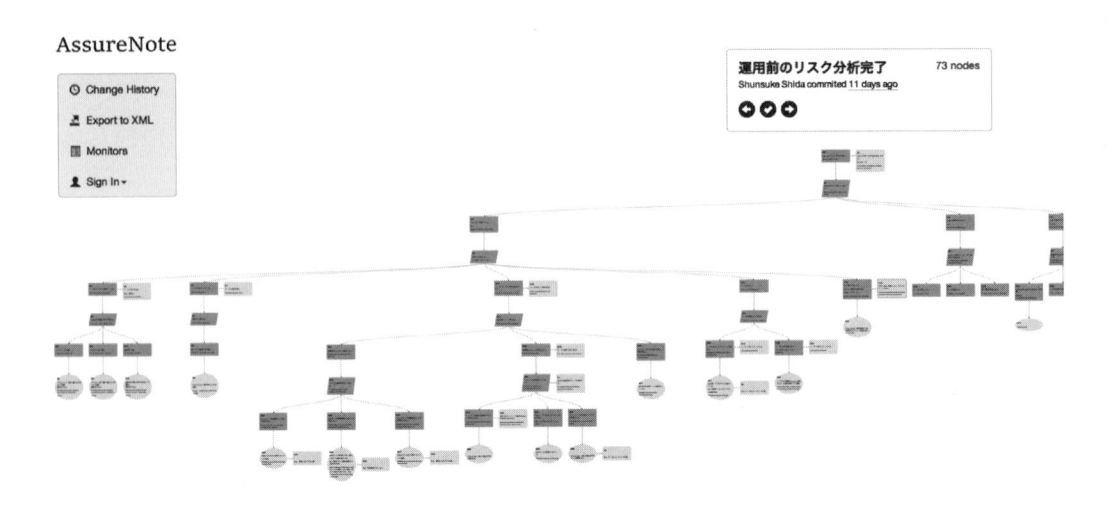

図 8-21 開発者と運用者による合意形成と兆候の識別

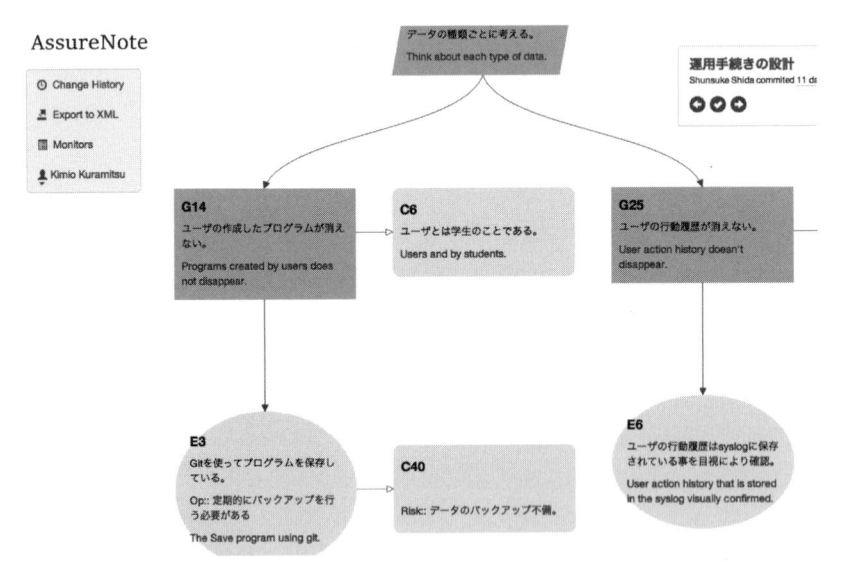

図 8-22 開発者のエビデンスに対する兆候の識別

対応することが合意された点である（図 8-21）．運用者は，ここで発見された兆候がシステム障害にならないように，D-Script を記述することになる．識別された兆候は，エビデンスに対してコンテクストとして記述し，D-Script タグを用いて記述する．図 8-22 は，抽出された兆候（データバックアップの不備）の例である．

8.5.4 運用スクリプトの用意と説明責任

運用者は，DEOS プロセスの「障害に対応できる」というゴールに対して，開発者と合意した兆候に対して障害対応を行う手続きを記述する．ASPEN プロジェクトの事例では，兆候の出現に対して対応する障害対応のアクションに分割し，それぞれの議論を行った．図 8-23 は，データバッ

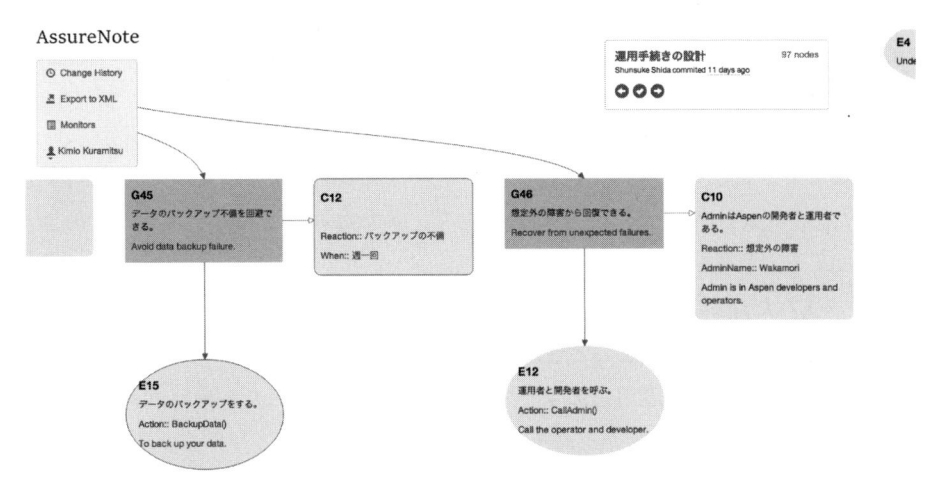

8.5 ケーススタディ：ASPEN オンライン教育システム　175

図 8-23　SignOfFailureCase:: タグによる D-Script パターンの記述

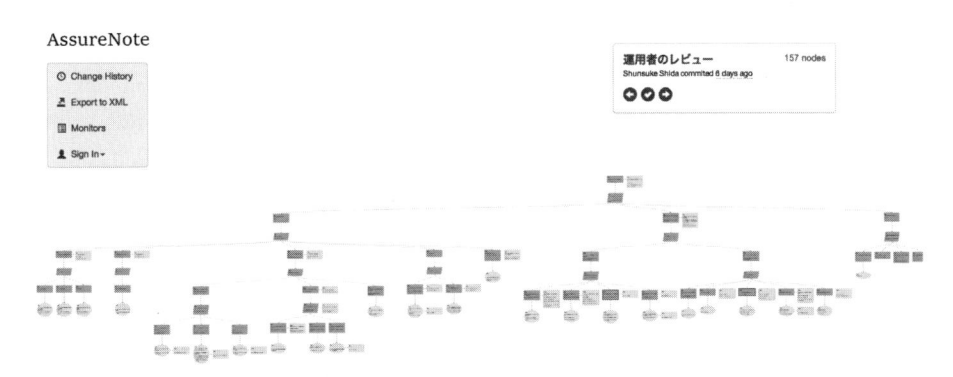

図 8-24　ユーザに対する説明責任遂行

図 8-25　兆候とアクションの対応関係

クアップ不備の兆候に対するアクションを記述した例である．

D-Script によって追加されたアクションは対策が用意されているという点で，ディペンダビリティ要求への根拠となりうる．しかし，実行に失敗することもある．この実行失敗は兆候として識別し記述することで，アクションの実行失敗に対する対策を記述することができる．図 8-24 は，先ほど追加した DataBackup () アクションに対して，新たな兆候としてリストアできない兆候が追加された例である．

D-Script が含まれた運用手続は，開発時の説明責任と同様に，オーナーとユーザに対する説明責任としてレビューが行われた．このとき，ユーザからいくつか不安を指摘され，それは新たな兆候として D-Case に追加され，運用者によって D-Script が追加された．最終的にサービス提供に対する合意が行われた．

AssureNote は，D-Case 上の記述から，兆候とアクションの関係を抽出し，一覧を生成することができる．また，対応が記述されていない兆候に対しては，警告を出すことができる．図 8-25 は，AssureNote がチェックした ASPEN 実証実験の D-Script 一覧である．

8.5.5 障害発生と障害対応

ASPEN プロジェクトでは，ディペンダビリティ要求に対するエビデンスの兆候を運用時に緩和する手段として D-Script を記述してきた．複数のレビューを得ることで，運用者が独自に記述する運用スクリプトに比べ，網羅性が高くなり，また兆候と対応関係も一覧性が優れている．しかし，完全性を保証するものではない．

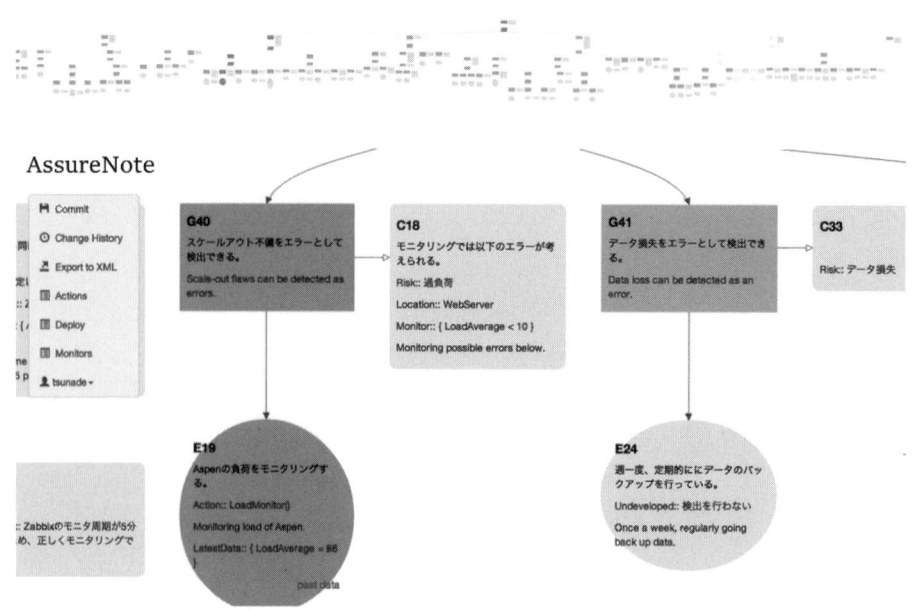

図 8-26 D-Case からみる ASPEN 上の障害状況

ASPEN プロジェクトでは，プログラミング演習が続けられない深刻なシステム障害に遭遇した．図 8-26 は，そのときの D-Case モニタノードからみた障害状況である．

システム障害の原因は，サーバがアクセス数の増加に耐えられなくという初歩的なものであった．しかし，D-Case において，アクセスが増加したときの兆候は検討され，サーバ数を増やすスケールアウトの D-Script が用意されていた．ただし，D-Case コンテクストに記述された ASPEN の前提条件が現状の運用と異なっていた．当初は，在宅利用を前提としていたが，実際は演習室での利用になり，アクセス集中度が予想よりも高かった．導入されていた監視システムでは，アクセス増加を監視できず，スケールアウトアクションが起動できなかった．また，アクセス負荷対策を行う過程で，スケールアウトでは負荷分散できない箇所も発見された．

最終的に，演習時間帯のみ，サーバ機の性能を増強するスケールアップアクションで対応することにして，D-Case と D-Script を更新し，ユーザに対する説明責任と合意形成を行うことができた．

図 8-27　変化対応の議論

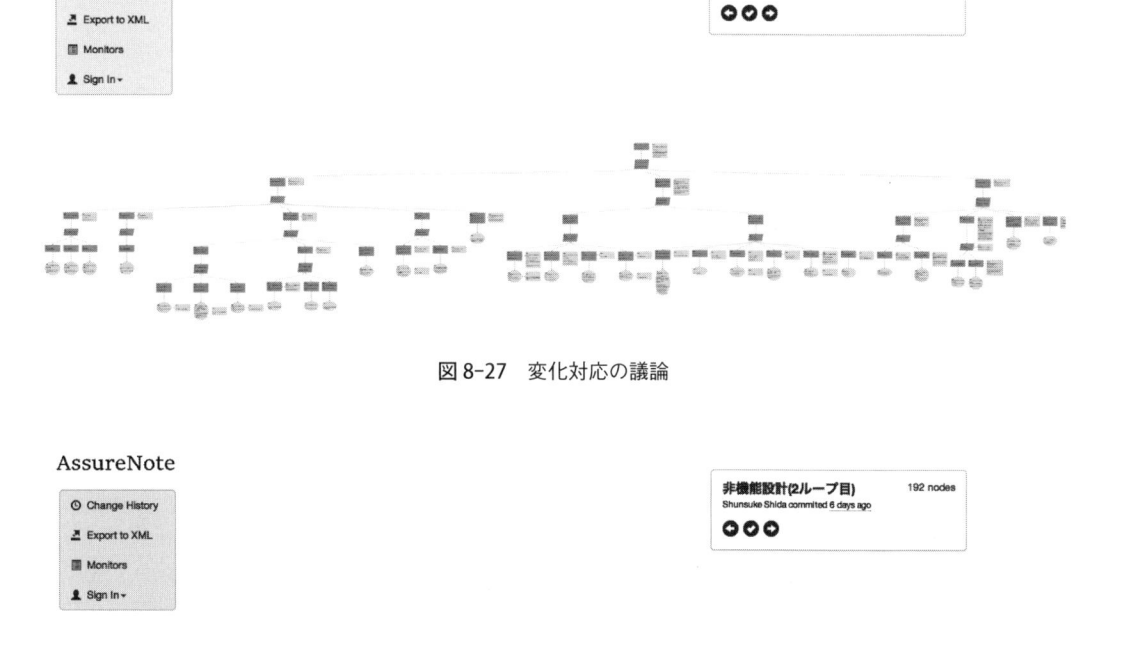

図 8-28　変化対応後の D-Case の成長

8.5.6 変化対応

DEOSプロセスは，変化し続ける環境や要求に対して，変化対応することで長期にわたるディペンダビリティを高めることが目的である．この中で，運用プロセスの記録は，変化対応への重要な根拠となる．

ASPENプロジェクトでは，ステークホルダ合意を形成するとき（開発完了後の開発者とオーナ，障害対応後のユーザと運用者など）に，次期システムへの要望を変化対応のゴールに記録した．この要望が妥当であるかどうかの根拠の1つが運用時のログである．D-Scriptで管理された運用は，アクションがすべてログとして記録されるため，議論が行われた（図8-27）．

ASPENプロジェクトでは，D-Case上の議論に基づいて，ASPEN1からASPEN2に対して次のような変化対応が行われた．

- 自社開発ソフトウェアの比率を下げて，オープンソースMoodle採用
- 自社運用サーバの代わりに，Amazon Web Service（クラウド）に移行

また，ASPEN2では，変化対応の議論に基づいて，新たに2つのディペンダビリティ要求が追加され，それに基づいてシステム構築，システム運用が行われた．図8-28は，変化対応後のD-Caseである．最終的に200ノードを超す議論が行われた．

8.5.7 ASPEN実証実験のまとめ

ASPEN実証実験のD-Case並びにD-Scriptは，www.assurenote.orgから公開されている．最後に，ASPEN実証実験におけるD-Caseの成長，D-Scriptの統計情報をまとめる．図8-29は，ASPEN実証実験における以下の項目の増加を示している．

- ディペンダビリティ要求の数
- D-Caseゴールの数
- D-Caseコンテキストの数
- D-Caseエビデンスの数
- 合意時に発見された兆候の数
- 兆候に対するD-Scriptアクション数

ASPEN実証実験では，入力はディペンダビリティ要求である．ディペンダビリティ要求は変化対応まで数は変化しない．DEOSプロセスにおいて，ステークホルダ合意を重ねることで，ゴール，コンテキスト，識別された兆候が増えることが分かる．それにともない，運用スクリプト（D-Scriptパターン）も増えている．ただし，すべての兆候に対して，D-Scriptアプションを追加しているわけではなく，実行前に兆候除去を行うなどの対応も行われている．

ASPEN実証実験は，ディペンダビリティ要求からステークホルダ合意に基づいて運用スクリプト（D-Scriptパターン）を導出できること，DEOSプロセスにしたがって合意を重ねることでより多くの兆候に対応できることが実証された．

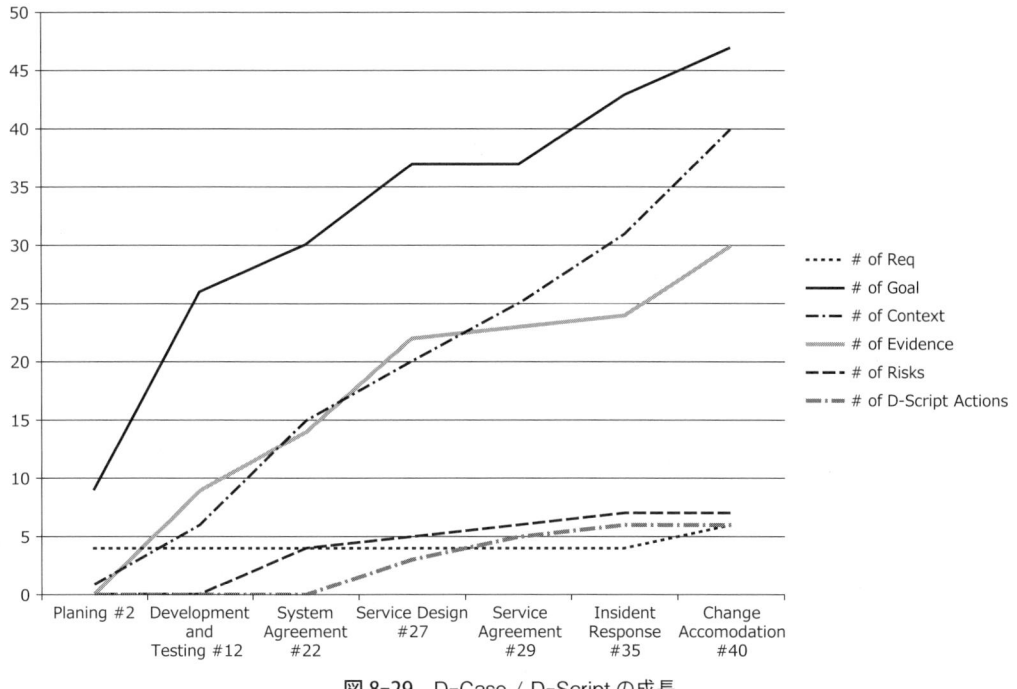

図8-29 D-Case / D-Script の成長

8.6 現状のまとめ

　D-Script は，D-Case を用いてステークホルダ合意に基づいた運用手続を運用システムに反映させる手段を提供する．これにより，設計から運用まで一貫して，ディペンダブルシステムの Assuredness を実現し，説明責任遂行を可能にする．

　D-Case/D-Script の統合ツールである AssureNote のオープンソース版は，assurenote.org から公開されている．だれでも自由に D-Case/D-Script をサンプル記述して，試すことができる．また，D-ADD や他の商用ソフトウェアへのライセンス提供を行い，実システムの統合が行える．

　D-Script Engine の参照実装である D-Shell は，D-RE の参照実装の一部としてダウンロードできる．また，D-Case の仕様書とあわせ，D-Script 仕様書として規格の公開を準備している．同時に，D-RE や Amazon Web Service，HPC クラスタシステムなど，D-Case/D-Script 記述実験によって記述されたサンプルスクリプトも用意されている．

参考文献

[1] T.,Kelly, R. Weaver, "The Goal Structuring Notation A Safety Argument Notation", IEEE/IFIP International Conference on Dependable Systems and Networks (DSN 2004), 2004.

[2] R. Bloomfield, P. Bishop, "Safety and Assurance Cases: Past, Present and Possible Future - an Adelard Perspective", in Making Systems Safer: Proceedings of the Eighteenth Safety-Critical Systems Symposium, pp. 51-67, 2010.

[3] M. Tokoro, ed.,"Open System Dependability: Dependability Engineering for Ever-Changing Systems", CRC Press,. 2012.

[4] A. Avizienis, J-C. Laprie, B. Randell, C. Landwehr, "Basic concepts and taxonomy of dependable and secure computing," IEEE Trans. Dependable Sec. Comput., vol. 1, no. 1, pp. 11-33, 2004.

[5] Y. Kinoshita, M. Takeyama, "Assurance Case as a Proof in a Theory: towards Formulation of Rebuttals", Proceedings of 21th Safety-critical Systems Symposium, SCSC, 2013.

[6] Y. Matsuno, K. Taguchi, "Parameterized Argument Structure for GSN Patterns", Proceedings of the 2011 11th International Confer-ence on Quality Software, IEEE Computer Society, 2011.

[7] K. Kuramitsu, "KonohaScript: static scripting for practical use". In Proceedings of the ACM international conference companion on Ob-ject oriented programming systems languages and applications com-panion, SPLASH '11, pp. 27-28, New York, NY, USA, 2011. ACM

[8] Object Management Group. Argument metamodel (ARM). OMG Document Number Sysa/10-03-15.

[9] Y. Matsuno, H. Takamura, Y. Ishikawa, "A dependability case editor with pattern library",.In Procs. IEEE 12th Interna-tional Symposium on High-Assurance Systems Engineering (HASE), pp. 170-171, 2010..

[10] R. Bloomfield, B. Littlewood, "Confidence: its role in dependability cases for assessment". Intl Conf Dependable Systems and Networks, Edinburgh, IEEE Computer Society, 2007.

[11] P. Courtois, "Semantic structures and logic properties of computer-based system dependability cases". Nucl Eng Des 203:87-106 J , 2001.

[12] L. Emmet, G. Cleland, "Graphical notations, narratives and persuasion: a pliant systems approach to hypertext tool design". In: Proc ACM Hypertext, College Park, Maryland, USA, 2002.

[13] J. McDermid, "Support for safety cases and safety argument using SAM". Reliab Eng Syst Saf 43:111-127 (1994)

[14] P. Bishop, R. Bloomfield, "A Methodology for Safety Case Development", in Proc. of the 6th Safety-critical Systems Symposium., 1998.

[15] S. Toulmin. "The uses of argument". Cambridge University Press, 1958.

[16] G. Despotou, "Managing the Evolution of Dependability Cases for Systems of Systems". PhD Thesis, YCST-2007-16, High Integrity Re-search Group, Department of Computer Science, University of York, United Kingdom. 2007.

[17] The GSN Work Group, "GSN Community Standard Version 1", 2011.

[18] R. Bloomfield, P. Bishop, C. Jones P. Froome, "ASCAD - Adelard safety case development manual", Adelard, 1998.

[19] T. Kelly, "Reviewing Assurance Arguments - A Step-By-Step Approach", In Proc. IEEE/IFIP International Conference on Dependable Systems and Networks (DSN 2007), 2007..

[20] D DEOS Project White Paper Version 3.0, DEOS-FY2011-WP-03J, 2012.

[21] C. Holloway, "Safety case notations: Alternatives for the non-graphically inclined?". In 3rd IET International Conference on System Safety, 2008.

[22] J. Rushby, "Formalism in Safety Cases. Making Systems Safer". Proceedings of the Eighteenth Safety-Critical Systems Symposium, pp. 3-17, 2010.

第9章
合意記述データベース（D-ADD）

　本章で詳説する合意記述データベース（以下，D-ADDと呼称）は，D-Caseの履歴を管理し，開発から運用までの対象システムの全ライフサイクルにかかわる情報の合意状態を保持し，DEOSプロセスにおける説明責任遂行のために必要な操作・情報を提供する．DEOSプロセスを実行する際にD-ADDを利用すると次の効果が期待できる．

① D-Caseと対象システムをつなぐ仕組みを有し，障害の予知・未然回避に迅速に対応する．
② D-Caseに格納された証憑と対象システムを監視した結果としての実績との間の整合性をリアルタイムに監視し，逸脱時には短時間での回復を支援する．
③ 未然に回避できた障害を含め，すべての障害情報を記録し，D-Case，障害情報，障害原因探索の記録をお互いに紐つけ，再発を防止する．

　以下，本章では上記の効果を生ずるD-ADDの仕組みを説明する．まず，DEOSプロセスとD-ADDとの関係を議論する．次に，D-ADDアーキテクチャに関して述べたあと，DEOSプロセスにおける説明責任遂行に関して，営業放送システムを事例に述べる．本章で述べるD-ADDは，利用者が体験できる実装が用意されている．該実装の概略を述べたあと，実ビジネスとD-ADDとの関連，およびD-ADDによるソフトウェア開発プロセス革新の可能性を考察して，本章をまとめる．

9.1 DEOSプロセスとD-ADD

　DEOSプロセスを構成している各（サブ）プロセスからD-ADDはアクセスされる．合意形成プロセスにおいては，合意された議論の過程の記録，関連議論の検索，過去の事例の検索，議論の構造化，などの合意形成の確実な実行を支援する．D-ADDが記録している合意形成の過程は，D-Caseのエビデンスノードに関連づけられることで，対応するゴールが成立することの論拠を提供する．そのために，ステークホルダ要求，企画書，仕様書，契約，などのドキュメント，および

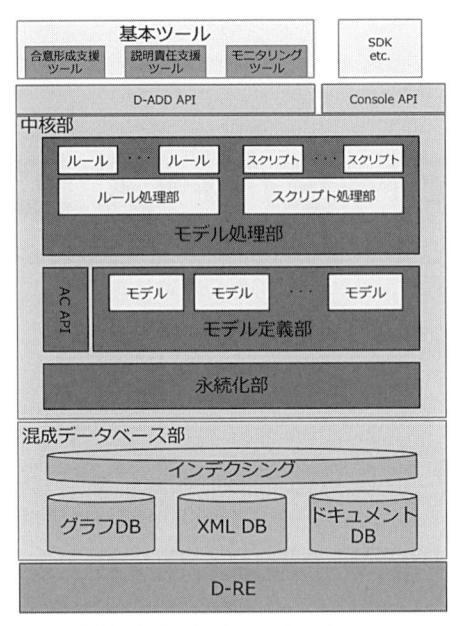

図9-1 D-ADD アーキテクチャ

D-Case自身がD-ADDに記録されなければならない．複数のオーナーシップを有する複合システムの場合にはD-ADD同士が情報を交換する．

開発プロセスにおいては，D-ADDは合意形成プロセスでの合意項目の確実な実行を支援するために，開発時に生成され，あるいは利用されるドキュメントやプログラム，コード等をD-ADDに記録する．D-Caseと対象システムをつなぐ仕組みを有し，障害の予知・未然回避に迅速に対応する．

障害対応プロセスにおいては，D-ADDは得られたログ情報をもとにシステムの状態を特定し，対応のためのD-Scriptを実行させる．また，障害原因の特定に必要な情報を提示する．説明責任遂行プロセスにおいては，D-ADDは新サービスの提供，システムの重要な変更，および障害対応に関してステークホルダが説明責任を遂行するに十分な情報（障害要因候補，ステークホルダ合意関連情報，エビデンス，等々）を提供する．

D-ADDは通常運用状態において，D-Scriptの記述に従ってシステムの状態を取得し，システムが通常運用状態にあるか否かを確認する．状況に応じて障害対応サイクル，あるいは変化対応サイクルが起動させる．このようにD-ADDはDEOSプロセスを遂行する上で必須の構成要素である．

DEOSプロセスを構成する各サブプロセスから利用されるD-ADDのアーキテクチャを，1) 各サブプロセスを支援するツール群，2) ツール群が必要とするモデルを処理する中核部，3) モデル情報をデータベースに記録する永続化部の3要素から説明する．

1) 基本ツール群

図9-1にD-ADDのアーキテクチャ図を示す．D-ADDは次の3アプリケーションを基本ツール

として用意した．

- 合意形成支援ツール
- 説明責任支援ツール
- モニタリングツール

合意形成支援ツールは DEOS プロセスの合意形成プロセスで利用されることを想定しており，合意形成プロセスの遂行を円滑にする．説明責任支援ツールは DEOS プロセスの説明責任遂行プロセスおよび障害対応プロセスで利用されることを想定し，新規サービスが開始された場合，対象システムでの障害の未然回避処理が行われた場合，あるいは対象システムに障害が発生した場合に，D-ADD に記録されている情報をもとにステークホルダの説明責任遂行のための情報を提供する．モニタリングツールは DEOS プロセスの通常運用状態において，D-Case モニタリングノード（第 4.3 節参照）の指示に従って，対象システムをモニタリングする．

2) モデル処理を中心とする中核部

基本ツール群は D-ADD API を利用して D-ADD 中核部にアクセスする．D-ADD の主な機能は中核部に定義され，モデル処理部，モデル定義部，永続化部から構成される．モデル処理部はルール処理部とスクリプト処理部から構成される．ルールはモデル定義部でのモデル情報の変更のルールを記述し，対応する必要なアクションをスクリプトとしてスクリプト処理部が処理する．ルール処理を含む実装の概要は第 9.3 節で述べる．

モデル定義部は，対象ドキュメントのデータ型ごとに定義されたモデルを扱う．モデル定義部では，基本データモデル，合意形成モデル，トゥールミンモデル，会議モデル，D-Case モデル等の基本ツール群で必要とされるモデルを定義しており，拡張可能である．D-ADD はこれらを，グラフ構造を基底モデルとして，永続化部を利用して記録する．モデル定義部では，各モデルに対応したデータに対する操作群が定義され，各種ドキュメント間の関連性，合意とステークホルダとの関係，仕様書と対象システムの運用状態との関係，等々のオープンシステムディペンダビリティを担保するために設定された対象システムの安全基準の充足状況を確認可能にする機能を提供する．

3) 永続化部

永続化部は下位層の混成データベース部に対する抽象化層であり，モデル定義部におけるモデル情報を下位層の混成データベース部に記録する．対象とするデータの性質が非構造的であり，関係性が重要であり，時間特性を備え，高速に多種大量のデータ処理が必要であることを考慮し，グラフデータベース，ドキュメントデータベース，そして，Key/Value Store という 3 種類のデータベースを扱う．

図 9-2 に D-ADD アーキテクチャを ArchiMate® 形式[1]で示した．DEOS プロセスを構成する各サブプロセスから D-ADD が利用されるため，基本ツール群，中核部，永続化部が提供するインタ

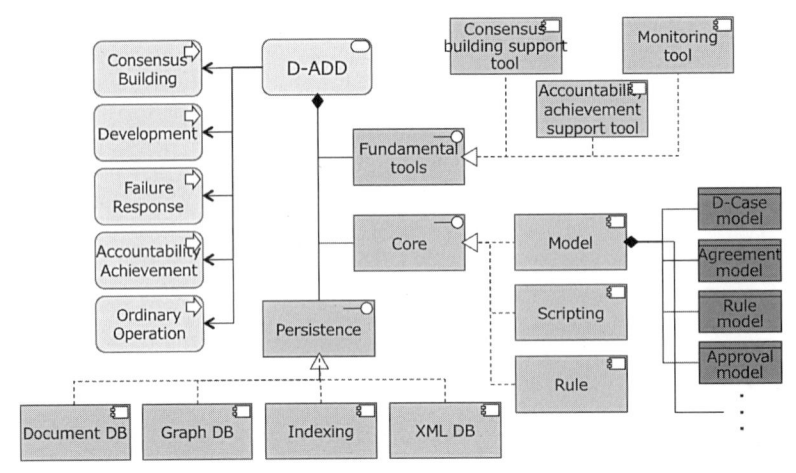

図 9-2 ArchiMateR 形式による D-ADD アーキテクチャ

フェース（記号―○）を中心に描いた．

9.2 D-ADD が支援する DEOS プロセス

9.2.1 D-ADD 支援による説明責任遂行

　DEOS プロセスでは対象システムに障害が発生した場合，説明責任遂行は必須である．たとえばサービス提供者は，サービス利用者や他のステークホルダに対して，障害の状況や原因，復旧計画や障害による損失などを説明しなければならない．社内あるいは社外のステークホルダに向けて情報を発信するとき，たとえばそれが社会的に大きな影響を及ぼすような障害であれば，企業を代表する社長・役員などによる記者会見が行われるかもしれない．その場合には広報部が説明のための原稿を用意するであろう．もっと軽微な，一般利用者向けネット接続が 5 分途切れたというような障害の場合には，サービス利用者向けのウェブサイトにおわびのリリースを掲載するだけかもしれない．このように，障害の規模や内容，サービスの種類，説明の相手によって，果たすべき説明の方式，そのタイミング，説明内容は異なる．

　D-ADD はステークホルダが説明責任を成し遂げるために必要な情報の管理を行うが，それは広報部が記者会見の原稿を書くための機能ではない．いつでも必要に応じて，障害対応の状況と，それを裏づけるエビデンスを提供できることであり，それが D-ADD が行う説明責任遂行のための情報の管理である．D-ADD が支援する説明責任遂行の範囲を，DEOS プロセスにおける障害対応サイクルに沿って，障害の未然回避から，迅速対応，原因究明を行い，これらを経て対応のための新たな変化対応サイクルが起動され，ステークホルダによる新たな合意が形成されて，実際に起きた

障害の再発防止策を含む機能をリリースするまでと定義する．以下に，D-ADDで管理する説明責任遂行の流れをまとめる．

　D-Caseモニタリングノードに記述されたD-Scriptによって未然回避したフォルト（誤りの原因）を含めて，D-ADDはすべての障害を記録している．障害が発生した場合には，D-Scriptが自動的に起動され迅速対応を行う．もし自動的に迅速対応ができなかった場合は，障害情報をD-ADDに登録し，人による迅速対応の作業を開始する．原因究明フェーズでは，D-Caseを起点に，D-ADDに保存されているエビデンス情報（D-Caseのエビデンスノードやコンテキストノードに紐づいている重要な文書や合意記述や監視ログ）を調べ，フォルトを特定する．その作業記録もまたエビデンスとしてD-ADDに保存する．原因究明を行った者は，特定した欠陥を元に再発防止のための障害対応策を議論し，合意を形成する．DEOSプロセスの障害対応サイクルはここで完了し，変化対応サイクルへと移行する．

　障害対応策に基づき，ステークホルダが要求を抽出するフェーズに入る．障害対応策として決定した改修や機能追加は，原因究明で判明した欠陥の対応のみに限定されるが，要求抽出フェーズではシステムを継続的に発展させるという目的のもと，障害対応策もより良い方向へ発展することが期待される．その結果，新しい機能の追加が議論され，合意されることもあるだろう．D-Caseは障害対応を含む新しい要求に従ってアップデートされる．対象システムは改修作業，テストを経てリリースとなる．

　ここで，1つの説明責任遂行のために必要な準備が完了する．D-ADDは，このような過程でリリースされた新しい機能が，上述の障害に対応した機能であることを，時を経たあともトレース可能なように設計する．

9.2.2　D-ADD支援による合意形成：営業放送システムを具体例に

　営業放送システム（以下，営放システム）は，民間放送局固有の基幹業務システムである．民間放送局は公共放送と違い，収入のほとんどをスポンサーとの契約に基づいたCMを放送することで得ている．そのため，CMを扱う営業業務や放送スケジュールを管理する編成業務は，早くからIT化されてきた[2]．現在では，営放システムは，番組やデータ放送の素材の管理，キューシートの作成などの機能も追加され，複数の部署と多くのユーザがかかわる巨大で複雑なシステムとなっている．また実際に放送したCMのスポンサーへの請求作業も担う．営放システムは，ソフトウェアパッケージとして販売されているが[3,4]，放送局ごとにさまざまなカスタマイズが必要で，特殊化・複雑化する傾向にある．

　また，放送事業は，電波法と放送法によって規律されており，放送局の免許が必要である[2]．近年，相次ぐ放送停止事故やCM間引き問題，やらせによる不祥事などが起こり，総務省は放送局に対して再発防止を求め，放送事故をなくすよう行政指導を行っている[5]．重大な放送事故は認可取消しという厳しい処分となる．そのため，放送機器だけでなく，営放システムにおいてもディペンダビリティを確保することは重要である．

　DEOSプロセスは，営放システムのように巨大で複雑な，そして外部から変化を要求されるよう

なオープンシステムのディペンダビリティを遂行するために開発されたライフサイクルである．DEOS プロセスは，変化対応サイクルと障害対応サイクルで構成される二重ループを周回することで，対象システムのディペンダビリティを高めていく．そのために必要なアクションが，D-Case の記述，ステークホルダによる合意形成，説明責任の遂行であり，D-ADD はそれらのアクションを支える．

1）営業放送システムの D-Case における合意形成の課題

営放システムは，複数の部署と多くのユーザがかかわる巨大なシステムである．

- 編成部：いつどのような番組を放送するかを計画し，放送スケジュールとして管理する．
- 営業部：スポンサーを探し，契約し，放送する CM 素材を管理する．
- 放送部：番組素材を管理し，最終的な放送進行データと放送機器を管理する．

上記 3 つの部署の作業を含むため，営放システムで扱う業務範囲は非常に広い．もともと，これらの作業はすべて人間の手作業であったため，システム化の際にはその業務特有のノウハウや経験が機能として組み込まれた．そのため，各機能は部署ごとの業務に特化した．これらの機能は，工程内で，あるいは工程と工程の間で，複雑な連携が必要となる．このような理由で，営放システムを D-Case で記述しようとした場合，システムの特性に比例して，巨大化し，複雑化し，高い専門性が必要となる．専門知識を含むシステムのすべてを熟知している者は少なく，あるいはいないため，一人で D-Case を記述することはできない．最高責任者が D-Case の全内容を理解し，全責任を負って合意することも現実的ではない．必然的に，専門知識を有した各部署のメンバーがステークホルダとして必要であり，彼らが D-Case に合意し，責任を負い，説明責任を果たす必要がある．このように巨大で複雑な D-Case の合意を形成することは難しい．以下にその 4 つの課題を示す．

1. D-Case の整合性の確保
2. D-Case 修正時の影響範囲の明確化
3. 多人数で D-Case を書くことにより起こる課題
4. ステークホルダの責任範囲の明確化

これらの課題を解決するために，どのような合意形成の手法が有効であるかを次に示す．

2）合意形成のための V-モデル化手法

巨大で複雑な D-Case とステークホルダの合意は，V-モデルライフサイクルを用いて構築することができる．さらに，D-Case の階層構造と企業の組織構造の組合せによって得られる V-モデルに適した段階分けを行う．この手法では，組織の権限と責任の委譲レベルを D-Case 構造に反映

させ，計画と検証のステージの2段階で合意を形成する．

(1) 合意形成の場

合意は，ある目的のため，会議中に，ある事象に対して，さまざまな利害を持った複数の人々によってなされる．そのような合意形成の必要条件を，猪原氏の『合意形成学』[6]で提唱された言葉を借りて「場」と呼ぶことにする．場には，合意しようとする内容を理解し，責任を持てる者が集まるべきである．場は，企業の組織構造と密接に結びついている．

放送局の組織構造は階層構造である．企業では，事業の目的に合わせて部署を分割し，部署は特定の機能を果たす．部署は，業務によってさらに小さな集団へと分割される．各レベルはリーダーを持つ．トップレベルは企業代表者であり，次が部長，さらに担当部長などである．リーダーは各集団の業務の責任を負い，リソースに関する権限を持ち，業務指示を出し，下位のリーダーからの業務報告を受領する．さらにリーダーは，意志決定や彼らの間での合意を得るために，下位のメンバーやその他のメンバーと協議する．意志決定が必要な会議では，決定に対する権限と責任を持ち，決定を実行するために業務とリソースについての権限と責任を持ち，決定すべき事柄の知識を持つ者が出席する．たとえば，中期経営計画についての会議であれば企業のトップや役員が出席し，そのレベル以下の社員は出席できない．製品の新しいマニュアルについての会議であれば，製品の開発者が出席し，上層部は立ち入らない．このようなトップダウンによる権限の委譲がなされている組織構造のレベルが，合意形成の場の設定に制約を与える．

D-Caseも階層構造をしている．トップゴールは，システム全体にかかわるディペンダビリティ属性について，抽象的な言葉で記述される．またトップゴールでは，システム全体にかかわる統合的な前提ノードを記述するが，それらはD-Case全体に影響を与える定義や条件となる．ゴールがサブゴールに分解されていくごとに，ディペンダビリティの内容はより具体的になり，前提ノードも特定的になる．

ここでは，D-Caseの階層構造と組織の階層構造を対応させる．D-Caseは，組織構造に由来する階層的な合意形成のステージおよび場によって構築される．放送局の合意形成のステージおよび場の例を図9-3に示す．

まず，放送局の組織構造から，3つのステージ（ステージA，ステージB，ステージC）を設定した．各ステージは，2つのレベルの職制を含むように設定し，上下間の合意形成を行うものとする．ステージAで合意した内容は，上位の意志（D-Caseのゴールノードとコンテキストノードで記述）として，次のステージBに伝えられる．ステージBでは，伝えられた意志の範囲内で議論を行い，合意結果をステージCへ伝える．つまり，上位組織から下位組織へ，業務の方向性の指示，責任と権限の委譲が，ステージ間で行われることになる．これらのゴールノードとコンテキストノードの記述内容を，一貫性をもって下位組織に伝えることが重要である．同じステージ内の合意形成は必要に応じて「場」を複数設定できるものとする．各ステージは，最低1つの場を持つ．各ステージの場に与えられる目的は，第4.3節記載の「D-Case記述ステップ」に沿うものとするが，組織構造に従って再編され，特殊化される．

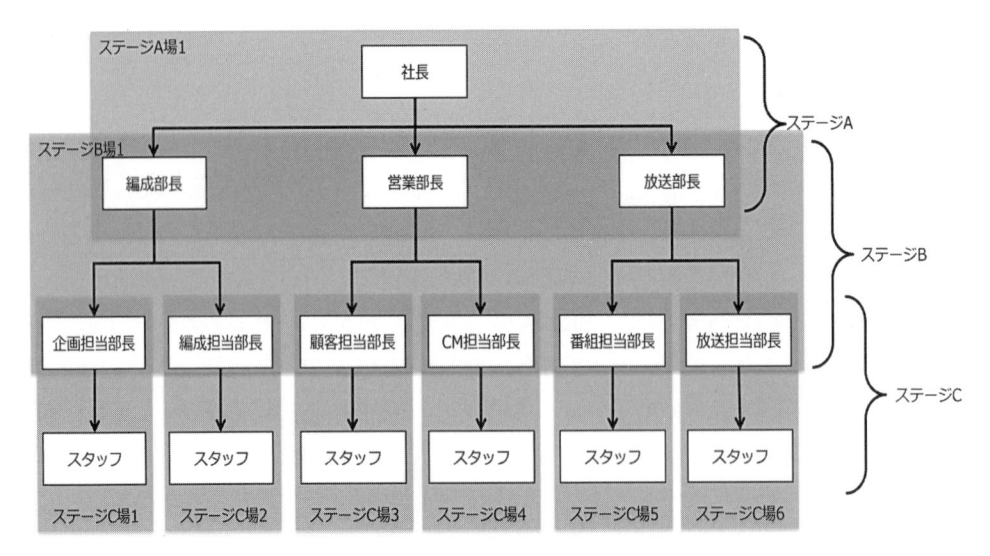

図 9-3　ステージと場

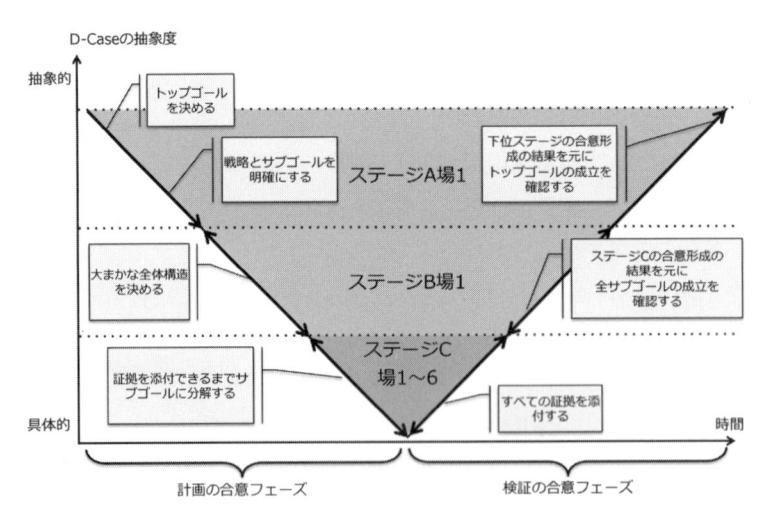

図 9-4　V-モデル図

　ステージAは1つの場を持つ．その目的は，D-Caseのトップゴールを決め，システム全体の開発，運営，議論に影響する前提ノードを明らかにすることである．ステージAの合意形成が完了したということは，そこから先の業務の権限と責任をステージBのステークホルダに委譲したということである．ステージBの場の目的は，D-Case全体の大雑把な構造を決め，部署間の調整を図ることである．ステージAから提示された内容（指示，権限の範囲）を確認し前提条件を明らかにし，ステージCにおいてD-Caseをどのように分割していくかを調整する．ステージCの場の目的は，D-Caseを完成させることである．ステージBの場において未完成だったゴールを，エビデンスノードやモニタリングノードによって支持できるまで，サブゴールに分解する．各場の参加者は，その目的，組織構造，前述の意志決定会議のルールによって決められる．リーダーは，おの

おのおのの部署の役割と前提条件を理解していると仮定する．この階層構造を持った合意形成の場が，巨大で複雑な D-Case の体系的な構築と合意を可能とする．その手順を次で説明する．

(2) 合意形成の V- モデル

ここでは，D-Case の構築と合意形成の行程を大きく 2 つに分割して進める．計画の合意フェーズと検証の合意フェーズである．V- モデルを使用した合意形成の過程を図 9-4 に示す．

(a) 計画の合意フェーズ

計画の合意フェーズの目的は，エビデンスノードを除いた D-Case を定義し，合意することである．組織が持つトップダウンによる意思決定と権限委譲モデルを用いて，D-Case は上から順に生成される．その際，図 9-3 に定義した場と第 4.3 節で述べた D-Case の記述ステップを適用する．

① ステージ A 場 1

この場の目的は，トップゴールを決定し，D-Case 全体にかかわる前提ノードを見出すことである．その決定には，運用方針や予算など，対象システム全体への制約を含む．このような意思決定は，以後行われるすべての合意形成過程に影響を与えるため，企業組織の上層部の職務と権限によってなされるべきであり，したがってステージ A における合意形成が必要である．

トップゴールに設定した前提ノードは，それ以下のすべてのノードの前提として適用される必要がある[7]．下位レベルで上位レベルの前提を越える必要が判明した場合には，上位レベルの場に戻り，条件を変更し，合意し直すことが必要である．

この場の合意形成の進め方は，まずトップゴール（G1）の案を出す．複数出ることもある．出た案のうちどれがトップゴールとしてふさわしいかを明確にするために，制約となる条件を前提ノードで記述する．次にトップゴール案をどのように達成するかの戦略として戦

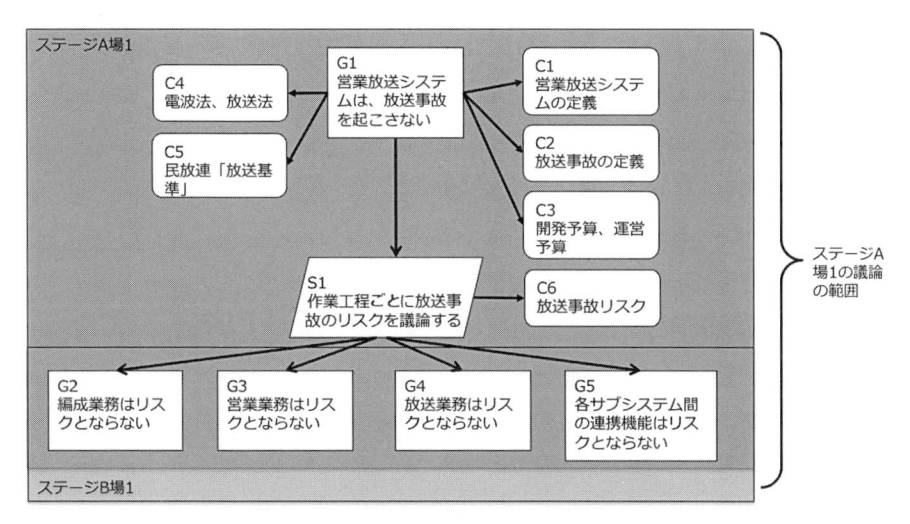

図 9-5　ステージ A 場 1 の D-Case の例

略ノードを設定し，さらに戦略ノードを明確にするために，サブゴールの提示も行う．最終的に，どのトップゴール案が良いかを議論し，決定し，ステークホルダの合意を取り，G1，S1 を決定する．サブゴールとして記述した G2 から G5 は，ここでは確定しない．それらのサブゴールを明確にし，決定するのは，次のステージ B の責任範囲とする．また，ステージ A で設定した条件の範囲であれば，次のステージ B の場のステークホルダは，G1 および S1 を変更することも可能とする．図 9-5 に，ステージ A で記述し合意した D-Case（例）と議論の範囲および責任範囲を示す．

②ステージ B 場 1

　この場の目的は，ステージ A が設定した制約の範囲内で，全体の計画を立てることである（第 4.3 節記載の D-Case 記述ステップに該当する）．この階層は，D-Case 全体の大きな構造を決める階層であるため，部署ごとに場を分割するのではなく，抽象的なレベルで業務全体を把握する必要のあるステージ B 全体で 1 つの場を持つ．実際の業務を理解しているステージ B のステークホルダは，ステージ A のステークホルダが提示した G1 と S1 の方向性について，ステージ A の意志を含めて下層のステージ C に正しく伝える役目を担う．また，ステージ C で部署ごとに個別に D-Case のツリーを記述できるように，ステージ B のステークホルダは，部署間にまたがる問題の調整をあらかじめ行い，その結果をサブゴールとして提示する．

　この場の合意形成の進め方は，ステージ A の場から与えられたサブゴール（G2，G3，G4，G5）を明確にすることから始める．ステークホルダは，S1 は G1 から正しく G2，G3，G4，G5 を導き出しているか，また，G2，G3，G4，G5 によって G1 は達成するかを確認する．G2，G3，G4，G5 に条件を付加する際には，C1 〜 C6 の範囲内であり，さらには整合性が取れていることを確認する．次に，G2，G3，G4，G5 をステージ C でそれぞれ独立して詳細化を進めるために，戦略とサブゴールを提示する．最終的な D-Case に対してステークホルダの合意を取る．トップダウンという方式は，上位から下位への権限の委譲モデルである．上位ステージの責任範囲である G1 と S1 の変更が必要ない限り，G2，G3，G4，G5 の変更を上位ステージに伺い立てる必要はないと考える．ただし議論中の D-Case がどのように記述され合意されているかについては，上位ステージのステークホルダがいつでも確認できるようになっていることが求められる．図 9-6 にステージ B 場 1 で記述し合

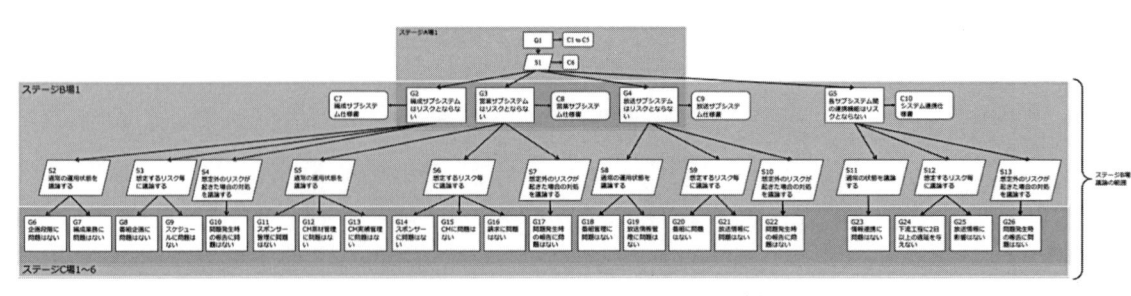

図 9-6　ステージ B 場 1 の D-Case の例

意した D-Case の例とその場における議論の範囲および責任範囲を示す．

③ステージ C 場 1 ～ 6

　この場の目的は，ステージ B が設定した制約の範囲内で，エビデンスを直接に設定できるところまでゴールを詳細化することである．D-Case はより具体的になり専門知識を必要とするため，ステージ C の場をさらに部署ごとに分けた 6 つの場で，独立に合意形成を進める．ただし合意したい内容によっては，複数部署が同時に議論し，合意形成をする場合もある．

　このステージの各場の合意形成の進め方は，ステージ B の場から与えられたサブゴール（G6 ～ G26）を明確にし，その結果，上位の戦略と，さらに上位のゴールが達成するかを確認することから始める．各ゴールに条件を付加する際には，上位レベルの前提ノードの範囲内であることを確認する．このゴールと戦略の明確化の作業は，ゴールにエビデンスを直接づけられる状態まで繰り返し行う．議論により導き出した最終的な D-Case に対してステークホルダが合意を示す．ステージ C の各場によって部分的な D-Case が記述され，それが対象システムの D-Case となるが，この時点ではまだエビデンスノードは記述されていない．

　このように複数の部署が関係しても，D-Case で議論すべき内容に合わせて，適切な場を設定することで，記述範囲や責任範囲を明確化できる．境界線が明確になることから，修正時の影響範囲も見極め易くなる．図 9-7 にステージ C 場 1 ～ 6 で記述し合意した D-Case の例（簡略化したもの）とその議論の範囲および責任範囲を示す[注1]．

(b) 検証の合意フェーズ

　検証の合意フェーズの目的は，D-Case にエビデンスを設定して完成させ，完全な D-Case であることをすべてのステークホルダが検証することである．このフェーズでは，D-Case は組織構造のボトムアップの流れで検証を進める．

① ステージ C 場 1 ～ 6

　このステージにおける各場の目的は，すべてのリーフの（最下位の）ゴールにエビデンスを付加し，各場の責任範囲のゴールが達成していることを合意することである．このステージにおける各場の合意形成の進め方は，まず，リーフのゴールごとに，場の参加者がエビデンスを検証し，そのエビデンスがゴールを達成するに十分であるかを判断することから始ま

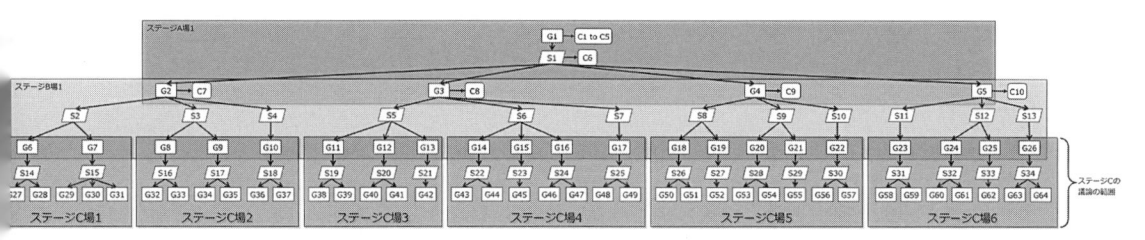

図 9-7 ステージ C 場 1 ～ 6 の D-Case の例

注 1：ステージ C の 1 ～ 6 の場で別々に記述した部分的な D-Case は，全体の D-Case に配置されるためには整合性のチェックを行う必要がある．しかし，ここでは層間に集中するため，同じ層の合意形成の手法については対象外とする．

る．満足いくものであれば，エビデンスノードあるいはモニタリングノードをリーフのゴールに付加する．対象システムの監視による動的なエビデンスとする場合には，モニタリングによりアラートを発するD-Scriptを記述する．

次に，エビデンスを添付したサブゴールの達成によって，1つ上の戦略ノードが十分に機能しているかを検証する．そのように検証された部分的なD-Caseのツリー（例：図9-7のステージC場1のS14，G27，G28）がその上のゴール（G6）のエビデンスとなる．部分的なD-Caseツリーが問題ないことが検証された結果を受けて，G6が達成しているかを検証する．このようにステージCの各場は，その責任範囲において分解した戦略とサブゴールのツリーを，下から順に，ゴールは達成できているか，戦略は適切かについて検証を重ね，問題がないことを判断したら，最終的にそのD-Caseの部分的なツリーを合意する．

⑵ ステージB 場1

この場の目的は，ステージCの合意形成による下位ツリーの成立を前提に，ステージBの責任範囲についてゴールが達成できていることを検証し，合意することが目的である．またステージCにおいて各場が並行して独立に合意した内容について，整合性を確かめる．合意形成の進め方は，ステージCと同様に，ゴールがエビデンスによって達成されているか，戦略が適切かの検証を下から行っていく．ステージBのゴールにおけるエビデンスとは，その下位ツリーであるステージCの責任範囲が成立しているという事実である．その事実をエビデンスとして，ステージBの責任範囲のゴールが達成できていることを検証し，問題ないことを判断し，最終的に合意する．もしゴールが成立しないと判断した場合には，その部分の合意形成のやり直しをステージCの該当する場に求める．

⑶ ステージA 場1

この場の目的は，トップゴールの達成を確認することである．ステージBと同様に，下位ツリーが成立していることを確認し，トップゴールが成り立っており，ゆえにD-Case全体が成立していることを合意する．

まとめとして，本稿で提示したV-モデル化手法は，組織構造を元にした合意形成のレベルと場の設定，およびD-Caseの内容の抽象度と合意形成の場に与えられた責任と権限のレベルの合致の2点によって，巨大で複雑なD-Case記述の課題を解決している．組織構造を合意形成に適用することで，計画の合意フェーズでは，上位から下位への合意形成の結果として上位の意思，指示，権限を受け渡すことができ，検証の合意フェーズでは，上位から下位へ正しく伝わったことを確認する．この確認はD-Caseゴールノードとコンテキストノードを用いて伝わる．通常，ゴールに関する確認は行われるが，コンテキストの継承についても十分に確認する必要がある．

3) D-ADDによる合意形成支援

V-モデル化手法による合意形成手法を支援するために，4つのD-ADDのアプリケーションツールを提供している．

(1) D-Case の整合性の確保

D-Case の整合性支援機能である辞書機能は，D-Case の記述時に用語の整合性をサポートする．この D-ADD の辞書機能は，個人および組織の辞書を管理する機能である．D-ADD ユーザは対象システムに関連する語彙を定義する．組織を横断して共通で使用する語彙は組織の辞書で統合的に管理する．ユーザは，常に，辞書で定義された意味で使用していることを確認しながら入力を行えるようにすることで，共通語彙の使用を徹底する．

Agda[8]は，用語の論理的な意味を表すための証明支援言語である．辞書の語彙の意味のように，Agda 表現を登録することによって，D-ADD は D-Case を Agda 言語による形式的証明に変換できる．そして，Agda 証明支援によって正確さをチェックする（第 6 章参照）．

(2) D-Case 修正時の影響範囲の見積り

対象システムを，仕様の変更，運用の変更，制約条件の変更などの要因によって修正する場合には，D-Case も同様に変更が必要である．巨大な D-Case は，修正箇所がたった 1 つのノードであったとしても，その影響範囲を見極めることは難しい．D-ADD は，D-Case の修正を 2 つの機能によって支援する．1 つは，前述の辞書機能を利用した語彙の記述箇所を特定する方法であり，もう 1 つは，組織の責任範囲で絞り込む方法である．D-ADD の索引機能は，辞書に定義した語彙を D-Case で使用している場合，D-Case のどのノードにその語彙が使用されているかを示すことができる．また，D-ADD は組織，人，権限の情報を管理でき，D-Case の部分的なツリーあるいはノードは，組織情報と紐づいて管理され，責任範囲を明確にする．D-ADD は，修正が必要な D-Case の部分に責任を持つ組織を示し，さらに，その組織の全責任範囲を示す．それによりユーザは影響範囲の境界線を見つけることができる．これらの解決方法を併用することによって，D-ADD ユーザは，複数部署に影響をおよぼす D-Case の修正の影響範囲を見積もることができる．

Agda による D-Case の検証が可能であれば（たとえば Agda 表現が定義されている場合），影響範囲の特定はさらに機械的に可能である．修正後，D-ADD は D-Case 全体を再チェックする．チェックを通らなかった部分が影響範囲である．

(3) 多人数で D-Case を書くことにより起こる課題

D-ADD は，第 5 章に記載の D-Case Weaver や D-Case Editor などの D-Case 編集ツールと連携している．V-モデル化手法では，場で議論しながら D-Case の記述と合意を繰り返す手法を用いた．これは，場の書記担当者がステークホルダに対して議論に則した D-Case を書いて見せる，という方法をとることを想定している．議論している間は，複数の案が出ることが想定される．その場合には，第 4.6 節記載の代替案選択の分解方式を用いて D-Case を記述し，最終的な合意形成でどれかを選択する．合意形成の結果，採択されなかったノードやツリーは，採択されなかったが議論したというエビデンスとして D-ADD 内に残す．その記録は，DEOS プロセスの重要なフェーズである説明責任において有効である．

また，D-Case を詳細化していく段階では複数の場が並行して議論を進めることができるようになっている必要がある．1 つの D-Case に対する複数同時操作について，D-ADD はデータベース

という観点からサポートする．D-ADDはそのように記述されたD-Caseの全履歴を保有する．記述された最新のD-Caseは，アクセス権を持つユーザであれば常に閲覧可能とする．

(4)ステークホルダの責任範囲の明確化

D-ADDは，D-Caseのノードあるいはツリーと，どの組織・人が関係するかを設定できる機能の提供によって責任範囲の明確化を支援する．責任の所在が明確になっていないノードやツリーがあれば，D-ADDはユーザに警告する．さらに，全ステークホルダに対し，D-Caseのどの部分がだれによって議論中なのかあるいは合意形成中なのかという情報を提供できる．変化していくD-Caseの合意形成の状況は，D-ADDによって，組織・人という観点から可視化される．

9.3 実装概要

D-ADDの実装の詳細を記すにはスペースが足りないので，ここではその概要を述べるにとどめる．実装にはJava言語[9]とScala言語[10]を用いた．Java言語は主に基本ツール群と永続化部の記述に，Scala言語は主に中核部の記述に用いた．

D-Caseは図9-8記載のクラス図で示した構造で永続化部を経由してグラフDBに記録される．合意形成支援ツールでは，第9.2.2節で述べたV-モデル化手法による合意形成手法を実装している．合意形成の進行にしたがって，モデルに対応するノードがつながっていく．また，第4.6節に記載の分解パターンを合意形成支援ツールに応用することで，複数の対象システムのD-Caseを効率的に扱うことができる．たとえば，システム分解パターンはサブシステムごとのD-Caseを扱う

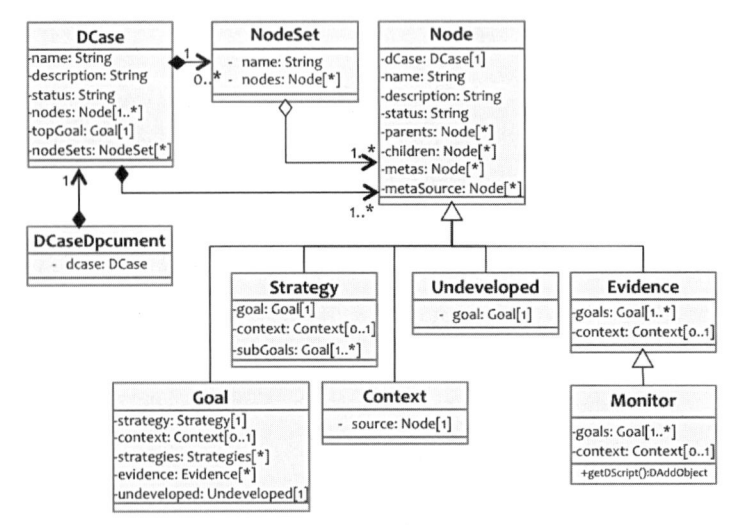

図9-8　D-Caseモデルのクラス図

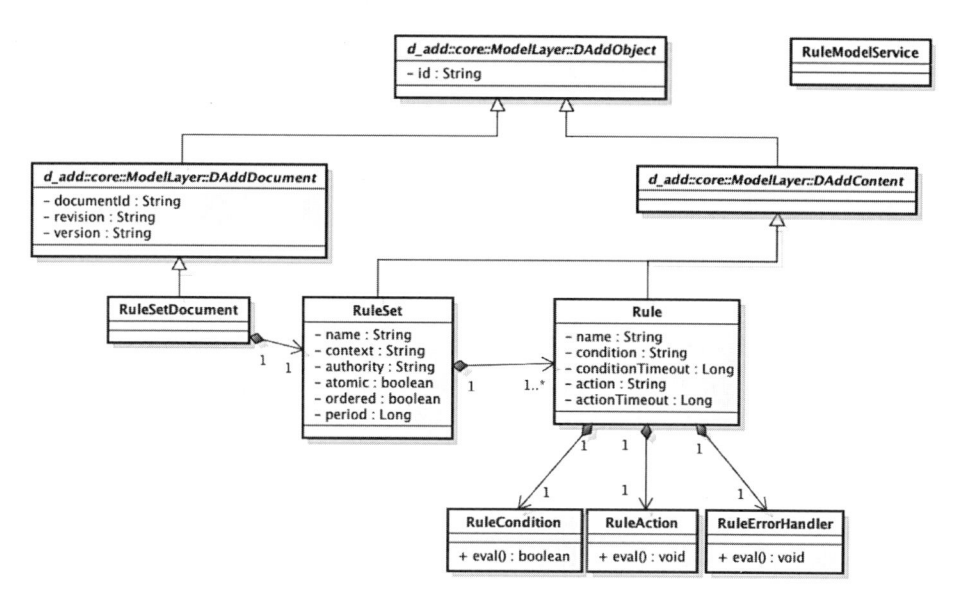

図 9-9　ルールクラス図

　ので，D-Case モデルとそれに関連するモデルはサブシステムごとに D-ADD に記録することにより記録構造を最適化できる．

　図 9-1 記載の D-ADD アーキテクチャにおけるルール処理部が対象とするルールは，図 9-9 に記載のクラス図に示すオブジェクトとして実装した．ルールはモデルの状態が変化したときに発火する（ルールが成立し対応する処理が実行される）．ルールにはモデル定義部のモデル情報への参照を記述できる．また，ルールにはモデル状態の取得を拡張するためのプラグインが利用できる．たとえば，統計解析のためのプラグインを利用することができる．

　モデル定義部が対象とするモデルには，合意形成支援のための合意形成モデル，D-Case を記録するための D-Case モデル，モニタリング対象の Target モデル，ルールモデル，ルールやスクリプトを D-ADD に動的に配備するための Deployment モデル，などが定義されている．

　D-Case を中心としたデータの関連性グラフは，説明責任遂行で重要な役割を果たすことになるが，本実装ではグラフフレームワークを利用して記録することとした．グラフフレームワークとしてオープンソースの TinkerPop[11] を採用し，グラフ DB としてオープンソースの Neo4j[12] を採用した．これらには Play! フレームワーク[13] を用いて RESTful にアクセスできるように実装した．Play! ではグラフ DB との接続が未対応だったので，Play! から TinkerPop 経由で Neo4j にアクセスする機能を実装した．Play! はプラグインの仕組み（モジュール）を備えているので，モデル，および上記グラフ DB との接続部を Play! のモジュールとして実装した．また，基本ツール群も Play! アプリケーションとして実装した．

9.4 実ビジネスにおける D-ADD の利用

　実ビジネスシステムには Web システムが利用されることが多く，そこでは，Java アプリケーションサーバが用いられるのが一般的である．アプリケーションサーバを用いるのは開発時から運用時までの分散開発やコード管理，アップデート，システム全体の構成管理をサポートし，さらに運用時には保守を容易にするさまざまな機能を有しているためである．したがって，開発する IT システムの特性を考慮してどのアプリケーションサーバを選択するかは，システムの信頼性に大きな影響を与えることになる．

　昨今，アプリケーションサーバを駆使した巨大な IT システム開発プロセスに，関係者間のコミュニケーションを記録していく方式が採られている．これまではメーリングリストで情報を交換しあうようなアドホックな方式が採られていたが，Redmine などのプロジェクト管理型の機能をもったツールを用いて，連絡，記録，証拠，報告を組織的に管理運営する方式へと変化している．これらのツールが記録するデータには，ユーザやステークホルダとの会議議事録なども登録され，重要な仕様変更では，その会議議事録が参照されることも一般的となってきた．DEOS プロセスは，そのような要求を満たす技術体系としてとらえることができる．そして，9.3 節で述べた DEOS プロセスが規定しているステークホルダの合意事項を対象システムの通常運用状態にまで連携させた実装は，世界初の試みである．

　D-ADD と関係ビジネスを図 9-10 ではフォワードモデルとリバースモデルから整理している．フォワードモデルは，新規開発案件への適用であり，DEOS プロセスのすべてを対象システムに作りこむことが可能である．D-ADD 機能を SaaS として提供するビジネスや，D-Case による合意形成支援ビジネス，基本ツール群を中心にしたアプリケーションビジネス，等が考えられる．

　TOGAF[14]ではエンタープライズ連続体（Enterprise Continuum）を支援するためのアーキテクチャリポジトリを規定しており，アーキテクチャ開発手法によるプロセスの成果物を格納する．D-ADD はこのアーキテクチャリポジトリの実装としても利用できる．

　一方，リバースモデルは，既存のシステムへの DEOS プロセスの適用である．既存システムや既存モジュールに対する D-Case 記述開発ビジネス，既存システムの弱点を診断するサービス，等が考えられる．

　ITIL[15]は IT サービスマネジメントのベストプラクティスをまとめたフレームワークである．ここには，単なるデータを情報（Information），知識（Knowledge），そして知恵（Wisdom）へと昇華させる戦略を ITIL サービスライフサイクルのフレームワークで整理している．D-ADD モデル層に ITIL フレームワークを追加することで，ITIL におけるベストプラクティスを DEOS プロセスの運用で活用することができる．

　アプリケーションサーバ領域は Java 技術を中心に，商用ソフトウェアとオープンソース（OSS）がしのぎを削っている．しかし，DEOS プロジェクトにおいて提案されている技術体系にのっとっ

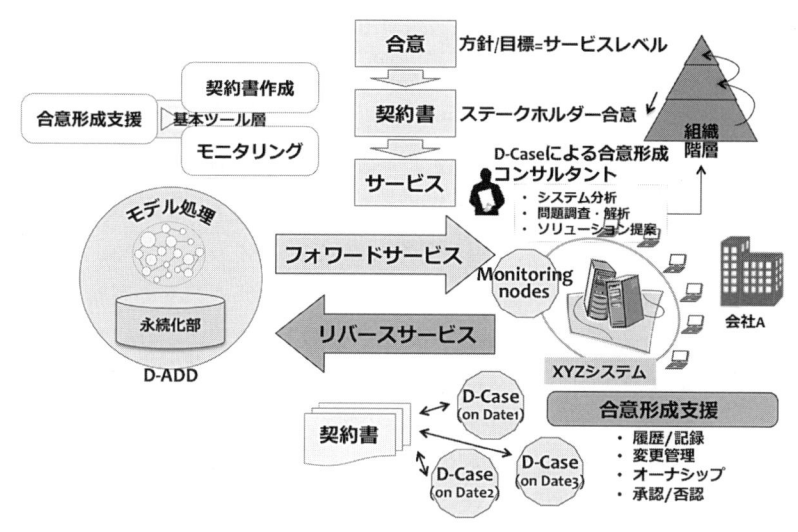

図 9-10　D-ADD と関係ビジネス

たアプリケーションサーバは存在しない．そこには多くの潜在的ビジネス機会が存在していると考える．D-ADD により DEOS プロセスを適切に運用することで，社会インフラとしてますます重要性を高める IT システムのオープンシステムディペンダビリティを違った次元に高めることができる．

9.4.1　DEOS の対象ビジネスドメインについての考察

　ここでは DEOS プロセスの適用に有効なビジネスドメインを 3 つ挙げる．「教育」「医療」「設計技術」の 3 ドメインに共通するのは，対象ドメインの知識体系が広く，かつ学術情報が基盤となることである．議論が各論として末梢的になりやすく，その結果対象となる議論にひずみや断絶が起こりやすい．知識のひずみや断絶は，それを補うための知識の再構築を起こし，ひずみや断絶を埋めるだけにとどまらず，知識の接面や重なりにおいてさらに転換が起こる可能性がある．これら知識構造が持つ普遍的な変更，更新，再編という特性を潜在的（内面的仕様）に有する IT システムにこそ，ディペンダビリティを担保する DEOS プロセスを活用することができる．

1）教育分野

　教育分野での DEOS プロセスの活用についての一例を述べる．カリキュラムは，教育全般の課題として教育者，運営者，学生，そして保護者まで関係する重要な事柄である．カリキュラムの透明性をめぐっては，文部科学省方針や大学知の公開を目指したシラバスの全公開もその流れである．シラバスを教育機関と保護者との契約書として厳格に運営を目指す組織がある．ここでは，シラバスの変更を重要なカリキュラムの変更として扱っている．
　カリキュラムやシラバス等の記述は，意味的に厳格でなければならないが，往々にして矛盾や齟齬を含み，体系的にならないという課題がある．ここで，現実的なカリキュラムやシラバスの作成

を目標としたDEOSプロセスを想定してみる．カリキュラムやシラバスの作成に伴ってD-Caseが開発される．ここでのD-Caseにはそのカリキュラムやシラバスの目標がトップゴールとして示される．大学，教師，学生，保護者というステークホルダが，そのゴール達成のためには何が教授され，学生は何を達成し，その達成が何で証明され保証されるかがD-Caseに記述される．学生は履修計画を構築し，その目的，目標に沿ったカリキュラムの選択を行い，その際にステークホルダと合意形成を行う．複数のカリキュラムの相互関係もD-Caseにより記述され，シラバス間の関連，参照もD-Caseに記述され，D-ADDに記録される．ステークホルダはその履歴をD-ADDから参照できる．保護者は，学生のスポンサーとして，費用を負担する立場にあり，これらD-Caseを参照することで，娘/息子の履修計画が人生設計に即しており，費用を負担する価値があることの確信を得ることができる．DEOSプロセスによりステークホルダは，カリキュラムの実運用における学生の学習効果を（D-ADD経由で）確認することができる．学生の学習や先生の教授になんらかの問題が発生した場合には，DEOSプロセスの障害対応プロセスにて対処される．再発防止策が必要であったり，教育環境が変化したりしたことにより，カリキュラムやシラバスを変更する必要がある時には，DEOSプロセスの変化対応プロセスにて対処される．このようにして，大学は，その教育の品質を担保することができる．

また，SNSやソーシャネルネットワークの時代においては，教員や学生によるディスカッションや合意形成をテーマにした教育学習システムは，全国の大学等で利用促進可能な全国大学共通のインフラとして利用することが望ましい．DEOSプロセスを前提として稼働することを目標とすれば，新しい学問としての次世代教育学習システムの検討も可能である．

2) 医療分野

医師たちの標準IT環境としての電子カルテが議論されて久しい．電子カルテが医療知識を活用する専門医にとって情報のデジタル入出力になることはまちがいない．その接続先である臨床データベースや問診，投薬などの膨大な診療データに加えて，昨今ではウェアラブルデバイスにより生体発生データを直接データ化，永続化されるサービスも増えてきた．ビッグデータに代表される巨大データの疫学的な解析は近年急速に進み，これまでの成果とは比較にならないほどの可能性が見えてきている．

しかしながら医師の診断現場や医師ごとの専門的知識に沿ったITシステムの構築は，ほとんど実現していない．原因は，医療のITシステムは医療事務の処理から生まれ，まだその域を脱していないためである．電子カルテが普及しないのも，医師の立場からは必ずしも有益ではないからである．

臨床データベースのようなITシステムの開発には，医師に代表される個人の知識の専門性に富んだステークホルダが多数関与する．この開発にDEOSプロセスを適用することを考える．D-Caseを開発し，D-ADDに記録し，ステークホルダ間の合意形成を進めることで，専門医ごとの知識の断片をD-ADDに記録し，体系化することができる．これにより，今までよりも論理性の高い合意形成を進めることができ，ステークホルダの対象システムのディペンダビリティに関する確信

を高めることができる．本データベースに接続される電子カルテシステムの開発にも DEOS プロセスを採用することで，両システム間の接続にかかわるディペンダビリティを D-Case を用いて検証することができ，病院が提供する医療サービスの品質向上が期待できる．ステークホルダに患者を含めることで，医師の処方と患者の服用の関係を病院は確認し検証できるシステムを開発できる．これがもしブレークスルーをもたらすとすれば，医学の進歩，発展に多大な貢献をするであろう．

3) 設計分野

長期にわたる専門的な設計プロセスにも DEOS プロセスは応用可能である．具体的には，航空機の設計，巨大建物の設計，大規模プラントなどの巨大構造物の設計，等がある．設計が長期にわたるということは，仕様の変更，設計の変更，設計者の交代，予算の変更，法律の変更，環境の変化が起こることを前提にしなければならない．まさに DEOS プロセスの対象領域である．

巨大な業務支援型の IT システムを構築する際には，最初にコンサルティング会社が業務分析や問題点の洗い出し，将来のあるべき姿のモデルを提案して，目標の高い IT システムを構築するケースが多々ある．ところが，コンサルティング会社の設計を IT ベンダが引き継いだときには，実装問題や細部の不整合が見つかり，大きく設計が変更になる場合が少なくない．こうした IT システム構築時における複数関係者の受注の構図は，開発されるシステムの信頼性を失うことになりかねない．DEOS プロセスならびに D-ADD には，エンタープライズ系の巨大 IT システムを構築する標準手段としての応用分野が存在する．

9.4.2　エンタープライズリポジトリとしての D-ADD

組織は人を内包するが，組織，人にはそれぞれ権限が付与されている．このような直交した概念下における組織活動では，えてして齟齬，相反，不一致，逸脱，最悪には非合法な事態を引き起こす．巨額粉飾で世界的な事件となったエンロン事件以後，米国では SOX 法が制定され，日本でも通称 JSOX（金融商品取引法）が制定され，上場企業は内部統制による業務施行を義務づけられている．内部統制法違反は上場廃止にいたることもあるので，特に企業システムの中での承認プロセス，権限確認，ユーザ管理などが厳しく統制されるようになってきている．

業務統制管理が IT システムによって達成されなければならない要請は，これまでの単機能的 IT システムから比べると，はるかに実装が難しい局面にさらされている．複雑にからむ業務とそのルールにより，業務の遂行とその証跡を格納して，さらには，発生する新業務とそのルールの設定，あるいは変更にシステム変更が追従していかなければならない．企業情報システムの中心に D-ADD を置いて，業務上の一切の記録を受け持つことによりこれらの要請を実行することができる．

企業全体で D-ADD を稼働するためには，時間的に推移する企業のリソースマネージメントがベースに運用されている必要がある．D-ADD＋リソースマネージメントの時間的蓄積は，企業の構造や変更に対応していなければならず，それらをエンタープライズリポジトリとして定義する必要がある．そのためには，たとえば TOGAF で規定しているように企業の組織構造をアーキテク

チャとしてデザインすることが求められる.

9.5 ソフトウェア開発プロセス革新へのアプローチ

　DEOSプロセスを採用した大規模ITシステムの開発において，D-Caseによる対象システムのアシュアランスケースの記述，ならびにD-ADDによる合意形成支援と説明責任支援機能は，従来方法による設計品質や製造品質を大きく向上させる効果がある．金融システムや医療システムに代表される高信頼性を求められるシステムでは，ステークホルダ要件や要求性能要件について，多くの関係者により十分な時間をさいて議論を行うため，一般的には開発プロセスとしてウォーターフォール型が好まれる傾向がある．しかし，業務要件が非常に複雑で発注者側でも将来に柔軟性を持たせたい場合には（リリース時期が数年先であれば，市場や業務の変更までを視野に入れて），反復型開発を試みることがある．反復型開発時の初期には，仕様を模索するようなアジャイル開発を採用することもある．ウォーターフォール型開発の課題として，膨大な数量のドキュメントが開発されること，ドキュメントの発生期間が長いこと，関係者の数が多いことがある．そのため，ドキュメントで示されたシステムに対する要求が，必ずしも1つの仕様に収束していかない傾向があり，仕様の齟齬の発見が難しくなる．一方でアジャイル開発は，期間を短くした反復性において関係者が限られるために，仕様が明確になりやすい．もともと仕様の抜けや漏れが発生することを前提として，それらをつぶすための反復型開発であり，より完成度を高める方法論である．どちらのケースでも開発中のコミュニケーションの記録がどこまで精度が高いかで開発プロセスそのものが問われる.

　携帯電話のファームウェアがOTA（On-The-Air）アップデート技術を用いてネットワーク経由でアップデートされるようになってから久しい[16]．それまでは利用者は携帯電話の不具合は我慢するしかなかったが，これ以降利用者は不具合に悩まされることもなくなり，電話機メーカも不具合対策のための費用を激減することができるようになった．また近年のクラウドサービスの拡大は，バンデットアルゴリズム[17]の活用とあいまって，利用者ごとに最適化されたサービスの提供，および利用者の利用中でのサービス変更を可能にしている．このような環境におけるITシステムの開発で，開発と運用の間のコミュニケーションを密に行ってシステムを作りあげていくDevOps[18]と呼ばれる方法論が注目されている．DevOpsを採用した人々は開発時よりも運用時に本質的な仕様が見いだされることが多いことを理解している．DEOSプロセスはすでにこのことを包含しており，さらにD-ADDの利活用によりすべてのステークホルダが合意内容とその実行の整合性を確認できる手段を持つことになる．従来のソフトウェア開発プロセスは，上流から下流へと要求管理，開発，運用，等々のフェーズに分断した一連のプロセスから構成されていた．まさに2.3節で述べたクローズドシステムの性質を開発プロセスに取り入れていた．しかし，上記の環境における開発プロセスにはオープンシステムの性質を組み入れることは必須である．そのためには，DEOSプロ

セスと D-ADD の利活用により「運用ありき」(Operation First) に，すべてのステークホルダは要求を提示し，開発者も運用されることを念頭にコード開発を行う必要がある．そして，環境の変化による運用の変更に対して，DEOS プロセスで規定しているような準備を対象システムに作り込む必要がある．まさに，従来のソフトウェア開発プロセスとは異質なプロセスに基づいたソフトウェア開発が必要とされている．

9.6 まとめ

本章では，DEOS プロセスにおける説明責任遂行のために必要な操作・情報を提供する合意記述データベース（D-ADD）に関して，その基本アーキテクチャ，説明責任遂行および合意形成における D-ADD が提供する支援機能をみてきた．我々は合意形成支援ツールを軸とし，D-ADD に必要な機能を整理しプロトタイプを開発した．D-ADD の研究・開発そのものにも D-ADD プロトタイプを利用している．現在では，D-ADD と主たる格納情報である D-Case との接続を軸とし D-ADD の研究・開発を進めている．また，D-ADD に格納された文書情報との関連性を保持しつつ D-Case を格納するというプロトタイプシステムを開発した．さらに，説明責任遂行支援を軸に，「営業放送システム」を対象システムとするシナリオを用いてプロトタイプを開発し，障害時の機能について検証した．

D-Case を格納する D-ADD としてオンライン性能を検証するために，D-Case 編集ツールの1つである AssureNote と接続し，複数同時ユーザ，複数の D-Case の接続についても継続的な研究開発を行っている．また，D-ADD は D-Script の機能の一部を担当して，D-Script 連携を容易にするための機能を実装した．

参考文献

[1] http://www.opengroup.org/subjectareas/enterprise/archimate
[2] 日本民間放送連盟編『放送ハンドブック改訂版』，日経 BP 社，東京，2007．
[3] NEC．［オンライン］「放送ソリューション　営業放送システム」http://jpn.nec.com/media/hoso/cmwin.html．
[4] ユニゾンシステムズ．［オンライン］「digital.HOX とは？」http://www.unixon.co.jp/product_dhox.html．
[5] 総務省編『情報通信白書平成 25 年版』総務省，2013．http://www.soumu.go.jp/johotsusintokei/whitepaper/ja/h25/pdf/index.html．
[6] 猪原健弘編著『合意形成学』，勁草書房，東京，2011．
[7] Y. Kinoshita. M. Takeyama, "Assurance Case as a Proof in a Theory: towards Formulation of Rebuttals", in Assuring the Safety of Systems-Proceedings of the Twenty-first Safety-critical Systems Symposium, Bristol, UK, 5-7th February 2013, C. Dale & T. Anderson, Eds. SCSC, pp. 205-230, Feb. 2013.
[8] Y. Kinoshita, M. Takeyama, M. Hirai, Y. Yuasa, H. Kido, "Assurance Case Description using D-Case in Agda", D-Case in Verification and Validation, National Institute of Advanced Industrial Science and Technology, Japan, pp.1-18, 2013.

［9］http://www.java.com/ja/
［10］http://www.scala-lang.org/
［11］http://tinkerpop.com
［12］http://neo4j.org
［13］http://www.playframework.org
［14］The Open Group, "TOGAF® Version 9.1," ISBN: 978-9-0875-3679-4, 2011.
［15］The IT Service Management Forum, "ITIL® Foundation Handbook," ISBN: 978-0-1133-1349-5, The Stationary Office, 2012. http://www.tsoshop.co.uk
［16］http://www.itmedia.co.jp/mobile/0309/19/n_update.html, September 19, 2003.
［17］John Myles White 著，福嶋雅子，株式会社トップスタジオ 訳，『バンディットアルゴリズムによる最適化手法』，O'Reilly, ISBN978-4-87311-627-3, July 2013.
［18］Mike Loukides, "What is DevOps? Infrastructure as Code," O'Reilly Velocity Web Performance and Operations Conference, O'Reilly, June 2012.

第10章
オープンシステムディペンダビリティの標準化

10.1 ● 標準化は OSD の基本技術である

　近年では，システムは他のシステムと相互接続されるのが当然のようになっている．そのようなシステムでは，対象システムのディペンダビリティ達成だけに目的を絞っても，結局のところうまくゆかない．対象システム周辺のことを一緒に考慮にいれることが，対象システム自身のディペンダビリティ達成のためにはどうしても必要である．また，対象システムの直接の利害関係者（stakeholders）だけではなく，周辺の組織や個人のことも考えにいれなければならない．よそは放っておいて，対象システムだけのディペンダビリティを達成しようとしても，うまくゆかない．

　周辺も考慮する，というが，ここでの「周辺」は明確に定義できるものではない．ここまで考慮した，と言明したとたんに，考えの外の事柄がでてくるのであり，これは開放性（オープン性）の本質である．したがって，「対象システムとその周辺に限定することなく，全体のディペンダビリティを向上させないと，対象システムのディペンダビリティも向上しない」のである．これはオープンシステムディペンダビリティ技術における基本的な命題の 1 つである．のちに第 10.3 節で示す COTS（Commercial Off The Shelf）を利用するシステムのディペンダビリティ向上の例でも，このことは明らかであろう．長期間稼働させるシステムにおいてディペンダビリティを達成するためには，対象システムとその周辺だけでなく，全体がうまくゆくような戦略的考慮が必要である．

　さて，全体のディペンダビリティを向上させるためには，システムについての基準を社会全体で共有しなければならない．このことを，安全性対策の基準を例にとって説明を試みる．安全生対策で根本的に問題になるのは，「どこまで対策すればいいのか」ということである．どの程度のコストをかけて，どこまで対策を講じなければならないのかが明らかにならないと，詳細の決めようがない．しかし，「ここまで対策しさえすればよい」という命題には客観的な正しさがあるわけではない．つまり，ここまで対策すれば正しく，そこまで対策していなければ正しくない，というようなことが科学的あるいは論理的に，客観性をもって結論することができるわけではない．どこまで対策すればいいのか，という安全性対策の程度の基準は，社会常識あるいは世間一般の通念や評価

によって決められるところが大きい．だとすると，この基準は社会で共有されなければならないことになる．

　周辺で共有する基準，いいかえれば社会的通念がきめる基準は，通常曖昧で暗黙的なものである．しかし，ディペンダビリティ達成のためには，明確な基準が必要である．曖昧で暗黙的な基準を標準化し，明文化することによって，社会全体が共有する基準を明確にしてディペンダビリティ達成活動の出発点とすることができる．基準を明確にすることには，複雑につながりあったシステムたちの中で，ディペンダビリティ破綻の可能性の高い箇所がどこにあるのか，を特定しやすくなる効果もある．

　「自分のディペンダビリティだけ考えていてはいけない」ということは，単なる道徳的な教訓ではなく，科学的かつ論理的考察の帰結である．「皆でディペンダビリティを向上する」ことが必要であるが，標準化がそのための1つの手段であり，ディペンダビリティ達成のための基本技術の1つであることを本章では主張する．技術の成果を普及するためではなく，ディペンダビリティ達成のための一連の過程の1つとして標準化をとらえることができる．

10.2 OSDの破れと標準化——なすべき最小限の措置

　個別のシステムに関して，独立にディペンダビリティ達成を計画し，ばらばらに活動しようとしても，うまくいかない．本節では，そのような例を思考実験としていくつか提供し，そのような場面で標準化がどのように貢献しうるかを考察する．

10.2.1　リスク対策の「相場感」とプロセス標準化

- 「システムの障害や変更を，どこまでやってやれば世間並みなのか？　うちだけ突出して丁寧なリスク対策をやってしまって，世間並みより余計にコストを負担するのは避けたい．」
- 「うちのリスク計画を練るには，関連する他組織の担当部分がリスク対策をどこまでやっているのか，知っておく必要がある．他組織の担当部分が最低限のリスク対策しか講じていないのに，うちの担当部分だけ高度のリスク対策を講じても意味がないから．」
- 「開発側のうちとしては，運用側と一体的にリスク対策を講じるのがいいのは分かっているが，組織ごとにリスク対策のやり方が全然違うから，一体的にやるのは難しい．運用側はうちより随分大きな組織なので，協力しようとすると，先方のやり方を押しつけてくるかも知れないが，それも困る．」

以上のような不安をシステムの関係者が持つのは，稀ではない．リスク計画や対策，対処についての考えが，世間で，多組織で，開発側と運用側で，それぞれ共有されれば，意思疎通がもっと容易になるのは明らかであろう．これらの考えを共有するための標準が求められる．そのために単に用語の標準だけではなく，作業過程（プロセス）や作業の成果物周辺の概念についての標準も必要

である．

　システムの作業過程（プロセス）については，わが国では「共通フレーム」がIPAで開発され，保守されてきた．これは世界的に見ても先進的なものであり，国際標準であるISO/IEC 12207 Systems and software engineering -- Software life cycle processesも，この「共通フレーム」の影響を大きく受けている．

10.2.2　意思疎通とアシュランスケース標準化

　システムのトラブルは避けられない[注1]．したがってトラブルへの対処に関する，利害関係者間の意思疎通が必要である．この意味での意思疎通はリスクコミュニケーションと呼ばれる．

　意思疎通がうまくいっていないと，たとえば，発注者と受注者（supplier，開発者や運用者，保守者等を含む）の間でのトラブルの原因になる．受注者の側では，次のような「まさか」がきかれる．

- 「まさか，うちのシステムがこんな使い方をされるとは．これで障害をうちのせいにされても困る．」
- 「まさか，あそこのシステムはこんな細かいところまで指定どおりに使わないとこんなにおかしくなるとは．これで障害をうちのせいにされても困る．」
- 「まさか，あそこのシステムがうちのシステムのこんな仕様外の動作に依存していたとは．うちのシステムを少し改善したつもりだったのに，ひどいことになってしまった．」

　一般に，システムが「どんなの条件のもとでも」動く，と期待することはできない．どんなシステムも動作の条件があり，それが満たされないとうまく動かない．しかし，その条件を漏れなくあらかじめ書き下ろしておくことは極めて困難であり，実際上不可能といってよい．そこで，受注側の第1の「まさか」，予期していないような利用をされる事態が発生しうる．第2の「まさか」では，第1の「まさか」で発注側がやってしまったことを受注側がやっている．ここでは発注側が，受注側からとは別の組織と受発注の関係を結び，そちらでは受注側の立場に立っている．システムが提供するサービスのために，他のシステムを利用するためである．システムの相互接続が行われていることになる．第3の「まさか」は，相互接続のもとでのシステムの初期開発ではなく，保守過程で起こる問題である．初めの開発時には潜在的にあるだけだった意思疎通の乱れが，システムの更新時に顕在化した．

　ここで大切なのは，いずれの場合も，すべての「まさか」をあらかじめ予想して対策しておくことが，少なくとも現実的には不可能だということである．1つひとつの事例は，賢明なリスク対策によって防止策を講じることができる．たとえ，あるいは一度は起こってしまっても再発防止策をとることができる．しかし，「すべての」まさかに対して対策を講じておくことは不可能である．そもそも，ありうるトラブルをすべて列挙しておくこと自体が不可能である．

　だとすると，あらかじめ列挙していなかったトラブルが起こった場合にどのようにするのか，が

注1：「トラブルが避けられない」という命題は，杜撰なリスク管理の免罪符にはならない．リスク管理を最大限思慮深く行うのは当然で，それでもトラブルは起こるということである．

問題になる．受注者側にも発注者側にも言い分があるから，単純な解決は難しく，トラブルへの事後措置に関する意思疎通は密にしておかねばならない．

一方，発注者側でも問題は発生する．

- 「こんなにひどい目にあったのに，システムに関係するところは，どこも『よそのせいかもしれない』などと，言を左右にして責任をとらない．無責任会社ばかりだ！」
- （障害のせいで被害が出ているときに）受注者は「どこまで障害発生の事情を説明したら被害者は理解してくれるのだろう．必要以上に他社に秘密をさらすのは困る．」
- （リスク計画をしながら）発注者は「もしこんな障害が起きたらどうなるか聞きたいのに，『大丈夫です』あるいは『秘密です』などとしか言わず，まともにとりあわない．受注者を信用できなくなってきた．かといって他に頼むわけにもなかなかゆかない．不安．」

などの不満を抱きがちである．

発注者としては，システムの障害が起こったら，なんとか事態を解決しなければならず，

1. 少なくとも解決の援助を受注者に求めたい．また，
2. 障害の結果，損害を被れば，その弁済を求めたい．

しかし，どちらも受注者側にとっては自らの利益を損ねる要求ばかりである．

上記のいずれの場合でも，発注者のつごうと受注者のつごうの間の矛盾を真正面から解決しようとしても，解決は困難である．関係者の間で（原因はなんであれ）被害を被った場合にどのようにするのか，お互いにどの程度妥協するか，についての意思疎通を図っておくことが有効である．

アシュランスケースは，いろいろなリスクに対して，対策が講じられているかどうか，さらにどのように講じられているのか，そのようなリスク対策でよいと判断したのはどのような根拠によるのかなどを記す文書である．アシュランスケースの様式や書き方を定めることにより，リスクコミュニケーションの手続きや手段を定め，意思疎通を促進することができる．

後述するISO/IEC 15026-2[6]やOMG SACM[20]は，そのような標準の例である．

10.2.3 意思疎通の質とメタアシュランスケース標準化

前節の議論で意思疎通の必要性が明らかになった．しかし，意思が疎通している，意思疎通が存在しているというだけでは不十分で，ディペンダビリティ達成のためには，意思が「うまく」疎通しなければならない．

- 「うちで使った市販コンポーネントについてきたアシュランスケースは，全部うちの基準ではOKだった．でも発注者からダメ出しをうけた．発注者が使っているアシュランスケースの基準は，うちとは違うらしい．別の基準でダメだといってきた．買ってきたコンポーネントのアシュランスケースを，発注者が求める基準に合うように書き直していてはコストがかかりすぎる」

相手が意思疎通のことをまともに考えていない場合もありうる．

- 「うちの担当部分にも，あちらの担当部分にも障害は起こりうるのだから，障害が起こったときの対処をあらかじめ話し合っておきたい．しかし，"そんなことにならないように，お互い

ちゃんとやりましょう"とか,"それは想定外ですから,その場で頑張るしかないでしょう"などという,精神論ばかりでらちが明かない.これでは,障害が起きて被害が出たら大騒ぎになる.法廷に裁断を求めるしかないのかもしれない.」

システムについての概念や目的意識を将来パートナーとなるかも知れない相手ともあらかじめ共有しておくためには,ディペンダビリティに関する基本的な考え方を標準として明文化しておくことが必要である.

被害が出てからあわてて騒ぐようでは賢明とは言えないだろう.備えあれば憂いなし.前もってそのような場合にどうするか相談しておくのは決して杞憂とはいえない.しかし,新しいパートナーと組むたびに,ディペンダビリティに関する基本的な考え方のすり合せから始めなければならないようでは,OSD導入は難しい.

関係者間での意思疎通がうまくいっているかどうかを評価するには,意思疎通の結果であるアシュランスケースの文書を評価すればよい.この評価の結果を,別のアシュランスケースとして記すことができる.アシュランスケースを評価した結果を記したアシュランスケースはメタアシュランスケースと呼ばれている.

アシュランスケースの評価をどのようにしたらよいかについては,ごく最近,研究活動と標準化活動が並行して進んでいる状況である.メタアシュランスケースが満たすべき条件を標準化することによって,産業や社会に受容可能な形を探ることができる.制定活動が進んでいるIEC 62853（後述）の中でもメタアシュランスケースの内容についての項目が設けられる見込みである.

10.3 オープンシステムの不定性と標準化

オープンシステムの本質である不定性から生ずる問題を,システム間のインターフェイスを標準化することによって解決することができる.本節ではこのことを論じる.

第10.1節で述べたように,標準制定は,オープンシステムディペンダビリティ技術において基本的に技術の一つであり,そこでは標準がシステムに対して積極的な役割を果たしている.道具の互換性を目的とする従来の技術標準とは違う.OSDでは標準化は成果普及のためだけではなく,標準化活動自体がOSD実現の本質的な一要素である.

道具（ツール）の互換性確保を目的とする伝統的な標準活動の場合,まず技術が開発,実用化され,そのあとで技術の普及のために標準化を行う.そこでは技術開発と標準化活動は別の活動である.これは,想定した条件を研究室の中で実現し,そこで技術を磨けば,役に立つものができる,という考えに基づいている.あらかじめ想定した条件のもとで機能する技術,という意味で,まったく「閉鎖的（クローズド）」な立場での技術開発である.もちろん,開発者が,自分のシステムだけを見てディペンダビリティを向上させることも必要で,そのためにはクローズドな技術開発も妥当である.

しかし，クローズドな考え方では前節で考察したような問題は解決できない．秘密にされて想定することができないブラックボックスがつきものだからである．オープンシステムディペンダビリティの技術は，クローズドな考え方では避けられてきた問題を解決するためのものである．

オープンシステムの例として，COTS つまり Commercial Off The Shelf コンポーネントを用いて構成するシステムインテグレーションを考えよう．商業上の理由で知的財産を秘密にするなどのために，製造者は COTS の詳細を公開したくないのが普通である．したがって，COTS の部分は，一種のブラックボックスである．詳細が公開されないので COTS を使うシステムのインテグレータはディペンダビリティを完全には制御できない．さらに具合の悪いことに，COTS は，利用側とのインタフェイスが保たれる限り，その内容は供給者が自分のつごうで勝手にアップグレードすることも多い．インテグレータが制御できる部分はますます小さくなってしまう．

COTS の製造者にその詳細を公開させればよい，とも考えられる．そうすればインテグレータがシステムのディペンダビリティを完全に掌握することができる．これはクローズドな立場の考えであるが，実際にはうまくいかない．製造者に知的財産を公開するよう説得するのは極めて困難である．それを開示させるのにばく大なコストをかけるようでは，そもそも COTS を採用するかいがない，ということにもなる．つまり，COTS の製造者に詳細を公開させる，という考えは画にかいた餅であり，理想論にすぎない．

このようなブラックボックスの存在は，オープンシステムの特徴である不確実性，不完全性，不定性の一つの例である．COTS に限らず，ネットワークを通じたサービスのやり取りにも，レガシーコードの再利用にも，環境や市場の変化にも，このようなオープンシステムの特徴が見られる．何がどう変わっていくか予測しがたいという不確実さ，詳細を把握しきれないという不完全さ，関連システムを全てを管理する主体はいない，といった問題はこれらに共通している．

この問題を，オープンシステムディペンダビリティ技術では次のように解決する．詳細把握のための情報のかわりに，**ブラックボックス部分が一定のディペンダビリティを達成していることと，使う側がそのことを確信できる理由を要求しよう**，というのである．

自分が着目している部分のディペンダビリティだけを実現しようとしてもうまくいかない．その部分は結局，周辺のいろいろなシステムにつながっているからである．周辺も一緒にディペンダビリティを達成していかなければならない．この意味でオープンシステムの考えは，生態学的である．

一般社会での安全にたとえることもできる．一人だけで行儀よくしていても，隣に乱暴な人がいれば，安全が脅かされる．しかし，社会の人がみな行儀よくなれば，一人ひとりの安全も保障される．これと同じで，ブラックボックスがあるシステムのディペンダビリティは，ブラックボックスを使う側の努力だけでは達成されない．ブラックボックスも含めて，関連するシステムがみな，ディペンダビリティを達成している必要がある．

さて，ブラックボックス部分にディペンダビリティ達成を要求するためには，要求の仕方を定める一定の枠組みが必要である．自分のシステムだけでなく，関連システムがみなディペンダブルであるような状況を得るためには「ディペンダブルであるということはこういうことである」と，

ディペンダビリティ達成の条件を明確に示すことが必要である．この条件は，ディペンダビリティの要件にほかならない．それを記したディペンダビリティ要件標準を定めるのが IEC 62853 策定プロジェクトの目的である．標準化活動がオープンシステムディペンダビリティ技術の技術開発の一部であることが，ここでも明らかである．

　ディペンダビリティ要件標準は，ブラックボックスを内部に持つようなオープンシステムのディペンダビリティを達成するのための道具である．COTS やネットワークサービス，レガシーコードを利用したシステム等はすべて，オープンシステムの例である．

10.4 DEOS 標準化の方針

　前節で述べた観点にたって，DEOS プロジェクトでは，オープンシステムディペンダビリティに関する標準制定の方針をたてた．これを本節で説明する．

　DEOS プロジェクトの成果は，大きく分けて 2 通りある．DEOS プロセス，D-Case 記述などの，システムライフサイクルプロセスを新しく規定することを通して，オープンシステムディペンダビリティ達成の要件を規定するものと，これらのプロセスを実現するための D-ADD, D-RE, D-Script, D-Case editor, D-Case in Agda などのツール群である．これらの 2 つについて，それぞれ標準を定めるのが DEOS 標準化の方針である．

　第 1 のオープンシステムディペンダビリティ達成の要件に関する標準制定の場は，ISO や IEC などのいわゆる de jure 標準を制定する団体に求めることとした．具体的には ISO/IEC JTC1 SC7 Systems and software Engineering と IEC TC56 Dependability において活動することとした．

　一般に，このような国際委員会は自ずから周辺のコミュニティを形成しており，主要な概念を共有して，標準普及の鍵を握っている．DEOS プロセスの概念をこれらの委員会を通して普及させるには，委員会独特の概念と比較し，摺り合わせる必要がある．

　SC7 は，システム工学，ソフトウェア工学の標準制定・保守にあたっているが，近年システムおよびソフトウェアアシュランスというディペンダビリティに極めて近い属性に関する標準への関心が高まってきていた．一方，TC56 は四十年間以上にわたって信頼性およびディペンダビリティに関する国際標準を開発・保守してきた委員会であるが，その周辺のコミュニティはプラントや機械工学に経験が深いものの，ソフトウェア技術に関する知識および経験に欠ける．DEOS プロセスの概念を国際標準に持ち込むには，両者の適切な相互補完が必要だと考えた．

　第 2 のツールに関する標準については，de jure 標準団体ではなく，OMG（Object Management Group）SysA（System Assurance）TF や TOG（The Open Group）などの de facto 標準ないしは forum 標準を制定する団体を活動の場として選んだ．OMG では我々の加入前に，すでに SysA タスクフォースでアシュランスケース標準が開発されていたし，TOG でもシステムアシュランスに対する関心は高かった．なお，ISO/IEC JTC1 SC7 の我々以外のメンバーにも，OMG や TOG で活

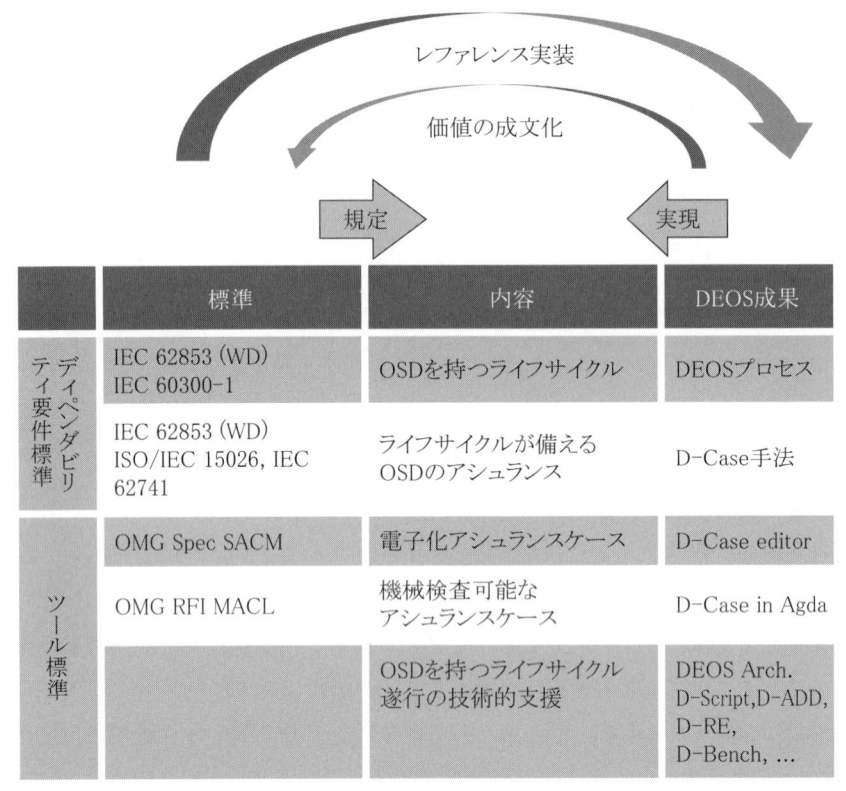

図10-1 DEOS標準化

	標準	内容	DEOS成果
ディペンダビリティ要件標準	IEC 62853 (WD) IEC 60300-1	OSDを持つライフサイクル	DEOSプロセス
	IEC 62853 (WD) ISO/IEC 15026, IEC 62741	ライフサイクルが備える OSDのアシュランス	D-Case手法
ツール標準	OMG Spec SACM	電子化アシュランスケース	D-Case editor
	OMG RFI MACL	機械検査可能な アシュランスケース	D-Case in Agda
		OSDを持つライフサイクル 遂行の技術的支援	DEOS Arch. D-Script, D-ADD, D-RE, D-Bench, ...

標準化の目的：
- 制定する標準への適合物が DEOS 成果を含むようにする
- ツールの入出力データの標準化

動しているものもあり，これらのコミュニティは人的つながりが強いことを付記する．

10.4.1 要件標準

オープンシステムディペンダビリティ達成のための要件標準の開発活動を紹介する．これらはシステムがオープンシステムディペンダビリティを達成するために必要な条件を de jure の国際標準として制定しようとする活動である．

第10.2節では，プロセス標準化，アシュランスケース標準化，メタアシュランスケース標準化の3つの標準化活動について述べた．我々の国際標準化活動では，これらを以下のように展開している．プロセス標準化はシステムアシュランスの要件標準である ISO/IEC 15026-4:2012[8] およびオープンシステムディペンダビリティの要件標準である IEC 62853[3]（制定審議中）として実現し，あるいは実現しようとしている．ISO/IEC 15026-4 はライフサイクルに関する標準 ISO/IEC 12207[12] および ISO/IEC 15288[13] へのアシュランスプロセスビューの付加，という形で制定されている．アシュランスケース標準化は ISO/IEC 15026-2:2011[6] および IEC 62741（制定審議中）として実現し，あるいは実現しようとしている．さらにメタアシュランスケース標準化は制定審議

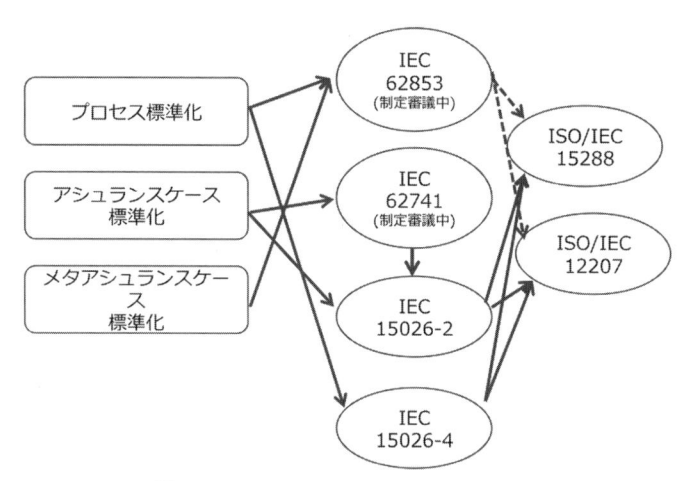

図 10-2　3つの標準化の国際標準での実現

中の IEC 62853[3] の中で実現しようとしている．

システムアシュランス要件標準

　システムアシュランスはディペンダビリティと関連の深い用語である．システムアシュランスを保証と翻訳するものがいるが，適切な訳語ではない．保証という日本語は，英語の guarantee や warranty というような語に対応し，「うまくゆかない場合に賠償する」ことの意味を持つが，システムアシュランスという語句には，そのような意味はない．むしろ，自分に対する確信，確実性，英語の confidence の意味が強い．

　システムおよびソフトウェアのアシュランスに関する4部からなる要件標準 ISO/IEC 15026 Systems and software assurance の全ての部が一通り 2012 年に刊行された．この標準は，ISO（International Organization for Standardization）と，IEC（International Electrotechnical Commission）が共同で設置している JTC1（Joint Technical Committee 1）Information Technology の SC7（Subcommittee 7）Software Engineering の WG7（Working Group 7）Life Cycle Management において開発され，保守されている．米国からプロジェクトエディタが選出され，カナダや日本からもエディタが派遣された．

　ISO/IEC 15026 は，もともと 1998 年に System Integrity Level という題で出版されたが，改訂時に Systems and software assurance と改題し，Part 1 から 4 までの 4 部で構成することになった．もとの表題は Part 3 の表題として保たれている．2012 年 9 月に Part 4 が出版され，すべてのパートが出そろった．新しい標準と考えてよい．Part 1 は Concepts and Vocabulary という表題である[5]．これは 2010 年に Technical Report として発行されたものが整理されて国際標準となるもので，内容は同標準の他の Part で用いられる用語と概念の定義である．

　Part 2 Assurance case はアシュランスケースの形式と内容を定義する[6]．自動車の機能安全の標準 ISO 26262 が言及している安全ケース（safety case）や，Common Criteria（ISO/IEC 15408 [9,10,11]）でシステムセキュリティ認証のために重要な役割を果たす Security Target 文書（セキュリ

ティケースとも呼ばれる）などのように，安全性やセキュリティなど，システムの重要な性質について，それが達成されていることを客観的な証憑をもとに議論する文書を，一般にアシュランスケースとよぶ．安全ケースやセキュリティケースは，アシュランスケースの特別な場合と考えてよい．ISO/IEC 15026-2 は，このアシュランスケースがどのような様式を持つべきか，またその内容がどうあるべきかを規定する標準である．

Part 3 は System Integrity Levels という表題で，2011 年に発行された[7]．機能安全に関する IEC 61508 で用いられる safety integrity level（SIL）という言葉や，Common Criteria（ISO/IEC 15408[9,10,11]）で用いられる evaluation assurance level（EAL）を，安全性やセキュリティ等の性質に関して一般化したのが system integrity level である．ちょうど，safety case や security case を一般化したものが assurance case であるのと同じような一般化である．

ISO/IEC 15026:1998 を和訳した JISX0134[14]では，system integrity level を「リスク抑制の完全性水準」と和訳している．英語にはリスクという言葉は出ていないが，この訳語はもとの内容をよく表している．ISO/IEC 15026 Part 3 は，安全性やセキュリティだけでなく，信頼性，可用性，インテグリティといった，システムのさまざまな属性に対して，リスク抑制の完全性水準の物差しを決める方法を規定するものである．なお，2013 年 9 月現在，この標準は早くも ISO/IEC JTC1 SC7 WG7 において改訂作業が進められている．

Part 4 Assurance in the life cycle は，システムやソフトウェアのライフサイクルの各プロセスにおいて，アシュランスを達成するために必要な事柄を規定するガイドラインである．

ISO/IEC JTC1 では，システムやソフトウェアのライフサイクルを規定した標準 ISO/IEC 15288 Sytem life cycle processes および ISO/IEC 12207 Software life cycle processes を定め，保守している．どちらも，要求抽出からアーキテクチャデザイン，実現，運用，保守，廃棄のせまい意味でのライフサイクルに限らず，調達や供給，プロジェクト管理などを含めた広い意味でのライフサイクルのプロセスがどのようなものであるかを規定する．

ISO/IEC 15026-4 は，これら 2 つの標準のそれぞれについて，プロセスのうちの重要なものについて，アシュランス実現のために必要な活動を規定する．

オープンシステムディペンダビリティ要件標準

変化と曖昧さを許容するオープンシステムディペンダビリティの達成のための要件を規定する標準制定のプロジェクトを DEOS プロジェクトから IEC TC56 日本委員会を通じて IEC TC56 国際委員会に提出した．投票の結果承認されて IEC 62853 Open Systems Dependability を制定するためのプロジェクトチーム IEC TC56 PT4.8 が 2013 年 1 月から活動している．

本標準はまったく新しい標準であり，標準制定が開始したばかりなのでその内容はいまだ極めて流動的であるが，大筋において，本プロジェクトが考案した DEOS プロセスの一般化を規定するものになる見込みである．標準化プロジェクト提案書に付された草稿の主要部は，プロセスビューの規定とメタアシュランスケースの規定という形式をとっている．そこではまず，システムライフサイクルにつけ加えることのできるオープンシステムディペンダビリティ達成プロセスビューが 4

つ規定されている．consensus, accountability, failure response, adaptation の 4 つである．また，実現されたプロセスビューが適切なものであることを議論するアシュランスケースの作成を想定して，それらが満たすべき条件を規定する 4 つのメタアシュランスケース規定している．intra-system consistency, inter-system consistency, validity, confidence の 4 つである．

DEOS プロジェクトから PT4.8 のプロジェクトリーダおよびエキスパート 2 名，さらに PT4.8 を所掌する IEC TC56 WG4 の convenor が派遣されて活動している．TC56 からも，次世代ディペンダビリティ標準の開発の方向を示す活動として期待されていることを付記する．

10.4.2 ツール標準

オープンシステムディペンダビリティ実現のためのツールに関する標準について解説する．ここでのツールは，いわゆるソフトウェア・ツールで，システム開発のいろいろなプロセスにおいて，道具として用いられることを想定したソフトウェアをさす．ツールに関する標準には，ツール自体の仕様に関する標準の他に，ツールへの入出力データに関する標準（様式など）も含む．

OMG SACM（Structured Assurance Case Metamodel）

OMG SACM[20]は，D-Case editor が扱う D-Case を含む assurance case を格納するデータ記述形式を規定するものである．アシュランスケースの記述ファイルをこの標準に適合するよう作成すると，ツール間のデータ交換が容易になる．SACM は 2013 年 2 月に制定された．

OMG（Object Management Group）は，UML や COBRA の標準を提供しており，米国をベースにする標準化のフォーラムの一つである．その TaskForce TF のうちの一つ SysA System Assurance TF ではアシュランスケースをはじめとするアシュランス技術に関する技術仕様を開発，規定している．

OMG MACL（Machine-checkable Assurance Case Language）

これは，アシュランスケースの整合性についての機械的検査，つまり自動検査を可能にするようなアシュランスケース記述言語策定の提案で，本プロジェクト主導で活動が進んでいる．本プロジェクトで試作している D-Case 構成・検査のツール D-Case in Agda では，D-Case の検査を構文的なものだけでなく意味的なものまで含めて行うことができる．これは，依存型付函数プログラミング言語 Agda を用いて D-Case の記述を行うことによって可能になった技術である．Agda に限らず，構成的型理論という理論に基づいて設計された言語であれば，同様のことができる．そこで，機械的検査が可能なアシュランスケース記述言語でなるようなものの本質を，抽象構文を与えて規定してゆこうというのが，本提案である．MACL に関しては，2012 年 9 月に Request For Information（RFI）が OMG から提示され，現在どのような特徴をもった仕様提案を募るかを定める Request For Proposals（RFP）が策定されているところである．

10.4.3 The Open Group, Dependability through Assuredness™ Framework（O-DA）

2013年7月に The Open Group（TOG）はその総会で DEOS プロセスの考え方に基づいた「Real-Time and Embedded Systems: Dependability through Assuredness™ Framework[18]」を The Open Group 標準として決定し，発行した．略称は O-DA である．

O-DA 標準の normative 部は第3章「The Dependability through Assuredness™（O-DA）Framework」であり，ここでは，O-DA フレームワークが次の5要素から構成されることが定義されている（図 10-3 参照）．

1) ディペンダビリティ・モデリング
2) アシュランスケース開発
3) 説明責任
4) 障害対応サイクル
5) 変化対応サイクル

ディペンダビリティ・モデリングでは，アーキテクトがシステムをディペンダブルにする必要性を理解し，アシュランスケース開発のために各種のリスク依存性をモデル化する．O-DA 標準では The Open Group が策定した Dependency Modeling（O-DM）標準[23]の利用を推奨している．次にアシュランスケース開発では，対象システムに関する要求を確信するためにアシュランスケースを記述する．O-DA 標準ではそのための推奨ステップが述べられている．

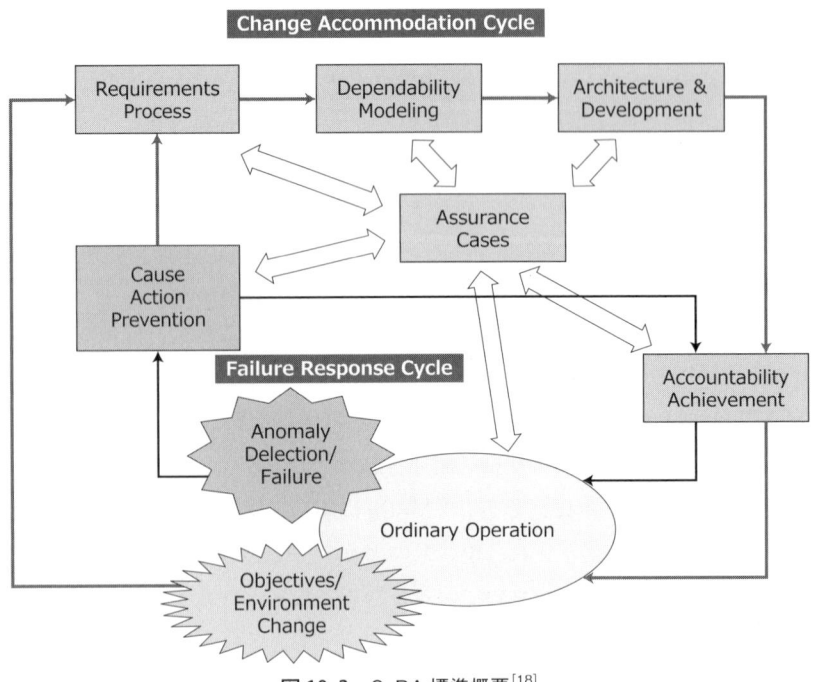

図 10-3 O-DA 標準概要[18]

説明責任は，DEOSプロセスがそうであるように，O-DA標準でも重要な要素の1つになっている．説明責任遂行のためには，先に開発されたアシュランスケースを元に対応アクションをいつ，誰が実行するかを定義し，ステークホルダ間で合意する．説明責任遂行は障害対応サイクルや，変化対応サイクルに組み込まれている．

障害対応サイクルでは，DEOSプロセスと同様にステークホルダ間で合意された運用基準からの逸脱に対して必要なアクションを実行する．ここでは，逸脱の防止，逸脱した場合のリカバリアクション，それらの原因分析を実行する．変化対応サイクルでは環境の変化に対応して，要求プロセス，ディペンダビリティ・モデリング，対象システムのアーキテクチャ開発やシステム開発を経て，説明責任を遂行する．

O-DA標準のinformative部にはO-DAフレームワークを実行するためのガイドラインとして，他の標準規格（FAIR[24]，SACM[25]，SBVR[26]）との関連，アシュランスケースの表記方法に関する既存技術との関係，確信度（confidence）の高いアシュランスケース開発に関する議論，形式的手法（formal method）を利用することに関する議論が含まれている．また，付録情報（appendix）として，TOGAF®[22] ADMのO-DA標準を利用しての適用事例，DEOSプロセスおよびアーキテクチャへの適用事例が記載されている．TOGAF®はエンタープライズ・アーキテクチャ（EA）のフレームワークであり，EAレベルでの変化対応のためのアーキテクチャを定義している．一方，O-DA標準で定義しているのはシステム・アーキテクチャのレベルでの変化対応であり，両者は車の両輪のようにDEOSプロセスを実適用する際には重要な標準である．

10.4.4　標準化団体の選択基準

ISOやIECなどのde jure標準団体と，OMGやTOGなどのフォーラム標準団体は，その出自が異なるから，提案するべき標準の性質も異なる．前者は一般に，"how"を規定しようとせず，"what"だけを規定しようとする傾向があるので，要件標準など，概念的で上流におかれるべきものの提案に向いている．一方，OMGやTOGはむしろ，howの規定を歓迎するので，ツール標準の提案先として適当である．

10.5　標準策定の波及効果

システムアシュランス，オープンシステムディペンダビリティ関連の標準はどこで用いられるであろうか？　すでにみられる波及効果と，今後予想される波及効果について記す．

10.5.1　システムアシュランス関連標準の波及効果

システムアシュランスに関する国際標準ISO/IEC 15026は上記のように発行済である．標準の開発期間中からすでに各方面に波及効果が現れている．アシュランスケースは自動車産業で用いら

れつつある．アシュランスケースの「安全」版である safety case が，ISO26262 Road vehicles – functional safety で，適合性検査への提出物の1つとして上げられているため，自動車業界ではにわかに safety case への興味が高まっている．

また，医療システムへの影響も無視できない．医療機器のみならず，病床での操作プロセスまで含んだ医療システムの安全性についての評価に safety case を取り入れる動きが米国 FDA（Food and Drug Administration）で出ている．FDA は，assurance case の枠組みを医療機器の市販前届出制度501(k)に取り入れる改革方針を 2010 年に打ち出した．現に，輸液ポンプの認可でのパイロットスタディを実施中で，その結果を受けて規制を改定する計画を持っている．

米国政府内では，ISO/IEC 15026 に関して，DOD（Department of Defence），DHS（Department of Homeland Security），DOC（Department of Commerce）などで取り上げているようで，まもなくわが国にも波及するものと思われる．DOD の調達部は ISO/IEC 15026-4 を有益なものとしてとりいれつつあり，ISO/IEC 15026-4 を調達基準に用いてもよいことになっている（用いなければならないわけではない）．Department of Homeland Security のソフトウェアアシュランスグループも ISO/IEC 15026 利用を促進しており，あちこちの会議で ISO/IEC 15026 に言及している．また，Department of Commerce，とくに NIST はサプライチェーンのセキュリティに関連して ISO/IEC 15026 に注目しており，NIST800 シリーズの1つとなる新しい標準ができるものと思われる．

なお，旧版の ISO/IEC 15026:1998 は既に和訳されて JIS X0134:1999[14] として発行されているが，今回改訂された四部構成の版を和訳して JIS にする構想があり，15206-2 の翻訳 JIS 化作業が日本規格協会によって現在進行中である．

10.5.2　オープンシステムディペンダビリティ関連標準の波及効果

先に述べたように，オープンシステムディペンダビリティ要件標準 IEC は制定作業が進行中であるため，すでにもたらされた波及効果を議論するには時期尚早であるが，波及の可能性について本節で述べる．

これまで，わが国の産業は，標準制定活動の戦略が薄弱なために，せっかく先進的な技術を持ちながら，技術の進む方向の世界的なリーダーシップを失ってしまうことを繰り返してきた．この轍を踏まないよう，DEOS プロジェクトでは，標準制定活動の方針をたて，国際標準のコミュニティでのリーダーシップをとることから始めることとした．ISO/IEC JTC1 SC7 と IEC TC56 の2つの委員会において国際レベルで活動し，TC56 の WG4 convenorship を獲得するばかりでなく，これら2つの委員会の相互の liaison も派遣して，システムエンジニアリングとディペンダビリティの2つの標準活動の橋渡しという国際貢献をしながら，存在意義を高めている．

IEC TC56 では，信頼性関連標準と呼ばれていた期間から数えると 40 年以上にわたって，ディペンダビリティ関連標準制定が綿々と続けられてきた．その結果，信頼性およびディペンダビリティに関する揺るぎのない社会的基盤を提供するにいたっている．たとえばソフトウェアの安全性解析でも広く使われ始めた FTA（Fault Tree Analysis）や FMEA（Failure Mode and Effect Analysis）の国際標準も TC56 が開発し，保守している．TC56 所掌の標準は，数は多くないがどれも非

常によく検討され，広く使われているとの定評がある．

　オープンシステムディペンダビリティの国際標準制定は，TC56 のなかで，これまでのディペンダビリティ標準制定の伝統を継承する形で進められている．その結果，信頼性がディペンダビリティの概念に拡張されたように，ディペンダビリティは今後，我々がオープンシステムディペンダビリティと呼ぶ概念に拡張するもので，TC56 WG4 が今後，その方向の活動を進めて行くべきであるというコンセンサスが TC56 内にできつつある．ディペンダビリティに関する国際標準全体に，オープンシステムディペンダビリティの考えが浸透してゆく可能性が極めて高い．

　ディペンダビリティ達成のためにアシュランスケースが必須であるという我々の主張も，独立に同じことを考えるコミュニティもあることから，徐々に広がりつつある．IEC 62741 Guide to the demonstration of dependability requirements. The dependability case[2]の開発は我々ではなく，英国の交通関係のコミュニティから提案されたものであるが，我々のアシュランスケースの専門知識を提供して，ISO/IEC 15026-2 Assurance case との整合性を考慮に入れることができた．その結果，ディペンダビリティケースは，アシュランスケースをディペンダビリティという属性に具体化したものである，という枠組みが明確になっている．

　De jure 国際標準制定活動はフォーラム標準を通じて実際のシステムライフサイクルを規定することができる．オープンシステムディペンダビリティの場合，OMG SACM（Structured Assurance Case Metamodel）や TOG O-DA（Real-Time and Embedded Systems: Dependability through Assuredness Framework）の制定に影響を与えてきたほか，OMG MACL（Machine-checkable Assurance Case Language）の提案を生むなどしている．

10.6　まとめ

　オープンシステムディペンダビリティ関連の標準を，要件標準とツール標準の 2 つの面から制定する活動を引き続き行っていく．要件標準は ISO/IEC JTC1 SC7 Software Engineering や IEC TC56 Dependability などでの de jure 標準として，またツール標準は OMG や The Open Group などのフォーラム標準ないし技術仕様として制定する方針で進めている．

参考文献

[1] M. Tokoro, ed., "Open Systems Dependability – Dependability Engineering for Ever-Changing Systems", CRC Press, 2012.
[2] IEC 62741 Guide to the demonstration of dependability requirements. The dependability case, Working Draft.
[3] IEC 62853 Open Systems Dependability, Work in progress.
[4] ISO/IEC 15026:1998 IS Information Technology – Software Engineering – System Integrity Level (superseded by [7]).

[5] ISO/IEC 15026-1:2010 TR Information Technology – Software Engineering – Systems and software assurance – Concepts and vocabulary.
[6] ISO/IEC 15026-2:2011 IS Information Technology – Software Engineering – Systems and software assurance – Assurance case.
[7] ISO/IEC 15026-3:2011 IS Information Technology – Software Engineering – Systems and software assurance – System Integrity Level.
[8] ISO/IEC 15026-4:2012 IS Information Technology – Software Engineering – Systems and software assurance – Assurance in the life cycle.
[9] ISO/IEC15408-1:2009 Information technology -- Security techniques -- Evaluation criteria for IT security Part 1 Introduction and general model
[10] ISO/IEC15408 Information technology -- Security techniques -- Evaluation criteria for IT security Part 2 Security functional requirements
[11] ISO/IEC15408 Information technology -- Security techniques -- Evaluation criteria for IT security Part 3 Security assurance requirements
[12] ISO/IEC 12207:2008 IS Information Technology – Software Engineering – Software life cycle processes.
[13] ISO/IEC 15288:2008 IS Information Technology – Software Engineering – System life cycle processes.
[14] JIS X0134:1999 日本工業標準システムおよびソフトウェアに課せられたリスク抑制の完全性水準．
[15] 情報処理振興機構（IPA）技術本部 ソフトウェア・エンジニアリング・センター（SEC），「共通フレーム 2013～経営者，業務部門とともに取り組む「使える」システムの実現～」，2013．
[16] 木下 佳樹，武山 誠，「DEOS 実用化のためのオープンシステムディペンダビリティ国際標準化戦略」DEOS-FY2013-IS-01J．
[17] Embedded Technology 2012 スペシャルセッション C-8，パシフィコ横浜，http://www.dependable-os.net/osddeos/event/201211/et2012.html，2012 年 11 月 16 日．
[18] The Open Group Standard, "Real-Time and Embedded Systems: Dependability through Assuredness™ (O-DA) Framework," The Open Group, 2013.
[19] The Open Group Standard, "Risk Taxonomy," The Open Group, 2009.
[20] Object Management Group Standard, "Structured Assurance Case Metamodel (SACM), Version 1.0," OMG Document Number: formal/2013-02-01. http://www.omg.org/spec/SACM
[21] Object Management Group Standard, "Semantics of Business Vocabulary and Business Rules (SBVR), v1.0," OMG Document Number: formal/2008-01-02.,http://www.omg.org/spec/SBVR/1.0/PDF
[22] The Open Group Standard, "TOGAF® Version 9.1," The Open Group, 2011.
[23] The Open Group Standard, "Dependency Modeling (O-DM), Constructing a Data Model to Manage Risk and Build Trust between Inter-Dependent Enterprises," The Open Group, 2012.
[24] The Open Group Standard, "Risk Taxonomy," The Open Group, 2009.
[25] Object Management Group Standard, "Structured Assurance Case Metamodel (SACM), Version 1.0," OMG Document Number: formal/2013-02-01. http://www.omg.org/spec/SACM
[26] Object Management Group Standard, "Semantics of Business Vocabulary and Business Rules (SBVR), v1.0," OMG Document Number: formal/2008-01-02.,http://www.omg.org/spec/SBVR/1.0/PDF

第11章
おわりに

11.1 まとめ

　本書は，科学技術振興機構（JST）の戦略的基礎研究事業（CREST）として文部科学省が2006年度のテーマとして設定した「実用化を目指した組込みシステムのためのディペンダブルオペレーティングシステム」研究領域（略称 DEOS プロジェクト）の成果を基にしている．

　本プロジェクトの当初の目標は，我が国が得意とする技術分野の一つである組込みシステムのための OS やソフトウェアに関し，スループット，実時間性に加えて，セキュリティや信頼性などのディペンダビリティ性能を重視して，さらなる強化を図ることであった．このため，研究開発の項目にはアクセス制御機能，高速・高信頼処理機能，高性能コンピューティング機能，高信頼システム構築機能，リアルタイム保障機能，形式的手法によるプログラムの検証や妥当性確認などが要求された．そして2006年に研究提案が採択された5つの研究チームによりこれらの研究開発が開始された．

　最初の議論は「組込みシステム」の定義についてであった．プロジェクト開始当時，「組込みシステム」に対する一般的な認識が「端末上で動く単独のプログラム」であったのに対し，我々が現実に対応しなければならない組込みシステムは「バックエンドにあるサーバと連動して動く端末上のプログラム」であり，「組込みシステム」の定義をこの範囲まで拡張する必要があったことである．携帯電話，列車や航空機の改札口，スーパーマーケットのPOS端末，銀行のATM，その他数多くのシステムがこのような構成になっている．対象の範囲を拡張することにより，我々の守備範囲がサーバシステムや分散型システムに広がり，「組込み」システムは「実世界」システムと読み替えてもよいものとなった．我々が開発したDEOS実行環境はこのような拡張に対応した形のものとなり，プロセスの階層的隔離，監視ならびに記録機構を備えたものが開発された．

　DEOS プロジェクトにおける第2の議論は，「実行環境」だけでディペンダビリティが保てるか？という疑問からスタートした．2008年に研究提案が採択された4チームは最初からこの議論に参加した．絶対にディペンダブルだ，と言い切れるシステムはあるのか，絶対にディペンダブル

だ，と言ってリリースしたシステムが万が一故障してしまった場合，誰がどのように責任を取るのか，といった議論が繰り返された．加えて，今日のシステムは，サービス提供者の目的やシステムをとりまく環境の変化に対応するようにその機能や構成を常に変化させてゆかねばならないシステムが多く，そのようなシステムこそディペンダビリティを確保する必要があると言う認識を共有した．その結果，対象とするシステムを変化する環境の中に存在して稼働するオープンシステムとしてとらえることとした．そして，オープンシステムに対するディペンダビリティは反復的なプロセスによってのみ可能であり，そのプロセスにおけるステークホルダ間の合意と，説明責任の達成こそが，オープンシステムディペンダビリティの本質であるとの結論にいたった．

この考えを具体化するために，変化対応サイクルと障害対応サイクルからなる2重のサイクルからなる反復的なプロセスとしてDEOSプロセスが定義された．DEOSプロセスには，障害対応の結果，再発防止のためにシステムの変更が必要になる場合を考え，障害対応サイクルから変化対応サイクルへのパスが存在し，これがDEOSの2重サイクルからなるプロセスを特徴づけている．DEOSプロセスは開発がすすめられていたDEOS実行環境と整合性が取れた形で実現できた．

これと並行して，ステークホルダは誰か，ステークホルダが合意を取るとはどういうことか，という議論がなされ，"Assuredness"（日本語では「確信する」あるいは「確信させる」の意であり，「確信」あるいは「確信性」と訳した）の概念が導入された．具体的には，Assurance Case に基づき，開発・変更時と運用時の両方に使える形に発展させたD-Caseが開発され，DEOSプロセスにおける合意形成はD-Caseを用いて行われることとなった．D-Caseには運用時の監視・記録・システム制御のためのスクリプティングの機能D-Scriptが加えられ，障害発生あるいは予兆検知時の緊急対応が柔軟に行えるようになった．そして，説明責任遂行のために，D-Caseの履歴ならびにシステム監視・記録の履歴を用いることが有効であるとの知見を得，これを実現するための合意記述データベースD-ADDが定義され，開発された．そして，D-Caseの履歴やD-Scriptの履歴を含むD-ADD，セキュリティにも対応したDEOS実行環境D-RE，合意形成のためのツール群，アプリケーションプログラム開発のためのツール群からなるDEOSアーキテクチャが定義された．

このようないくつかの大きな議論を経て，DEOSプロジェクトはディペンダビリティ向上のための要素技術の研究開発にとどまらず，対象とするシステムの開発から運用を含み，合意形成をベースとした説明責任遂行をディペンダビリティの本質としてとらえた反復的プロセスを中核とした技術体系を構築するに至った．我々は，これまでのディペンダビリティ技術とは一線を画するこの技術体系をDEOS（Dependability Engineering for Open Systems）と命名した．

DEOSプロジェクトのもう1つの目標は，その成果を実用に供するものとすることであった．このために，プロジェクトの推進には当初より研究推進委員として企業からの参加を得，実世界からのニーズを常に耳を傾けながら研究開発を進めてきた．そして，プロジェクトの成果を実際に利用可能なソフトウェアの形で提供することを目標とした．そのために，DEOS研究開発センターを開設した（付録A.1参照）．また，実際に世界中のシステムにDEOSプロジェクトの成果を利用してもらうためには，国際標準化の推進と利用者団体（コンソーシアム）の設立が必須であると考えた．そしてプロジェクトの中期より国際標準化の作業を開始し，業界標準化団体であるThe Open

Group において，2013 年 7 月に DEOS プロジェクトの成果をベースとした標準規格 " Dependability through Assuredness TM（O-DA）Framework" が制定された．また，国際規格団体である IEC においては IEC 62853　Open Systems Dependability としての標準化がすすめられている．利用者団体の設立については 2012 年度より本格的に検討を開始し，2013 年 10 月に一般社団法人ディペンダビリティ技術推進協会（略称 DEOS 協会）が設立された（付録 A.2 参照）．また，国際ワークショップ WOSD（Workshop on Open Systems Dependability）の開催も 2013 年 11 月で第 3 回を迎え，国際的な知名度を上げつつある．

現在，DEOS 実行環境（D-RE），いくつかの開発用ツール，D-Case 関連ツール，プロトタイプ合意形成データベース D-ADD などがダウンロード可能な形で提供されている．加えて，すでにいくつかのシステムへの応用が開始されている．D-Case の普及と実システムへの応用のために D-Case 講習会が定期的に開催され，数多くの参加者を得て，実システム記述が行われている．D-RE の応用としては，たとえば，ART-Linux を用いたロボットの開発がすすめられ，数多くの実績を上げている．また，ロボットシステム全体の安全性向上のために DEOS プロセスが適用され有効性が示されている．

11.2 展望

オープンシステムディペンダビリティの概念を構築し，これに基づいて DEOS プロセスを構築し，議論の方法としての D-Case を開発し，これらを中心に DEOS 技術体系としてまとめ，いろいろな対象システムに応用していく中で，DEOS 技術体系はソフトウェアに限らず，長期的に運用される多くのシステムに適用できると確信するに至っている．今後は，ソフトウェア開発への適用例を増やし，DEOS 技術体系をより完成されたものにする一方で，その適用範囲を広げ，より一般的なシステム構築の基本原理として体系化してゆきたい．

DEOS 技術体系の普及ならびに発展に関する活動は DEOS 協会を中心に行われることになる．DEOS 協会では DEOS 技術体系の応用範囲をソフトウェアの開発・運用を中心としつつも，変化に対応しながら長期に運用されていくいろいろなシステムへの応用も見据えて活動を行ってゆく．

本書が，変化しつつ長期的に運用される巨大で複雑な複合システムのディペンダビリティ向上に貢献できることを切に願い，本稿を閉じることとする．

付　録

A.1　DEOS プロジェクトについて

A.1.1　DEOS プロジェクトの目的と経緯

「実用化を目指した組込みシステム用ディペンダブル・オペレーティングシステム」（DEOS プロジェクト）は，(独) 科学技術振興機構戦略的創造研究推進事業 CRSET の研究領域の 1 つとして，2006 年 10 月に開始された．今日の組込みシステムはネットワークを介してサーバ群と接続され，全体としてサービスを提供する形をとっていることから，本プロジェクトの研究対象として，狭義の組込みシステム用オペレーティングシステムだけではなく，システムをディペンダブルに構築し運用するためのシステムソフトウェア，これを構築するために必要なツール群，システム構築や運用のプロセスを含めて研究対象としている．

近年の情報システムは，巨大で複雑，かつ変化しつづける目的や環境に対応しなければならず，閉鎖型システム（Closed Systems）としてとらえることは難しく，開放型システム（Open Systems）としてとらえることが適切である．本プロジェクトでは，オープンシステムに対するディペンダビリティは，反復的なアプローチとして達成すべきものと考え，基本概念として「オープンシステムディペンダビリティ（Open Systems Dependability）」を提案し，プロジェクトの目的を以下のように定義した．

> 変化しつづける目的や環境の中で，システムを適切に対応させ，ユーザが求めるサービスを継続的に提供することができるディペンダブルなシステムソフトウェアの方法論ならびに構築法を開発すること．この方法論はオープンシステムディペンダビリティ（OSD）を基本概念とし，ディペンダブルシステムの構築法は，反復的なプロセス（DEOS プロセス），これを実現するためのアーキテクチャ（DEOS アーキテクチャ），そしてアーキテクチャを構成する要素技術などからなる．

オープンシステムディペンダビリティ（OSD）の概念や DEOS プロセスはディペンダブルなシステムソフトウェアの構築に応用できるだけでなく，大規模かつ複雑で変化を許容しなければならない多くのシステムをディペンダブルに構築するための方法論になる．すなわち DEOS プロセスは広範なオープンシステムに適用できる．本報告書では「DEOS」を「オープンシステムのためのディペンダビリティ工学（Dependability Engineering for Open Systems）」の略記としている．

A.1.2　DEOS プロジェクト研究開発体制

本研究領域は研究総括・副研究総括のもとに領域アドバイザーを置き，研究領域の方向性や内容に関する助言及び研究チームの進捗評価を行っている．領域運営アドバイザーは実用化に向けての指針などを助言している．また，研究推進委員として企業の技術者等がプロジェクトに協力して，本研究成果を実利用する立場から助言や実用化推進を行うなど研究チームとの交流を行っている．

本研究領域は 2006 年に採択された 5 研究チームによって開始され，2008 年に新たに 4 研究チームがこれに加わった．2006 年度採択チームはバーチャルマシン，サーバ群の仮想化，プログラム検証，ベンチマーキング，フォ

ルトシミュレーション，リアルタイム・低消費電力化など，主に要素技術からの研究開発を行うとともに，対象とするべきシステムの検討やディペンダビリティの概念の議論を行った．2008年採択チームは2006年度採択チームに加わって，DEOSプロセス，DEOSアーキテクチャを構築し，また，要求分析手法，合意形成とその記述方法，セキュリティ，などの研究開発に加え，国際標準化活動を行った．2006年度採択研究チームは2012年3月，2008年度採択チームは2014年3月まで研究開発を継続した．

採択された研究チームの活動と並行して，2008年より各研究チームからメンバーを集めてコアチームを形成し，研究全体を俯瞰し，その方向ならびに具体的な研究開発テーマを再定義するプロジェクト活動を行ってきた．そして2010年度より具体的な研究テーマを担当するサブコアチームを構成し，クロスチームでの研究開発を行ってきた．サブコアチームはDEOSプロセスおよびアーキテクチャの主な構成要素の研究・開発を担当し，これまでに，D-Case & Metrics, D-Script & Monitor, VM & Multi-OS, System Software Verification, DS-Bench & Test-Env などのサブコアチームが構成され，成果を上げた（図A-1参照）．

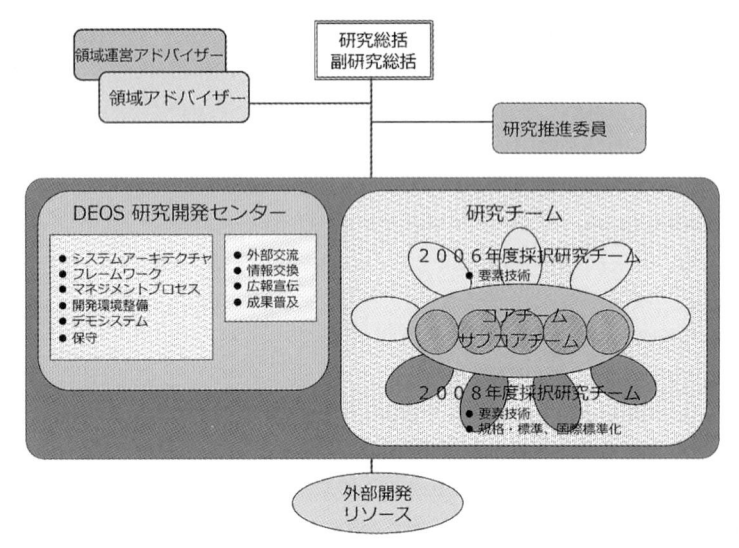

図A-1 2011年度までのプロジェクト体制

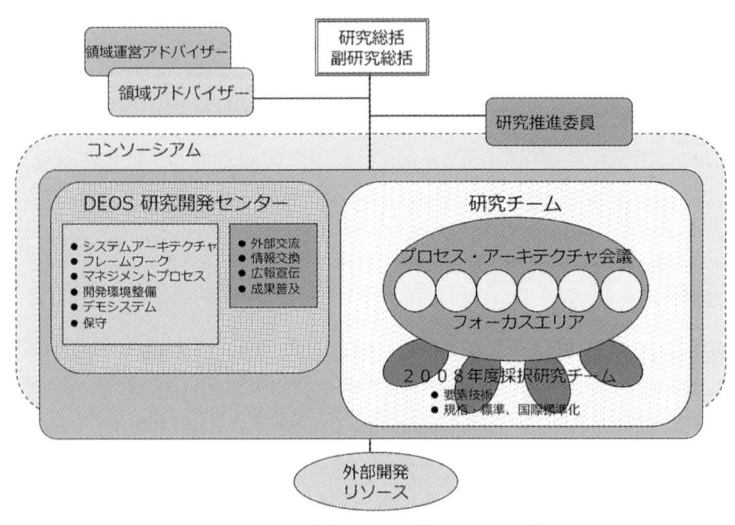

図A-2 2012年度からのプロジェクト体制

2006 年度採択チームは 2011 年度で研究活動を完了した．2012 年 4 月からは 2008 年度採択チームが主体となりプロセス・アーキテクチャ会議を発足させた．現在は以下の 6 つのエリアにフォーカスして研究を推進した（図 A-2 参照）．

- D-Case
- D-Script
- D-ADD
- Security
- D-RE および DEOS 応用
- 検証と標準化

プロジェクトおよび個々の研究チームの成果はディペンダブル組込み OS 研究開発センター（DEOS 研究開発センター）において，実用のための統合，知的資産や保守を考慮した再構成，テスト，実用のための評価やパッケージングなどを行い，企業との共同の評価や実際の製品での活用などにつなげている．現在 DEOS プロジェクトホームページ（http://www.jst.go.jp/crest/crest-os/osddeos/index-j.html/）で研究成果を公開している（A.1.5 節参照）．

A.1.3 DEOS プロジェクトロードマップ

以下のフェーズを主なマイルストーンとして全体の研究を進めた（図 A-3 参照）．

- フェーズ 1（2006/10-2009/9）：ディペンダビリティのコンセプトの確立，それを支える開発・運用プロセスや重要な評価指標を含むシステムアーキテクチャの提示，および 2006 年度採択研究チームの要素技術をインテグレーションしたリファレンスシステムによるデモ．以上を 2009 年 9 月に 2006 年度採択究チーム中間成果報告会として公開した．
- フェーズ 2（2009/10-2011/9）：システムアーキテクチャと 2006 年度採択研究チームの要素技術を取り込んだ D-RE とツール類の実装．企業や研究機関などを含む実証団体募集活動の開始．必要な事項の国際標準化活動．2008 年度採択研究チームの要素技術を D-RE とツール群にインテグレーションしてデモ．以上を 2011 年に 2006 年度採択研究チーム最終成果報告会および 2008 年度採択研究チーム中間成果報告会として公開した．
- フェーズ 3（2011/10-2014/3）：ソフトウェアなど成果物の公開，企業などユーザによる成果物等の試用，その評価のフィードバック，実用化の推進．コンソーシアムの設立，DEOS コンセプトの業界標準化活動，および成果に基づく国際規格標準化活動の推進．
- フェーズ 4（2014/4-）：国際規格団体，業界標準団体もしくはコンソーシアムによる成果の活用と維持・発展の推進．

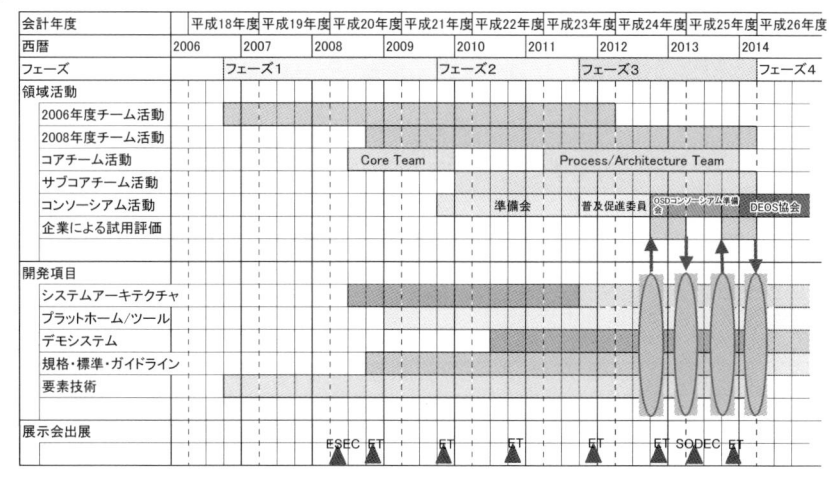

図 A-3 ロードマップ

A.1.4 DEOS プロジェクト主要メンバー

研究総括		
所　眞理雄	株式会社ソニーコンピュータサイエンス研究所　エグゼクティブアドバイザー・ファウンダー	
副研究総括		
村岡　洋一	早稲田大学 名誉教授	
領域アドバイザー		
岩野　和生	三菱商事株式会社　ビジネスサービス部門　顧問	
落水　浩一郎	北陸先端科学技術大学院大学　副学長　高信頼組込みシステム教育研究センター特任教授	
菊野　亨	大阪学院大学 情報学部　教授	
妹尾　義樹	日本電気株式会社 情報・ナレッジ研究所 技術主幹	
田中　英彦	情報セキュリティ大学院大学 情報セキュリティ研究科　学長・研究科長・教授	
松田　晃一	（独）情報処理推進機構 顧問	
安浦　寛人	九州大学 理事・副学長　大学院システム情報科学研究院　教授・システム LSI 研究センター　センター長	
2006 年度採択 研究代表者		**研究テーマ**
石川　裕	東京大学 情報基盤センター　センター長・教授	並列・分散型組込みシステムのためのディペンダブルシングルシステムイメージ OS
佐藤　三久	筑波大学 計算科学研究センター　センター長・教授	省電力でディペンダブルな組込み並列システム向け計算プラットフォーム
徳田　英幸	慶應義塾大学 環境情報学部　教授	マイクロユビキタスノード用ディペンダブル OS
中島　達夫	早稲田大学 理工学術院　教授	高機能情報家電のためのディペンダブル OS
前田　俊行	東京大学 大学院情報理工学系研究科　助教	ディペンダブルシステムソフトウェア構築技術に関する研究
2008 年度採択 研究代表者		**研究テーマ**
加賀美　聡	（独）産業技術総合研究所デジタルヒューマン工学研究センター　副センター長	実時間並列ディペンダブル OS とその分散ネットワークの研究
木下　佳樹	神奈川大学 理学部情報科学科 教授	利用者指向ディペンダビリティの研究
倉光　君郎	横浜国立大学 大学院工学研究院　准教授	Security Weaver と P スクリプトによる実行中の継続的な安全確保に関する研究
河野　健二	慶應義塾大学 理工学部　准教授	耐攻撃性を強化した高度にセキュアな OS の創出
研究推進委員		
浅井　信宏	日本アイ・ビー・エム株式会社 ソフトウェア開発研究所 ディスティングイッシュト・エンジニア	
大野　毅	横河電機株式会社　IA プラットフォーム事業本部　システム事業部 PA システム部　システム基盤課　課長	
神谷　慎吾	エヌ・ティ・ティ・データ先端技術株式会社　ソリューション事業部　フレームワークビジネスユニット　ソフト工学グループ　グループ長	
中川　雅通	パナソニック株式会社　R&D 本部　グローバルソリューション推進室　グループマネジャー	
森田　直	株式会社ソニーコンピュータサイエンス研究所非常勤研究員	
山浦　一郎	富士ゼロックス株式会社 コントローラ開発本部 コントローラプラットフォーム第 2 開発部　グループ長	
領域運営アドバイザー		
梶本　一夫	パナソニック株式会社 システムエンジニアリングセンター　所長	
田中　譲	北海道大学 大学院情報科学研究科　教授	
鶴保　征城	学校法人 専門学校 HAL 東京　校長	
戸井　哲也	富士ゼロックス株式会社　執行役員	
DEOS 研究開発センター		
屋代　眞	（独）科学技術振興機構 DEOS 研究開発センター　センター長	

（各グループ内 氏名 あいうえお順，2006 年度採択研究代表者所属は 2012.3.31 当時，他所属は 2013.10.31 現在）

A.1.5　DEOS プロジェクト報告書・書籍・HP・ソフトウェア

プロジェクト計画書・報告書（DEOS プロジェクト文書）
 DEOS-FY2009-WP-01J：DEOS Project White Paper Version 1.0
 DEOS-FY2010-WP-02J：DEOS Project White Paper Version 2.0
 DEOS-FY2011-WP-03J：DEOS Project White Paper Version 3.0
 DEOS-FY2012-PU-01J：DEOS Project Update 2012
 DEOS-FY2013-SS-01J：DEOS プロジェクト研究成果集

フォーカスエリア技術報告書（DEOS プロジェクト文書）
 DEOS-FY2013-DC-02J：D-Case － ディペンダビリティ合意形成のための手法とツール
 DEOS-FY2012-DS-01J：D-Script：スクリプトによる障害対応の実現
 DEOS-FY2013-DA-02J：合意記述データベース－オープンシステムディペンダビリティと D-Case をつなぐリポジトリ
 DEOS-FY2012-SD-01J：サービス延命を可能とする基盤システムソフトウェア
 DEOS-FY2012-RA-01J：D-Case のロボット応用－日本科学未来館フロア移動ロボットを題材として
 DEOS-FY2012-SV-01J：D-Case/Agda によるアシュランスケース記述
 DEOS-FY2013-IS-01J：DEOS 実用化のためのオープンシステムディペンダビリティ国際標準化戦略

プロジェクトで研究開発されたシステムあるいはソフトウェアの解説資料（DEOS プロジェクト文書）
 DEOS-FY2013-PR-01J：DEOS Programming Referenc（リファレンスシステム概要付き）
 DEOS-FY2013-RE-01J：D-RE 仕様書〈付〉D-RE 導入ガイド
 DEOS-FY2013-CW-02J：D-Case Weaver 仕様書〈付〉導入・使い方ガイド
 DEOS-FY2013-BT-01J：DS-Bench/Test-Env 実行手順書
 DEOS-FY2013-EA-01J：D-RE API 仕様書
 DEOS-FY2013-EC-01J：D-RE コマンド仕様書
 DEOS-FY2013-SP-01J：D-RE API サンプルプログラム解説書
 DEOS-FY2013-BS-01J：DS-Bench/Test-Env 仕様書
 DEOS-FY2013-BI-01J：DS-Bench/Test-Env 環境構築手順書
 DEOS-FY2013-BC-01J：DS-Bench/D-Case Editor 連携 I/F 仕様書
 DEOS-FY2013-VS-02J：D-Visor86 + D-System Monitor 環境構築手順書
 DEOS-FY2013-QK-01J：QEMU-KVM + D-System Monitor 環境構築手順書
 DEOS-FY2013-DI-01J：Demo System Install Manual
 DEOS-FY2013-MD-01J：D-Case モデリング環境連携デモ資料
 DEOS-FY2013-MP-01J：D-Case モデリング環境連携 Plug-in Install Manual
 DEOS-FY2013-MI-01J：D-Case モデリング環境連携環境構築手順
 DEOS-FY2013-MT-01J：D-Case モデリング環境連携 Tutorial

出版書籍
 ISBN：978-1-46657-751-0 "Open Systems Dependability"（CRC Press）
 ISBN：978-4-86293-079-8『D-Case 入門』（株式会社ダイテックホールディング）
 ISBN：978-4-86293-091-0『実践 D-Case ディペンダビリティケースを活用しよう！』（株式会社アセットマネジメント）

DEOS プロジェクト HP：http://www.jst.go.jp/crest/crest-os/osddeos/index-j.html

DEOS プロジェクト HP からダウンロード可能なソフトウェア：
 D-Case Editor
 D-Case Weaver
 D-Case Stencil
 D-Case/Agda
 D-RE 1.0
 DEOS Reference System
 D-Visor & D-System Monitor
 System Recorder
 D-Box
 D-Case モデリング環境連携
 DE-Bench/Test-Env
 モデル検査器
 SIAC（Single IP Address Cluster）

A.2 ● DEOS 協会

　DEOS プロジェクトではこれまで，組込みシステムのみならず，変更要求に対応しつつ継続して長期に運用しなければならないシステムや，他の管理者が運用するシステムと連携して稼働し続けなければならないシステムなどに対し，ディペンダビリティを向上するための概念，方法，システム，ツールなどを開発してきた．研究開発された成果を広く利用し，さらに発展させ，世の中のシステムのディペンダビリティ向上に貢献していくことを目指して，コンソーシアム設立の支援や設立に向けての賛同企業・団体との情報交換を，DEOS センターを始め研究チームや研究推進委員が中心になって進めてきた．

　このような準備活動の結果，「一般社団法人 ディペンダビリティ技術推進協会（略称 DEOS 協会）」，英語名「The Association of Dependability Engineering for Open Systems （略称　DEOS Association）」，が 2013 年 10 月 22 日に発足した．DEOS 協会は，当プロジェクトの成果である特許，ソフトウェア，教材・著作物などを活用した事業展開を計画し，ディペンダビリティ技術の研究，開発，実証，評価，標準化などを推進し，安心，安全，快適な社会の構築に貢献することを目指して，以下を事業目的に掲げている．

- DEOS プロジェクトの成果を産業界でご利用いただく
- 産業界や社会の要請に応じて成果をさらに発展させる
- 企業が開発・運用するシステムのディペンダビリティ向上に寄与する
- ディペンダビリティ技術を扱える人材を育成する
- 豊かで安全・安心・快適な ICT 社会の実現を目指す

DEOS 協会の設立時の組織は図 A-4 のとおりである．

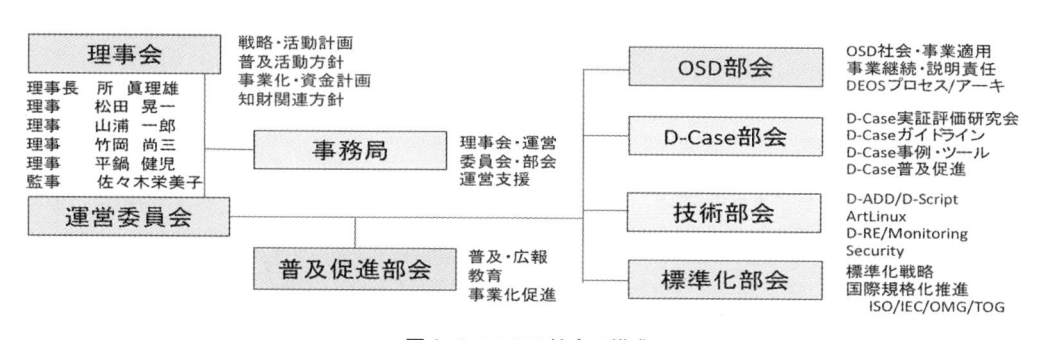

図 A-4　DEOS 協会の構成

DEOS 協会 URL：http://DEOS.or.jp/

A.3 近年の障害事例

	発生日時	障害内容	原因
1	2013年1月2日	0時17分から2時10分まで、全国で4G LTEのデータ通信が利用しにくい状況が発生し、最大175万回線に影響した.	信号制御装置で「装置アラーム」が誤発報したこと. その際、本来は装置のカード系切り替えを実施すべきだったところを、オペレーター運用者が装置全体の復旧措置を実施, LTE端末とのセッションがすべて切断された. これにより, LTE端末がいっせいに再接続を要求し、輻輳が発生した. アラームが誤発報した原因はソフトウェアの不具合. 本来は異常でないものを異常と判定するようになっていた. 1月8日までに不具合は改修された.
2	2012年12月31日	0時0分から2時55分にかけて、auの4G LTEのデータ通信が「利用できない」状況、そして同日2時55分から4時23分にかけて、同データ通信が「利用しにくい」状況が発生した. 全国の地域で、最大180万回線に影響を及ぼした.	通信障害が発生したLTEネットワークは、「基地局制御装置」と「信号中継装置」、（7Gバイトなどの）通信量を制御する「加入者プロファイルサーバ」で構成され、加入者プロファイルサーバは、アクセスが集中したときの対策として、各種装置からの信号を破棄する機能を備えている. 12月31日の障害時は、通常時の7倍ものアクセスが集中したことで信号破棄機能が働き、信号中継装置への無応答や応答遅延が発生し、セッションが解放（切断）された. そして、再送信号や端末からの再接続が増えたことで信号が輻輳し、LTE端末が接続不能となったため.
3	2012年8月13-15日	NTTドコモの携帯で、最大220か国・地域で8万人の携帯電話での音声通話やインターネット通信がしにくくなった. ローミングサービスの障害.	5月の時点で、3月に入れ替えた装置の設定ミスでローミングに関して能力の半分しか使えない状態になっていたことを発見していたが、修正によりロンドン五輪期間中に大規模障害が発生しては問題であるとして、修正を見送ったため.
4	2012年8月7日	東京証券取引所で、デリバティブ売買システムのネットワーク機器のハードウェア障害が発生. 自動切替えを試みるも不具合により切替え処理が行われず取引が停止した.	本番系である1号機にハードウェア障害が生じた場合は待機系である2号機に自動切替えされるが、1号機では内部の部分的ハードウェア障害を正しく検知できなかったため、1号機, 2号機とも本番系として稼働することとなりスイッチに接続されている装置がどちらに信号を送ればよいのか特定することが不可能となったため.
5	2012年8月2-3日	NTTドコモの携帯で、152万人の携帯電話が通じにくくなった.	2台ある装置の1台が故障したため. 信号経路を迂回すれば対応できるとして修正を見送ったため.
6	2012年6月20日	・ファーストサーバを利用していた一部の顧客のサーバ設定情報やデータベースの情報等が消失した. ・その復旧作業において、情報漏洩が起きた可能性もある.	・脆弱性対策のための更新プログラムに「ファイル削除コマンドを停止させるための記述漏れ」不具合があったことに加え、検証環境下で確認による防止機能が十分に働かず、意図しないファイル削除が発生したため. ・復旧作業の手順やプログラムに不備があり、別顧客の情報が混入するのを防げなかったため.
7	2012年2月2日	東京証券取引所で、株式売買システムの情報配信機能で障害が発生し、外部に情報が発信できなかったために、3時間半にわたって一部銘柄の取引を停止した.	三重化されたサーバの1台に障害が発生したが、残り2台への自動切り替えに成功したと判断して障害対応を完了したが、実際には切り替えに失敗していたため対応が遅れ、経営陣への報告も行わなかったため.
8	2011年6月6日から2012年1月25日まで（5度に渡る）	NTTドコモの携帯で、通話やパケット通信がつながりにくい状況が繰り返し発生. 関連してメールアドレスが他人のものに置き換わるという事故も発生.	この期間に起こった、携帯端末の位置情報を管理するシステムの障害, 中継ルータの故障に伴う機器の切り替えをきっかけにした認証サーバでの輻輳, 新たに運用を始めたパケット交換機の設計における信号量の見積もりミスによる動作不安定などが原因と思われる.

	発生日時	障害内容	原因
9	2011年4月21日	Amazon EC2サービスなどがダウンした．これにともなってEngine Yard, Heroku，など，数多くのサイトがダウンした．	仮装マシンの外付けストレージサービスAmazon EBSでネットワーク設定を誤ったことが原因．
10	2011年3月15日から22日	・みずほ銀行で夜間バッチ処理やオンラインの停止が起きた． ・ATMが利用不可能になり，為替処理遅延や二重振り込みなどの問題が発生した．	義援金を受け付ける口座の振り込み件数の上限を大きく設定していなかったため，上限を超える振り込みがあったことを発端として，夜間バッチ処理の異常終了，それに伴う多重のオペレーションミスなどが関連していたためと思われる．
11	2010年8月10日から12日	ユーザがmixi（日本最大のSNSサイト）にアクセスできなかった．	汎用の分散型メモリキャッシュシステムmemcachedのバグ．memcachedデーモンが多数の接続/切断を持っているときに突然終了することが原因．
12	2009年5月22日	NTTドコモから携帯電話に内蔵されているJavaScriptが任意のウェブサイトへの不正アクセスを許可していた．ドコモは販売を停止した．	JavaScriptの実装に欠陥があり任意のウェブサイトへの不正アクセスを生じた．Webブラウザで使用されるSOP（Same Origin ポリシー）のセキュリティポリシーの実装に問題がある可能性がありドコモが携帯電話用の仕様で書いていなかったと疑われている．
13	2009年2月24日	Google AppsのGmailユーザは自分のアカウントにアクセスできなかった．	データセンターでの定期的なメンテナンス中に予想外のサービス中断が発生した．このよう場合，ユーザはメンテナンス作業の準備のために代替データセンターに振り分けられるが，ユーザデータの場所を最適化する新しいソフトウェアに予期せぬ副作用がありGmailのコード内の潜在的なバグを誘発した．バグはユーザが送信先のデータセンターに振り分けられるとユーザのトラフィックが自動的に障害対応に移行してしまった．これにより複数のダウンストリームの過負荷状態を引き起こし，データセンターを過負荷状態にしたことが原因．
14	2008年9月14日	複数の空港の搭乗口の端末が非稼動となりフライトのキャンセルを発生させた．	ターミナルからサーバシステムへのアクセスを承認する証明書が9月14日の早朝に期限切れをむかえたことが原因．
15	2008年7月22日	デリバティブ取引システムから情報の一部がユーザに配信できなかった．	一銘柄あたりのワーキングメモリを予想されたサイズよりもはるかに小さく定義していた．これにより複数の銘柄に損失をもたらした．
16	2007年10月12日	東京近郊の鉄道ICカード用チケットゲートが機能しなくなった．	サーバから改札側に本質的な情報を送信する間の巨大データを小さなデータの塊に分割するロジックに原始的なエラーがあった．改札側にデータ受信の無限ループを発生させた．
17	2007年5月27日	ANAの搭乗手続きシステムが停止した．130便がキャンセル，306便に遅延が生じた．	ハードウェア障害によって引き起こされるネットワーク機器のトラブルがホストコンピュータと端末間の輻輳をもたらした．ネットワーク機器のトラブルのイベントと輻輳の関係が知られていなかったため見過ごされていた．
18	2003年3月1日	航空計画データ処理システムがダウンした．215便がキャンセル，1500便に遅延が生じた．	原因は1つのバグにより生じた．このバグは特定のメモリをアドレスすると発生するがテストが十分に行われなかったため発見できなかった．

A.4 開放系障害要因表

要因の分類	要因	要因例	システムの症状例
<不完全さ> システムの作りが完璧でないこと 要求に対して仕様が完全でなく，また，仕様に対して実装が完全でなく，出荷時や運用時のシステムの振る舞いを完全に把握することが困難であること	★システムの完全把握破綻 ・システムの巨大化 ・システムの複雑化 ・システムのネットワーク化 ・オープンソフトウェア多用 ・ブラックボックス多用 ・レガシーコード依存 ★構成要素変容 ★構成変容・インテグレーション問題	◆システムが多くのソフトウェアの組合せから作られており，巨大化，複雑化に伴い網羅的な仕様記述やテストが不可能 ◆要求・仕様・設計・実装・テストなどの各開発フェーズにおける理解の違い，文書の誤りなどによる仕様ミスや漏れ，設計ミスや漏れ，実装ミスや漏れ，テストミスや漏れ ◆管理，運用，保守におけるモジュールの更新，機能変更，タイムアウト値の変更，修正ミス，ライセンスの期限切れ ◆オープンソフトウェア，ブラックボックス，レガシーコードの仕様と動作の不一致，開発者の理解不足 ◆モジュール実行の優先度，順番，タイミングなどの見極め不足 ◆設計外，テスト外の構成要素の取り込み（運用時ダウンロード等）	●要求書にない動作をする． ●機能仕様書にない動作をする ●テスト仕様書にない動作をする ●モジュールごとの機能テストはパスしたのに，組み上げてみたら期待どおりに動かなかった ●運用中にモジュールの更新がなされ，期待通りに動かなくなった ●ある日突然動かなくなった
<不確実さ> システムの接する外界が変化してしまうこと 利用者の要求や使用環境がライフサイクルを通して変わり，設計時や運用時に機能や挙動を完全に予測できないこと	★期待値・能力変容 ★動作環境変容 ★構成変容・インテグレーション問題 ★システム性能バランス問題 ・パーフォマンス設計 ・キャパシティ計画 ★ネットワーク化	◆利用者の要求の変化，システムへの期待値の変化，利用者やオペレーターの操作能力や習熟度の変化 ◆出荷数・使用者数・アクセス数の増加，稼働経済の変化による使われ方の（変容） ◆現場での（人手を介して，ネットワークを介して）構成要素の機能修正サービス変更，システム再構成（複雑性の増加） ◆システムリソースの変容（老化，メモリー制限，クロック制限等） ◆ネットワークの向こう側の変容（レスポンスの変容，仕様の変容） ◆ネットワークを介した環境による想定外の接続・インタラクションの増加，外部からの意図的な攻撃を受けること	●処理スピードが遅くなった ●端末の前で順番待ちをするユーザが増えた ●いつも通りの処理要求を出したのに，「しばらくお待ちください」のプロンプトが出た ●新しいサービスがこれまでの電子マネーでは受けられなかった ●義捐金を振り込もうとしたが受け付けられなかった ●24時間サービスに変わったと言われたのに，深夜に使おうとしたら動かなかった ●クレジットカード番号が不正使用された ●ある日突然動かなくなった

A.5 世界の関連標準，関連活動団体

標準

- IEC 61508: Functional safety of electrical/electronic/programmable electronic safety-related systems http://www.iec.ch/zone/fsafety/fsafety_entry.htm
- IEC 60300-1: Dependability management http://www.iec.ch/cgi-bin/procgi.pl/www/iecwww.p?wwwlang=E&wwwprog=sea22.p&search=text&searchfor=IEC+60300-1&submit=OK
- IEC 60300-2: Dependability Program Elements and Tasks http://www.iec.ch/cgi-bin/procgi.pl/www/iecwww.p?wwwlang=E&wwwprog=sea22.p&search=text&searchfor=IEC+60300-2&submit=OK
- ISO/IEC 12207: Systems and software engineering – Software life cycle processes http://www.iso.org/iso/iso_catalogue/catalogue_tc/catalogue_detail.htm?csnumber=21208
- ISO/IEC 15026: Systems and software engineering – Systems and software assurance http://www.iso.org/iso/home/store/catalogue_tc/catalogue_detail.htm?csnumber=62526
- ISO/IEC 15288: Systems and software engineering – System life cycle processes http://www.iso.org/iso/iso_catalogue/catalogue_tc/catalogue_detail.htm?csnumber=43564
- ISO 26262: Road vehicles – Functional safety http://www.iso.org/iso/catalogue_detail.htm?csnumber=43464
- IEC 61713: Software dependability through the software life-cycle processes – Application guide http://www.iec.ch/cgi-bin/procgi.pl/www/iecwww.p?wwwlang=E&wwwprog=sea22.p&search=text&searchfor=IEC+61713&submit=OK
- IEC 62347: Guidance on system dependability specifications http://www.iec.ch/cgi-bin/procgi.pl/www/iecwww.p?wwwlang=E&wwwprog=sea22.p&search=text&searchfor=IEC+62347&submit=OK

プロセスガイド・フレームワーク

- CMMI: Capability Maturity Model® Integration http://www.sei.cmu.edu/cmmi/
- DO-178B: Software Considerations in Airborne Systems and Equipment Certification http://www.rtca.org/
- MISRA-C: http://www.misra-c.com/
- TOGAF:The Open Group Architecture Framework http://www.opengroup.org/togaf/

ソフトウェア

- SELinux: Security-Enhanced Linux http://www.nsa.gov/research/selinux/index.shtml
- AppArmor®: a Linux application security framework http://www.novell.com/linux/security/apparmor//
- Xen® hypervisor: the powerful open source industry standard for virtualization http://www.xen.org/

関連団体・プロジェクト

- ISO: International Organization for Standardization http://www.iso.org/iso/home.htm
- IEC: International Electrotechnical Commission http://www.iec.ch/
- ISO/IEC JTC1: Joint ISO/IEC Technical Committee 1 http://www.iso.org/iso/standards_development/technical_committees/list_of_iso_technical_committees/iso_technical_committee.htm?commid=45020

- IEC/TC56: Technical Committee 56: IEC Technical Committee for International Standards in the field of Dependability http://tc56.iec.ch/index-tc56.html
- OpenTC Consortium: Open Trusted Computing Consortium http://www.opentc.net/
- Linux-HA Project: High Availability Linux Project http://linux-ha.org/
- Carrier Grade Linux Workgroup http://www.linuxfoundation.org/en/Carrier_Grade_Linux
- TCG: Trusted Computing Group http://www.trustedcomputinggroup.org/home
- ERTOS Group: Embedded Real-Time Operating-Systems Group http://ertos.nicta.com.au/
- ARTEMIS: Advanced Research & Technology for EMbedded Intelligence and Systems http://www.artemis.eu/
- CPS Program: Cyber-Physical Systems Program http://www.nsf.gov/pubs/2008/nsf08611/nsf08611.htm
- MISRA: Motor Industry Software Reliability Association http://www.misra.org.uk/
- AUTOSAR: AUTomotive Open System ARchitecture http://www.autosar.org/
- JasPar: Japan Automotive Software Platform and Architecture http://www.jaspar.jp/
- FlexRay Consortium: Consortium for the communications system for advanced automotive control applications http://www.flexray.com/
- The Open Group http://www3.opengroup.org/
- CoBIT: Control Objectives for Information and related Technology http://www.isaca.org/Knowledge-Center/COBIT/Pages/Overview.aspx
- ITIL: Information Technology Infrastructure Library http://www.itil.org/en/vomkennen/itil/index.php
- OMG: Object Management Group http://www.omg.org/

A.6 ● DEOS 用語集

【あ行】

アクション（Action）　D-Case ノードの一種．システム運用時に D-Script により実行環境（D-RE）に対して実行すべき動作を指示し，その結果を証拠として示す

アシュア（Assure）　主張の正しさを十分確信させる，あるいは確信する

アシュアドネス（Assuredness）　主張の正しさを充分確信させる，あるいは確信すること

アシュアランスケース，アシュランスケース（Assurance Case）　主張の正しさをステークホルダに確信させる文書

エビデンス（Evidence）　1. 議論において主張を支える根拠となるものあるいは情報（証憑）2. D-Case ノードの一種．詳細化されたゴールが成立することを支持する情報

オープンシステム（Open Systems）　開放系．外部との相互作用があり，機能，構造，境界が変化する，あるいはそれらを定義しきれない系

オープンシステムディペンダビリティ（Open Systems Dependability）　開放系に対するディペンダビリティ．システムが変化対応能力，説明責任能力，継続的サービス提供能力を備えること

オントロジー（Ontology）　概念体系．ここでは語彙と各単語の意味や関係性

【か行】

外部接続（External）　D-Case ノードの一種で外部組織により管理されているモジュールを示す．モジュールノードのサブクラス

開放系障害（Open Systems Failure）　不完全さと不確実さに起因するオープンシステムの障害

確信，確信性（Assuredness）　主張の正しさを十分確信させる，あるいは確信すること

可用性（Availability）　システムが稼働し続ける能力

クローズドシステム（Closed Systems）　閉鎖系．外部との相互作用が限定的で，境界や構成要素，それらの関係が変化しない系

形式的検証（Formal Verification）　数理的技法に基づいてプログラムの性質を厳密に証明すること

原因究明（Cause Analysis）　D-Case の履歴やエビデンス（システム状態の履歴を含む）を基に障害原因，あるいは原因のありそうな範囲を特定すること

合意記述データベース（Agreement Description Database）　DEOS プロセスを実行する過程で作成される D-Case，D-Script，ドキュメントやシステム状態を含む各種エビデンスを記録・保存し，ステークホルダの説明責任遂行に資するデータベース

合意形成（Consensus Building）　同じ目的を共有するステークホルダが議論を通して相互承認すること

ゴール（Goal）　D-Case ノードの一種．対象システムに対して議論すべき命題

コンテキスト（Context）　D-Case ノードの一種．ゴールや戦略を議論するとき，その前提となる情報

【さ行】

再発防止（Prevention of Recurrent Failure）　類似した障害を再び起こさないようにする能力あるいは機能

システムアーキテクチャ（System Architecture）　システムの設計思想，基本機能ならびに基本構造

仕様記述言語（Specification Description Language）　プログラムの満たすべき性質を記述するための言語
障害（Failure）　運用においてサービスレベルが変動許容範囲を逸脱した状態
障害対応サイクル（Failure Response Cycle）　障害に対応する DEOS プロセスのサイクル
証憑（Evidence）　1. 議論において主張を支える根拠となるものあるいは情報．2. D-Case ノードの一種．詳細化されたゴールが成立することを支持する情報
迅速対応（Responsive Action）　障害や障害の予兆に迅速かつ適切に対応すること
信頼性（Reliability）　システムがあらかじめ決められた期間にわたって期待された機能を実行しつづける能力
ステークホルダ（Stakeholders）　システムやサービスに対して権利・義務・関心を持つ個人あるいは組織．利害関係者．
ステークホルダ合意（Stakeholders' Agreement）　ステークホルダが要求およびその実現法（運用における障害の規定や障害対応方法などを含む）について合意すること
ストラテジ（Strategy）　D-Case ノードの一種．ゴールが満たされることをサブゴールに分割して行うときの分割のしかたを記述
責任（Responsibility）　D-Case ノードの一種．責任属性が異なるモジュールの関係を説明するためのノード．モジュール間のリンク上で定義される
セキュリティ（Security）　システムが外部から意図的に攻撃されても防御できる能力
説明責任遂行（Accountability Achievement）　障害発生時には現状，原因，回復見込みなど，サービス変更時にはサービス開始時期や条件を明らかにして，ステークホルダ合意の内容に照らしてステークホルダ（一般には利用者）に十分に説明すること
前提（Context）　D-Case ノードの一種．ゴールや戦略を議論するとき，その前提となる情報
戦略（Strategy）　D-Case ノードの一種．ゴールが満たされることをサブゴールに分割して行うときの分割のしかたを記述

【た行】

通常運用（Ordinary-Operation）　変動許容範囲内でシステムが運用され，サービスを継続している状態
兆候（Sign Of Failure）　障害の発生，あるいは障害の発生につながるシステムの状態の表われ
ディペンダビリティ（Dependability）　利用者が期待するサービスをシステムが継続的に提供する能力
DEOS アーキテクチャ（DEOS Architecture）　DEOS プロセスを実現するためのアーキテクチャで，実行環境（D-RE），合意記述データベース（D-ADD），合意形成ツール群，開発支援ツール群（D-DST）などからなる．分野・アプリケーション別に定義してよい
DEOS プロセス（DEOS Process）　オープンシステムディペンダビリティ（OSD）を実現するための反復的プロセス．「変化対応サイクル」と「障害対応サイクル」からなる
D-ADD（DEOS Agreement Description Database）　DEOS 合意記述データベース　DEOS プロセスを実行する過程で作成される D-Case, D-Script, ドキュメントやシステム状態を含む各種エビデンスを記録・保存し，ステークホルダの説明責任遂行に資するデータベース
D-Case　DEOS における合意形成のための記述の方法あるいは記述自体
D-DST（DEOS Development Support Tools）　DEOS 開発支援ツール群
D-RE（DEOS Runtime Environment）　DEOS 実行環境．一般に言う OS に相当する
D-Script　運用時に非機能要件を実行するためのプログラム．運用を制御するコンソールあるいはダッシュボードの機能を実現する

【は行】

パラメタ（Parameter）　D-Case ノードの一種．D-Case パターンにおけるパラメタ設定のためのノード

不確実さ（Uncertainty）　システムが変容し，振る舞いが事前に予測できないこと

不完全さ（Incompleteness）　システムが完全に要求を実現しない状態

不具合（Incident）　不都合な事象

ブラックボックス（Black Box）　内部構造を見ることができず，外部仕様のみから機能が活用される製品

プロセス（Process）　システムやサービスを開発し運用するためのステップ（フェーズ）の連続体

変化対応サイクル（Change Accommodation Cycle）　ステークホルダの目的変化あるいは環境変化に対応するDEOS プロセスのサイクル

変動許容範囲（In-Operation Range）　ステークホルダ間で合意されたサービスレベルの変動の許容範囲．範囲内であれば通常運用の状態であるとする

保守性（Serviceability, Maintainability）　システム保守のやりやすさ

保全性（Integrity）　処理されるデータの整合性が保たれる能力

【ま行】

マネージ（Manage）　問題を解決に向けて努力し，状況をより好ましい方向に持っていくこと

未然回避（Failure Prevention）　障害の予兆を検知して，障害発生を回避すること

未達成（Undeveloped）　D-Case ノードの一種．ゴールが達成されていることを示す十分な議論や証拠がないときに使う

モジュール（Module）　D-Case ノードの一種で，他のモジュールの D-Case を参照するためのノード．モジュールには，説明責任属性として，担当者名などの情報が付与される

モニタ（Monitor）　D-Case ノードの一種で，システムのランタイム時の情報をもとにしたエビデンスを提供する

【や行】

要求抽出（Requirements Elicitation）　ステークホルダ間の目的や要望を合意形成を経て要求として特定すること

要求マネジメント（Requirements Management）　ステークホルダの合意に従って要求を管理する方法

予兆検知（Anomaly Detection）　障害の発生につながる可能性のあるシステムの状態を検出すること．

【ら行】

レガシーソフトウェア（Legacy Software）　製作者・保守者がいなくなっても使われ続けているソフトウェア

執筆者一覧

【伊東 敦】（いとう あつし）
富士ゼロックス株式会社 研究技術開発本部インキュベーションセンター
慶應義塾大学 大学院政策・メディア研究科修士課程修了 修士（政策・メディア）

【小野 清志】（おの きよし）
(独)科学技術振興機構 ディペンダブル組込みOS研究開発センター 研究員
東京大学 大学院理学系研究科物理学専攻 博士課程修了 博士（理学）

【加賀美 聡】（かがみ さとし）
(独)産業技術総合研究所 デジタルヒューマン工学研究センター・副研究センター長
東京大学 大学院工学系研究科情報工学専攻・博士課程修了 博士（工学）
主要著書：『ロボットアナトミー』，稲葉 雅幸，加賀美 聡，西脇 光一著，岩波講座
　　　　　ロボット学シリーズ第7巻，岩波書店

【河野 健二】（こうの けんじ）
慶應義塾大学理工学部情報工学科准教授 博士（理学）
東京大学 大学院理学系研究科情報科学専攻 博士課程単位取得退学

【木下 佳樹】（きのした よしき）
神奈川大学 理学部情報科学科 教授 理学博士（東京大学）
東京大学 大学院理学系研究科情報科学専攻 博士課程修了

【倉光 君郎】（くらみつ きみお）
横浜国立大学 大学院工学研究院准教授
東京大学 大学院理学系研究科情報科学専攻 博士課程中退 博士（理学東京大学）

【髙村 博紀】（たかむら ひろき）
(独)科学技術振興機構 ディペンダブル組込みOS研究開発センター 研究員
慶應義塾大学 大学院政策・メディア研究科 後期博士課程 単位取得満期退学,
北陸先端科学技術大学院大学 情報科学研究科 情報処理学専攻 博士課程修了 博士（情報科学）
主要著書：From Sets And Types to Topology And Analysis, Laura Crosilla and Peter Schuster (eds.),
　　　　　Chapter 18 An introduction to the theory of C*-algebras in constructive mathematics,

Oxford Logic Guides, vol 48, Oxford University Press, 2005 分担執筆.

【武山 誠】(たけやま まこと)
神奈川大学 理学部情報科学科
エジンバラ大学 理工学部計算機科学科 PhD in Computer Science

【田中 秀幸】(たなか ひでゆき)
(独)科学技術振興機構 ディペンダブル組込み OS 研究開発センター 研究員
大分大学 大学院工学科知能情報システム工学専攻 博士前期課程修了

【所 眞理雄】(ところ まりお)
株式会社ソニーコンピュータサイエンス研究所 エグゼクティブ・アドバイザー / ファウンダー
慶應義塾大学 大学院博士課程修了（工学博士）
主要著書：『オープンシステムサイエンス』(NTT 出版)
　　　　　『天才・異才が飛び出すソニーの不思議な研究所』(日経 BP 社) など

【永山 辰巳】(ながやま たつみ)
株式会社 Symphony　代表取締役
明治大学 大学院化学工学科修士課程修了

【松野 裕】(まつの ゆたか)
電気通信大学 大学院情報システム学研究科助教 博士（科学）
東京大学 大学院新領域創成科学研究科基盤情報学専攻 修士課程修了

【松原 茂】(まつばら しげる)
(独)科学技術振興機構 ディペンダブル組込み OS 研究開発センター 研究員

【宮平 知博】(みやひら ともひろ)
(独)科学技術振興機構 ディペンダブル組込み OS 研究開発センター 研究員
東北大学 大学院工学研究科情報工学専攻 修士課程修了 修士（工学）
主要著書：『インターネット機械翻訳の世界』(共著) (毎日コミュニケーションズ, 2000)

【屋代 眞】(やしろ まこと)
(独)科学技術振興機構 ディペンダブル組込み OS 研究開発センター センター長
東京大学 大学院理学系研究科物理学専攻 修士課程修了

【柳澤 幸子】（やなぎさわ さちこ）
株式会社 Symphony

【山田 浩史】（やまだ ひろし）
東京農工大学 大学院工学研究院先端情報科学部門
慶應義塾大学 大学院理工学研究科開放環境科学専攻 博士後期課程修了 博士（工学）

【山本 修一郎】（やまもと しゅういちろう）
名古屋大学 情報連携統括本部 情報戦略室 教授
主要著書：『要求定義・要求仕様書の作り方』（ソフト・リサーチ・センター，2006）

【横手 靖彦】（よこて やすひこ）
サイバーアイ・エンタテインメント株式会社 取締役 CDO
慶應義塾大学 大学院政策・メディア研究科 特任教授
慶應義塾大学 大学院工学研究科電気工学専攻 後期博士課程修了 工学博士

索 引

【欧 文】

【A】
accountability ……………………… 45
Action ……………………………… 44
adaptation ………………………… 213
Agda ………………………………… 95
Alfresco …………………………… 77
Amazon Cloud Watch …………… 167
Amazon Web Service …………… 155
Analyzers ………………………… 130
Antithesis ………………………… 105
Apache …………………………… 128
Application Container …………… 30
Argument ………………………… 39
ART-Linux ………………………… 135
ASPEN …………………………… 171
Assumption ……………………… 44
Assurance ………………………… 25
Assurance Case …………………… 25
assure …………………………… 19
assuredness ……………………… 25
Assuredness ……………………… 37

【B】
BCP ……………………………… 130
Bourne Shell …………………… 155
Brouwer-Heyting-Kolmogorov 解釈 …… 95
Business Continuity Plan ……… 130

【C】
C Shell …………………………… 169
CAE ……………………………… 38
Claim …………………………… 39
Clapham Junction 鉄道事故 ……… 37
Closed Systems ………………… 12
Closed Systems Hypothesis …… 13
CMIS …………………………… 77
Commercial Off The Shelf ……… 203
Common Criteria ……………… 211
condition ……………………… 25
confidence ……………………… 211
consensus ……………………… 213
context ………………………… 25
Context ………………………… 25

Contract ………………………… 44
COTS …………………………… 203
Curry-Howard 対応 ……………… 95

【D】
d* フレームワーク ………………… 46
D-ADD …………………………… 181
D-Application Manager ………… 30
D-Application Monitor ………… 30
D-Box …………………………… 30
D-Case …………………………… 30
D-Case Editor …………………… 71
D-Case in Agda ………………… 108
D-Case Weaver ………………… 78
D-Case ステンシル ……………… 85
D-Case 記述法 …………………… 47
D-Case 構文 ……………………… 42
D-Case 整合性検査ツール ……… 90
D-Case 整合性検証ツール ……… 108
D-Case とエビデンス文書の関連付け … 73
D-Case のエビデンスノード ……… 185
D-Case の作成／修正 …………… 73
D-Case の承認 …………………… 73
D-Case パターン ………………… 64
D-Case モデル …………………… 183
D-Case モニタリングノード ……… 115
D-DST …………………………… 28
de facto 標準 …………………… 209
de jure 標準 …………………… 209
DEOS Agreement Description Database … 19
DEOS Development Support Tools …… 28
DEOS Runtime Environment …… 19
DEOS アーキテクチャ …………… 27
DEOS 開発支援ツール …………… 29
DEOS 技術体系 …………………… 18
DEOS 基本構造の記述 …………… 31
DEOS 協会 ……………………… 221
DEOS 研究開発センター ………… 225
DEOS 実行環境 …………………… 30
DEOS プロセス …………………… 27
Dependability …………………… 1
Dependability Engineering for Open Systems … 18
Dependability through Assuredness™(O-DA)
　Framework ……………………… 214
DevOps …………………………… 200

DHS(Department of Homeland Security) ···216	IEC 62853 ···210
Digest ···123	IEC TC56 Dependability ·······················209
DOC(Department of Commerce) ··············216	IEC TC56 PT4.8 ·······································212
DOD(Department of Defence) ···············216	InContextOf ···45
D-RE ··· 19	In-Operation Range、IOR ······················ 21
DS-Bench/Test-Env ·································· 71	inter-dependability case ························ 60
D-Script ··116	intra-system consistency ······················213
D-Script Description File ·····················130	IOR ·· 22
D-Script Engine ·······································157	IO 型 ···101
D-Script パターン ·······································159	ISO 26262 ·· 38
D-Script タグ ···163	ISO26262 Road vehicles - functional safety···233
D-Shell 言語 ···169	ISO/IEC 12207 ··· 48
D-System Monitor ···································· 30	ISO/IEC 15026 Systems and software
D-Visor ···119	assurance ··211
	ISO/IEC 15026-2 ···212
【E】	ISO/IEC 15026-4:2012 ······························210
EAL ··· 36	ISO/IEC 15288 ··212
Eclipse ··· 71	ISO/IEC 15408 ··212
evaluation assurance level ··················212	ISO/IEC JTC1 SC7 Systems and software
Evaluation Assurance Level ················ 36	Engineering ··212
Event Correlation ·····································121	ITIL ···196
Event Reorder Filter ······························122	
evidence··· 19	【J】
Evidence ··· 45	Java アプリケーションサーバ ······················196
External··· 45	JISX0134 ···212
	Justification ·· 44
【F】	
Failure Mode and Effect Analysis ············ 36	【K】
failure response ·······································213	Key/Value Store ··183
Fault Tree Analysis ································ 36	Konoh ···169
FDA (Food and Drug Administration) ······216	Korn Shell ···169
FMEA ··· 36	KVM ···120
forum 標準···209	
FoxyKBD ···149	【L】
FTA ··· 36	Linux ···119
	Linux Containers ······································120
【G】	Linux KVM ··119
Goal··· 43	ltrace ···123
Goal Structuring Notation ···················· 26	LXC ···120
Goal-Based··· 37	
GSN ··· 26	【M】
GSN Community Standard ····················· 42	Machine-checkable Assurance Case Language
	···213
【H】	MD5 ···123
Hazard and Operability Studies ············· 36	Module ·· 44
HAZOP ··· 36	Monitor ··· 44
	multiplicity ·· 99
【I】	MySQL ··128
IEC 62741 ···217	

【N】
Neo4j ·· 195
NFS ·· 120
NIST800 ··· 216

【O】
OASIS ·· 77
O-DA ··· 214
OMG (Object Management Group) ············ 209
OMG MACL ·· 213
OMG SACM ·· 213
Open Systems ·· 12
Open Systems Dependability ······················ 14
open 宣言 ·· 96

【P】
Parameter ··· 44
Perl ··· 155
Phase-based Reboot ·································· 149
Piper Alpha 北海油田事故 ·························· 37
PKI ··· 123
Play! ··· 195
Prescriptive ··· 37
Process of Processes ·································· 19
Python ·· 131

【Q】
QEMU-KVM ·· 120

【R】
Record/Replay 機能 ·································· 123
Redmine ·· 196
reductionism ··· 13
Representational State Transfer ················ 121
Responsibility ·· 45
REST ·· 121
RESTful ··· 195
RootkitLibra ·· 120
rsyslogd ·· 122

【S】
Safety Case ··· 25
SEC ·· 122
Security Target 文書 ································ 211
selection ··· 99
ShadowReboot ··· 149
Simple Event Correlator ··························· 122
SLA ·· 54
SNMP ··· 122

【T】
Software life cycle processes ····················· 205
SPUMONE ·· 119
strace ··· 123
Strategy ·· 44
Sub-Goal ··· 25
SupportedBy ··· 45
Synthesis ··· 106
SysA (System Assurance) TF ··················· 209
syslog ··· 121
System Container ······································ 30
System Integrity Level ····························· 211
Systems and software engineering ············ 205

【T】
TCB ··· 117
The Open Group ······································ 214
Thesis ··· 105
TinkerPop ··· 195
TLS/SSL ··· 123
TOG ··· 209
TOG (The Open Group) ··························· 209
TOGAF ··· 196
Tomcat ··· 128
Toulmin モデル ··· 90
Trusted Computing Base ·························· 117

【U】
Undeveloped ··· 44

【V】
validity ··· 213
VM ··· 118
V- モデル ·· 186

【W】
Waseda LMS ·· 120
Web システム ·· 128

【Z】
Zabbix ·· 167

【あ行】

【あ】
アーキテクチャリポジトリ……………………196
アクション………………………………… 44
アクションノード…………………………102
アクセス制御……………………………117
アジャイル開発……………………………4
アシュランスケース………………………… 90
アシュランスコミュニケーション……………… 92
アプリケーションコンテナ………………116
アプローチ…………………………………2
安全………………………………………iv
安全性………………………………………1

【い】
意思疎通………………………………205
一般社団法人ディペンダビリティ技術推進協会
　　　　………………………………221
医療分野………………………………198

【う】
運用…………………………………………1
運用系…………………………………155
運用プロセス……………………………… 19

【え】
永続化…………………………………198
永続化部………………………………182
エンタープライズリポジトリ……………199

【お】
オーサリング機能………………………168
オーバーフロー…………………………148
オープンシステム………………………… 12
オープンシステムディペンダビリティ………203
オープン性……………………………104

【か行】

【か】
会議議事録……………………………196
会議モデル……………………………183
改善……………………………………… 22
改善分解………………………………… 59
開発プロセス…………………………… 19
外部……………………………………… 25
外部接続………………………………… 45

外部接続ノード…………………………100
開放型システム………………………… 12
確信……………………………………… 19
仮想マシン……………………………119
型………………………………………… 91
型検査…………………………………… 29
仮定……………………………………… 44
可用性……………………………………4
可用性 (Availability)……………………173
監視……………………………………… 16
監視系 Config Generator………………131
監視と記録機能………………………… 16
関数記号………………………………… 94
完全分解………………………………… 65
関連文書管理機能……………………… 72
関連文書と D-Case のレビュー………… 73

【き】
機械的検査……………………………… 91
企画書…………………………………181
企業情報システム……………………199
基底モデル……………………………183
機能…………………………………………2
機能分解………………………………… 65
帰納分解………………………………… 65
機能要件………………………………… 22
基本ツール層…………………………… 29
基本データモデル……………………183
教育分野………………………………197
共通フレーム…………………………205
議論部分………………………………… 90

【く】
組込みシステム…………………………iii
グラフ構造……………………………183
グラフデータベース……………………183
グラフフレームワーク…………………195
クローズドシステム…………………… 12
クローズドシステム仮説……………… 13

【け】
経営理念………………………………130
計画の合意……………………………189
形式 D-Case…………………………104
形式アシュランスケース……………… 90
形式証明………………………………… 93
形式理論………………………………… 91
形式論理体系…………………………… 95
契約……………………………………… 44

索引　247

欠陥·································· 56
原因究明····························· 18
研究推進委員······················220
検証の合意··························189
健全性回復··························147

【こ】
合意記述データベース··········· 21
合意系·······························155
合意形成支援ツール··············183
合意形成ツール群·················· 28
合意形成プロセス·················· 20
合意形成モデル····················183
合意履歴保持機能·················· 16
公開鍵基盤技術····················123
公理·································· 91
公理規則····························· 94
ゴール······························· 43
ゴール指向························· 37
国際標準化··························210
故障木解析··························· 36
故障モード影響解析··············· 36
根拠一式····························· 36
コンソーシアム····················220
コンテキスト······················· 98

【さ行】

【さ】
サービス······························ i
サービス・デグレード···········157
サービス継続シナリオ············ 22
サービスや事業の継続性維持···· 14
サービスロボット·················138
再帰·································· 99
再起動·······························116
再構成·······························114
再発防止····························· 18
再発防止機能························ 16
再分解······························· 59
サブゴール·························· 25
参照モデル分解···················· 59

【し】
シェル (csh, zsh)·················155
支援リンク·························· 45
システム······························ i
システムアシュランス要件標準··211

システム運用の制御··············· 34
システムコンテナ·················116
システム障害························· 2
システム状態記録··················119
システム時計·······················116
システムの継続的変化············ 14
システムの乗っ取り防止········117
システム分解························ 65
システムライフサイクル········ 40
実行環境····························130
実時間監視 AMP-Linux··········137
実時間制御 AMP-Linux··········137
述語記号····························· 94
障害··································· 1
障害対応機能························ 87
障害対応サイクル·················· 19
障害対応プロセス·················· 19
障害の予兆·························· 21
障害発生時の説明責任遂行······ 14
条件分解····························· 59
証拠·································· 19
証拠分解····························· 59
仕様書······························· 33
証憑·································· 19
証明支援系 Agda··················108
証明はプログラム·················· 91
処方箋的···························· 37
迅速対応····························· 16
診断スクリプト····················161
信頼性 (Reliability)················ 5
信頼性関連標準····················216

【す】
推論規則····························· 94
推論分解····························· 59
スクリプティング·················116
スクリプト処理····················157
ステークホルダ····················· 21
ステークホルダ間の合意········· 24
ステークホルダ管理··············168
ステークホルダ合意··············· 22
ステークホルダ要求··············181
スナップショット·················151
スナップショットのセーブ／ロード機能······118

【せ】
整合性 (Integrity)·················173
整合性検査·························· 90
正当化······························· 44

責任 …………………………………………… 45
セキュア記録 ……………………………… 117
セキュリティ ……………………………… 117
セキュリティ・インシデント …………… 146
セキュリティ・メカニズム ……………… 146
セキュリティホール ……………………… 147
設計・実装・検証・テストプロセス …… 22
設計開発のプロセス ……………………… 23
設計書 ………………………………………… 33
設計分野 …………………………………… 199
説明責任 ……………………………………… 2
説明責任遂行 ……………………………… 14
説明責任遂行プロセス …………………… 22
説明責任の達成 …………………………… 220
宣言メカニズム …………………………… 95
前提 …………………………………………… 15
前提リンク ………………………………… 45
戦略 ………………………………………… 44

【そ】
相互依存関係 ……………………………… 46
相互依存ケース …………………………… 60
相場感 ……………………………………… 204
ソート記号 ………………………………… 94
ソート情報 ………………………………… 94
属性分解 …………………………………… 65
ソフトウェア開発プロセス革新 ………… 200
ソフトウェア検証ツール ………………… 29

【た行】

【た】
対象記述分解 ……………………………… 59
対症療法的 ………………………………… 148
耐タンパ性 ………………………………… 117
多ソート一階述語論理 …………………… 94
単一代入形式 (SSA) 変換 ………………… 159

【ち】
チェックポイント／リスタート機能 …… 118
兆候 (sign of failure, SOF) ……………… 159

【つ】
通常運用 …………………………………… 21
通常運用状態 ……………………………… 19
ツール標準 ………………………………… 213

【て】
定義メカニズム …………………………… 95
定数記号 …………………………………… 94
ディペンダビリティ ………………………… 1
ディペンダビリティケース ……………… 49
ディペンダビリティ要求 …………………… 1
ディペンダビリティ要件 ………………… 22
データベース層 …………………………… 29

【と】
トゥールミンモデル ……………………… 90
統合型 ……………………………………… 158
動作 ………………………………………… 25
動的アップデート機構 …………………… 147
ドキュメントデータベース ……………… 183
特権命令の実行 …………………………… 149
特権レジスタ ……………………………… 149
取り消し …………………………………… 118

【な行】

【に】
二重系用 AMP-Linux ……………………… 138
認証と権限管理 …………………………… 117

【の】
ノードの接続 ……………………………… 45
望ましくない状態 ………………………… 159

【は行】

【は】
ハザード解析 ……………………………… 36
パターン ……………………………………… ii
パターン関数 ……………………………… 99
ハッシュ …………………………………… 123
パッチ ……………………………………… 147
バッファ溢れ ……………………………… 148
パラメタ …………………………………… 44
反駁 ………………………………………… 105
反復型開発 ………………………………… 200
反復的なプロセス ………………………… 16

【ひ】
非機能要件 ………………………………… 22
非実時間 SMP-Linux ……………………… 136
ビジネス・モデル ………………………… 130

標準化……………………………………203

【ふ】
フォルトインジェクションテスト………… 23
フォルト回避 (fault prevention)……………160
フォルト寛容 (fault tolerance) ……………160
フォルト除去 (fault removal) ………………160
フォルトの挿入……………………………… 29
フォルト予測 (fault forecasting) …………160
フォワードモデル……………………………196
不確実さ……………………………………… 10
不完全さ……………………………………… 16
不正コード……………………………………149
プッシュ型……………………………………158
プライバシ (Privacy) ………………………173
ブラックボックス……………………………… 8
プル型…………………………………………157
プログラム検証……………………………… 28
プロセス ID …………………………………121
プロセスのプロセス………………………… 19
プロセスビュー………………………………212
プロダクトとプロセス……………………… 36
分散システム………………………………… 14
分析系 Config Generator……………………131

【へ】
閉鎖型システム……………………………… 12
ベストプラクティス…………………………107
変化対応機能………………………………… 15
変化対応サイクル…………………………… 19
ベンチマーキング…………………………… 23
ベンチマーキングツール…………………… 29
変動許容範囲………………………………… 21

【ほ】
ボキャブラリ…………………………………161

【ま行】

【ま】
マイグレーション……………………………118
まさか…………………………………………205
マルチスクリプト変換器……………………169

【み】
未然回避……………………………………… 23
未然防止機能………………………………… 16
未達成………………………………………… 44

【め】
命題…………………………………………… 91
命題記号……………………………………… 94
命題は型……………………………………… 91
明瞭化分解…………………………………… 65
メタアシュランスケース……………………106

【も】
目的・環境の変化…………………………… 21
モジュール…………………………………… 44
モジュール機構………………………………100
モデル検査…………………………………… 29
モデル処理……………………………………183
モニタ………………………………………… 44
モニタノード…………………………………102
モニタポイント………………………………157
モニタリング…………………………………115
モニタリングツール…………………………183

【や行】

【よ】
要求抽出・リスク分析……………………… 22
要求の変化…………………………………… 1
要件標準………………………………………210
要素還元主義………………………………… 13

【ら行】

【り】
リスクコミュニケーション…………………205
リスク対策……………………………………204
リスク分析…………………………………… 22
リスク抑制の完全性水準……………………212
リソース制限…………………………………118
リバースモデル………………………………196
利用者………………………………………… 1
利用者団体……………………………………220
理論部分……………………………………… 90
リンク………………………………………… 45

【る】
ループ………………………………………… 20
ルール処理……………………………………183

【ろ】
ログ…………………………………………… 27

論拠………………………………………… 25

編者略歴

所　眞理雄（ところ　まりお）
株式会社ソニーコンピュータサイエンス研究所　エグゼクティブ・アドバイザー／ファウンダー

慶應義塾大学 大学院博士課程修了（工学博士）．専門はコンピュータシステム．慶應義塾大学 助教授時代の1988年に㈱ソニーコンピュータサイエンス研究所（ソニーCSL）を創立し，取締役副所長を併任．同大教授を経て，ソニー㈱執行役員上席常務，CTO，ソニーCSL代表取締役社長，同会長を経て現職．著書に『計算システム入門』（岩波書店），編著書に『オープンシステムサイエンス』（NTT出版），『天才・異才が飛び出すソニーの不思議な研究所』（日経BP社），『Open Systems Science-from Undertanding Principles ton Solving Problems』（IOS Press），『Open Systems Dependability—Dependability Engineering for Ever-Changing Systems』（CRC Press）など．

DEOS
変化しつづけるシステムのための
ディペンダビリティ工学

© 2014 Mario TOKORO　　　Printed in Japan

2014年5月31日　初版1刷発行

編　者　　所　　眞理雄
発行者　　小　山　　透
発行所　　株式会社　近代科学社

〒162-0843　東京都新宿区市谷田町2-7-15
電話 03-3260-6161　振替 00160-5-7625
http://www.kindaikagaku.co.jp

藤原印刷　　　ISBN978-4-7649-0461-3
定価はカバーに表示してあります．